U0244762

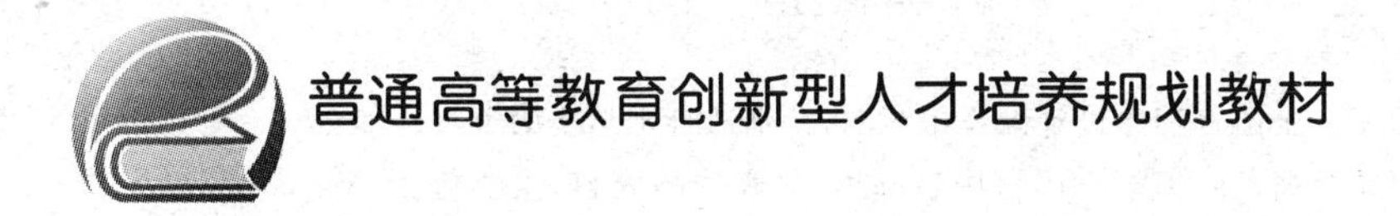

普通高等教育创新型人才培养规划教材

新编 C/C++程序设计教程

王晓斌　王庆军
卢　颖　孙宇楠　主编

北京航空航天大学出版社

内 容 简 介

本书是针对C/C++语言程序设计课程编写的,特别适合于学生的学习。

本书由浅入深地介绍了C/C++语言中最基本、最实用的内容,主要包括:Visual C++ 6.0开发环境、C/C++语言基础知识、程序控制结构、数组、指针、函数、结构体和共用体、面向对象的程序设计和文件等。书中安排了大量程序设计实例、习题、上机实践和自测题,通过实例、习题和上机实验能够帮助学生更好地掌握和运用C/C++语言进行程序设计的方法和技巧;通过自测题可以检验学生对所学知识的理解和掌握程度。

本书既可作为信息管理与信息系统、电子商务和物流管理专业学生的教材,也可作为高等院校本科其他专业学生的教材。另外,也可供自学者以及参加C/C++语言计算机等级考试者阅读参考。

图书在版编目(CIP)数据

新编C/C++程序设计教程 / 王晓斌等主编. -- 北京 : 北京航空航天大学出版社, 2015.2

ISBN 978-7-5124-1640-6

Ⅰ. ①新… Ⅱ. ①王… Ⅲ. ①C语言—程序设计—教材 Ⅳ. ①TP312

中国版本图书馆CIP数据核字(2014)第265546号

新编C/C++程序设计教程

王晓斌 王庆军
卢 颖 孙宇楠 主编

责任编辑 杨 昕

*

北京航空航天大学出版社出版发行

北京市海淀区学院路37号(邮编100191) http://www.buaapress.com.cn

发行部电话:(010)82317024 传真:(010)82328026

读者信箱:goodtextbook@126.com 邮购电话:(010)82316936

涿州市新华印刷有限公司印装 各地书店经销

*

开本:710×1 000 1/16 印张:19.5 字数:416千字

2015年2月第1版 2015年2月第1次印刷 印数:3 000册

ISBN 978-7-5124-1640-6 定价:38.00元

前　言

本书是依据教育部“十二五”普通高等教育本科国家级规划教材的指导精神，结合信息管理与信息系统、电子商务、物流管理等专业的特点和培养目标编写而成的。

C/C＋＋语言作为国际上广泛流行的通用程序设计语言，在计算机的研究和应用中已展现出其强大的生命力。C/C＋＋语言兼顾了诸多高级语言的特点，是一种典型的结构化面向对象的程序设计语言。目前，国内大部分高等院校都把C/C＋＋语言作为计算机和非计算机相关专业的一门程序设计语言课程。

C/C＋＋语言涉及的概念多，规则复杂，容易出错，初学者学起来往往觉得困难。本书根据信息管理与信息系统、电子商务和物流管理三个专业的专业特点、培养目标以及教学大纲的学习要求，结合编者多年一线教学的实践经验，在充分了解学生学习C/C＋＋语言中的难点和困惑的前提下，编写了这本适合三个专业学生培养目标的教材。新编教材重点突出、层次清晰、循序渐进、理论联系实际。另外，教材使用了大量实用的实例，使学生能轻松上手、快速掌握所学内容，全面提高学、练、用的能力。全书共10章，主要内容包括：第1章C/C＋＋语言基础知识、第2章顺序结构程序设计、第3章选择结构程序设计、第4章循环结构程序设计、第5章数组、第6章指针、第7章函数、第8章结构体和共用体、第9章面向对象的程序设计、第10章文件。另外，本书还针对所学内容提供了上机实验题目和自测题（其中自测题3未提供参考答案），以强化和巩固所学知识，提高读者程序设计的能力。

本书可作为高等学校各专业程序设计课程的基础教学教材，尤其适合应用型本科院校计算机及非计算机专业的学生使用，同时也可作为编程人员和C/C＋＋语言自学者的参考用书。

本书由沈阳航空航天大学王晓斌、王庆军、卢颖、魏利峰和上海宏力达信息技术有限公司的孙宇楠共同编写。

由于编者水平有限，书中难免存在一些缺点和错误，希望广大读者批评指正。

编　者

2014年11月

目　录

第1章　C/C++语言基础知识 …………………………………………………… 1

学习导读 …………………………………………………………………… 1

1.1　程序设计 …………………………………………………………… 1

1.1.1　程序与计算机程序 ……………………………………………… 1

1.1.2　计算机程序设计语言 …………………………………………… 2

1.1.3　计算机程序设计 ………………………………………………… 4

1.1.4　算法及其描述 …………………………………………………… 4

1.2　C语言和面向过程的程序设计 ……………………………………… 6

1.2.1　C语言简介 ……………………………………………………… 6

1.2.2　C程序的结构 …………………………………………………… 6

1.2.3　面向过程的程序设计特点 ……………………………………… 7

1.2.4　结构化程序的三种基本结构 …………………………………… 7

1.3　C++语言和面向对象的程序设计 …………………………………… 10

1.3.1　C++语言的起源 ……………………………………………… 10

1.3.2　C++语言的兼容性 …………………………………………… 11

1.3.3　C++语言的特点 ……………………………………………… 12

1.4　C/C++程序的开发过程 ……………………………………………… 13

1.4.1　编制C/C++程序的步骤 ……………………………………… 13

1.4.2　Visual C++ 6.0上机简介 ……………………………………… 14

1.5　数据类型 ……………………………………………………………… 19

1.5.1　C/C++语言的词汇 …………………………………………… 19

1.5.2　数据类型分类 …………………………………………………… 21

1.5.3　变量和常量 ……………………………………………………… 22

1.5.4　数据类型之间的转换 …………………………………………… 27

1.6　运算符和表达式 ……………………………………………………… 27

1.6.1　算数运算符和算术表达式 ……………………………………… 29

1.6.2　赋值运算符和赋值表达式 ……………………………………… 31

1.6.3　条件运算符和条件表达式 ……………………………………… 32

1.6.4　逗号运算符和逗号表达式 ……………………………………… 33

本章小结 …………………………………………………………………… 33

习　题 …… 34

第 2 章　顺序结构程序设计 …… 37

学习导读 …… 37
2.1　程序设计概述 …… 37
2.1.1　语　句 …… 37
2.1.2　程序的三种基本结构 …… 38
2.2　赋值语句 …… 38
2.3　C 语言的输入/输出 …… 39
2.3.1　字符输入函数与字符输出函数 …… 40
2.3.2　格式输入函数与格式输出函数 …… 41
2.4　C++的 I/O 流 …… 45
2.4.1　标准输出设备 cout …… 45
2.4.2　标准输入设备 cin …… 46
本章小结 …… 46
习　题 …… 47

第 3 章　选择结构程序设计 …… 49

学习导读 …… 49
3.1　关系运算符与关系表达式 …… 49
3.1.1　关系运算符 …… 49
3.1.2　关系表达式 …… 49
3.2　逻辑运算符与逻辑表达式 …… 50
3.2.1　逻辑运算符 …… 50
3.2.2　逻辑表达式 …… 50
3.3　if 语句 …… 51
3.3.1　if 语句的几种形式 …… 51
3.3.2　if 语句的嵌套 …… 56
3.3.3　条件表达式与选择结构 …… 58
3.4　switch 语句 …… 58
本章小结 …… 60
习　题 …… 61

第 4 章　循环结构程序设计 …… 66

学习导读 …… 66
4.1　for 语句 …… 66

4.2　while 语句 …… 70
4.3　do while 语句 …… 72
4.4　其他流程控制语句 …… 73
4.5　循环结构嵌套 …… 75
本章小结 …… 77
习　题 …… 78

第5章　数　组 …… 84

学习导读 …… 84
5.1　一维数组 …… 84
5.1.1　一维数组的定义 …… 84
5.1.2　一维数组的初始化 …… 86
5.1.3　一维数组元素的引用 …… 86
5.1.4　一维数组程序举例 …… 88
5.2　二维数组 …… 93
5.2.1　二维数组的定义 …… 93
5.2.2　二维数组的初始化 …… 94
5.2.3　二维数组元素的引用 …… 94
5.2.4　二维数组程序举例 …… 96
5.3　字符串 …… 99
5.3.1　字符数组的定义和初始化 …… 99
5.3.2　字符数组元素的引用 …… 101
5.3.3　字符数组程序举例 …… 102
5.3.4　字符串处理函数 …… 104
5.3.5　C＋＋的 CString 类 …… 105
本章小结 …… 109
习　题 …… 109

第6章　指　针 …… 115

学习导读 …… 115
6.1　指针变量与地址 …… 115
6.1.1　指针变量的定义 …… 115
6.1.2　指针变量的初始化 …… 116
6.1.3　指针变量的引用 …… 116
6.2　指针与数组 …… 119
6.2.1　指针与一维数组 …… 119

6.2.2 指针与二维数组 …… 122
6.3 指针与字符串 …… 124
本章小结 …… 127
习 题 …… 127

第7章 函 数 …… 131

学习导读 …… 131
7.1 函数的定义、调用和原型说明 …… 131
7.1.1 函数引例 …… 131
7.1.2 函数定义 …… 133
7.1.3 函数调用 …… 134
7.1.4 函数原型说明 …… 136
7.2 函数之间的参数传递 …… 137
7.2.1 值传递 …… 137
7.2.2 地址传递 …… 138
7.3 函数的递归调用(递归函数) …… 145
7.4 函数参数缺省 …… 146
7.5 函数重载 …… 147
7.5.1 重载函数应满足的条件 …… 147
7.5.2 匹配重载函数的规则 …… 147
7.6 函数模板 …… 149
7.7 变量的作用域和存储类别 …… 151
7.7.1 局部变量和全局变量 …… 151
7.7.2 变量的存储类别 …… 152
本章小结 …… 153
习 题 …… 154

第8章 结构体和共用体 …… 160

学习导读 …… 160
8.1 结构体 …… 160
8.1.1 结构体类型声明(定义) …… 160
8.1.2 结构体类型变量的定义 …… 161
8.1.3 结构体类型变量的引用 …… 163
8.1.4 结构体类型用作函数参数 …… 166
8.2 链 表 …… 167
8.2.1 链表的概念和基本结构 …… 167

8.2.2　动态开辟和释放存储单元 …… 168
8.2.3　动态链表 …… 170
8.3　共用体 …… 173
8.3.1　共用体类型声明(定义) …… 173
8.3.2　共用体类型变量的定义 …… 174
8.3.3　共用体类型变量的引用 …… 174
本章小结 …… 175
习　题 …… 176

第9章　面向对象的程序设计 …… 180

学习导读 …… 180
9.1　面向对象程序设计的概述 …… 180
9.1.1　面向对象的基本概念 …… 181
9.1.2　面向对象程序设计的特点 …… 182
9.2　类和对象 …… 183
9.2.1　类的定义 …… 183
9.2.2　对象的定义 …… 187
9.2.3　构造函数 …… 190
9.2.4　析构函数 …… 194
9.2.5　常对象和常成员 …… 195
9.2.6　静态成员 …… 198
9.2.7　友元函数 …… 200
9.2.8　类模板及应用 …… 203
9.3　继承和派生 …… 204
9.3.1　基类和派生类 …… 205
9.3.2　单继承 …… 206
9.4　多态性 …… 214
9.4.1　多态性类型 …… 214
9.4.2　联　编 …… 215
9.4.3　运算符重载 …… 215
9.4.4　虚函数 …… 220
9.4.5　抽象类 …… 223
本章小结 …… 225
习　题 …… 225

第 10 章　文　件 ………………………………………………… 231

学习导读……………………………………………………………… 231
10.1　C 中的文件……………………………………………………… 231
10.1.1　文件概述……………………………………………………… 231
10.1.2　文件类型指针………………………………………………… 232
10.1.3　文件的基本操作……………………………………………… 233
10.1.4　顺序文件的读/写 …………………………………………… 235
10.1.5　随机文件的读/写 …………………………………………… 243
10.1.6　文件操作的错误检测………………………………………… 245
10.2　C++中的文件 ………………………………………………… 246
10.2.1　文件的打开和关闭…………………………………………… 246
10.2.2　文本文件的读/写 …………………………………………… 247
10.2.3　二进制文件的读/写 ………………………………………… 249
本章小结……………………………………………………………… 252
习　题………………………………………………………………… 252

附录 A　实　验 ……………………………………………………… 254

实验 1　C/C++语言编程环境 ……………………………………… 254
实验 2　选择分支结构程序设计 …………………………………… 255
实验 3　循环结构程序设计 ………………………………………… 257
实验 4　数　组 ……………………………………………………… 258
实验 5　指　针 ……………………………………………………… 260
实验 6　函　数 ……………………………………………………… 261
实验 7　结构体 ……………………………………………………… 262
实验 8　面向对象的程序设计 ……………………………………… 263
实验 9　文件(C/C++输入/输出流) ……………………………… 264

附录 B　自测题 ……………………………………………………… 265

自测题 1 ……………………………………………………………… 265
自测题 2 ……………………………………………………………… 271
自测题 3 ……………………………………………………………… 277
自测题 1 参考答案…………………………………………………… 283
自测题 2 参考答案…………………………………………………… 285

附录 C　关键字索引 ………………………………………………… 287

附录 D　常用字符与 ASCII 码对照表 …… 288

附录 E　运算符索引 …… 290

附录 F　常用 C 库函数 …… 291

附录 G　常见错误、警告信息表 …… 296

参考文献 …… 297

第1章　C/C++语言基础知识

学习导读

主要内容

C语言是一种计算机程序设计语言，它既具有高级语言的特点，又具有汇编语言的特点。C++语言（简称C++）是在C语言基础上发展起来的面向对象程序设计的语言。本章主要介绍：程序设计，C/C++程序的基本概念，C/C++语言的发展、特点、程序结构、开发过程，程序设计所涉及的数据类型、常量、变量、运算符和表达式等。

学习目标

- 了解C/C++语言的特点；
- 了解C/C++程序的结构；
- 了解C/C++程序的开发过程；
- 掌握各种数据类型的常量和变量；
- 掌握各种运算符和表达式。

重点与难点

重点：程序设计的基本结构、语法规则。

难点：问题的算法描述（流程图表示）。

1.1　程序设计

1.1.1　程序与计算机程序

1. 程　序

通常，完成一项复杂的任务，需要进行一系列的具体工作，这些按一定的顺序安排的工作即操作序列，就称为程序。

程序主要用于描述完成某项功能所涉及的对象和动作规则。

某一个学校颁奖大会的程序如下：

- 宣布大会开始；
- 介绍出席大会的领导；
- 校长讲话；
- 宣布获奖名单；

- 颁奖；
- 获奖代表发言；
- 宣布大会结束。

2. 计算机程序

计算机程序是为实现特定目标或解决特定问题而用计算机语言编写的命令序列的集合(语句和指令)。

计算机程序分为两类：

- 系统程序(操作系统 OS、SQL Server 数据库管理系统等)；
- 应用程序(用汇编语言、高级语言编写的可执行文件)。

计算机程序的特性：

- 目的性(程序有明确的目的)；
- 分步性(程序由一系列计算机可执行的步骤组成)；
- 有序性(不可随意改变程序步骤的执行顺序)；
- 有限性(程序所包含的步骤是有限的)；
- 操作性(有意义的程序总是对某些对象进行操作)。

计算机程序可以用机器语言、汇编语言、高级语言来编写。

1.1.2 计算机程序设计语言

计算机程序设计语言，即程序设计语言，通常简称为编程语言，是一组用来定义计算机程序的语法规则。人与计算机通信也需要语言，为了使计算机进行各种工作，就需要有一套用以编写计算机程序的数字、字符和语法规则，由这些字符和语法规则组成计算机的各种指令(或各种语句)，这些就是计算机能接受的语言。

程序设计语言有高级语言和低级语言之分，C/C++语言是高级语言，机器语言是低级语言，汇编语言基本上是低级语言。

程序设计语言分为三类：机器语言、汇编语言和高级语言(面向过程的语言、面向问题的语言、面向对象语言)。

1. 机器语言

一个机器语言程序段如下：

```
00111110
00011010
11111110
00100100
11010011
00101111
01110110
```

优点：能被计算机直接识别和执行，执行速度快。

缺点:程序是 0 和 1 的二进制编码,可读性非常差,编程很不方便,指令记忆难,容易出错且不易修改。

2. 汇编语言

汇编语言是采用记忆符号来代替机器语言的二进制编码,如用记忆符 ADD 代替加法指令,OUT 代替输出指令等。

前述的机器语言程序段,改用汇编语言可写成:

```
LD      A,26
ADD     A,36
OUT     (48),A
HALT
```

说明:汇编语言需要“翻译”后才能在计算机上执行。

优点:相对机器语言,编程较为方便。

缺点:汇编语言仍脱离不开具体机器的指令系统,它所用的指令符号与机器指令基本上是一一对应的,编程效率不高,非专业编程人员很难使用。

3. 高级语言

高级语言与人类自然语言和数学式子相当接近,而且不依赖于某台机器,通用性好。

用 C++语言编写的简单程序段如下:

```
a = 26 + 36
cou << a
```

高级语言程序也必须经过“翻译”,即把人们用高级语言编写的程序(称为源程序)翻译成机器语言的程序(称为目标程序)后才能执行。

两种翻译方式:

- 编译方式(编译程序);
- 解释方式(解释程序)。

高级语言一般采用上述两种翻译方式,如图 1-1 所示。通常情况下,学习阶段采用解释方式,应用阶段采用编译方式。

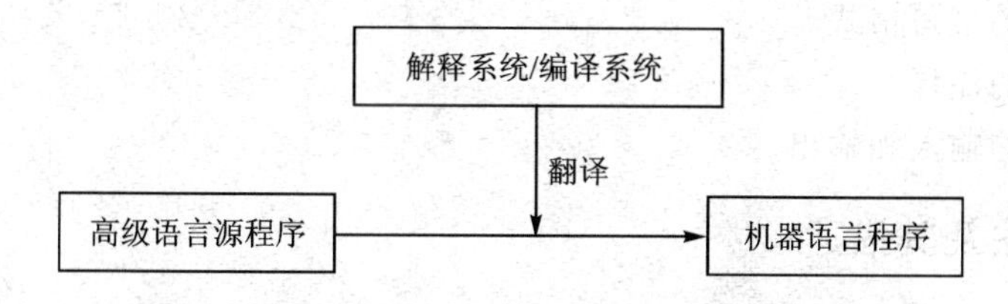

图 1-1　高级语言程序与机器语言程序转换图

1.1.3 计算机程序设计

1. 程序设计

程序设计，即计算机程序设计，是根据系统设计文档中有关模块处理过程的描述，选择合适的程序语言，编制正确、清晰、鲁棒性强、易维护、易理解和高效率程序的过程。

2. 程序设计原则

① 正确性，编制出来的程序能够严格按照规定的要求，准确无误地提供预期的全部信息。

② 可维护性，程序的应变能力强。程序执行过程中发现问题或客观条件变化时，调整和修改程序比较简便易行。

③ 可靠性，程序应具有较好的容错能力，程序不仅在正常情况下要能正确工作，而且在意外情况下，亦要能做出适当的处理，以免造成严重损失。尽管不能希望一个程序达到零缺陷，但它应当是十分可靠的。

④ 可理解性，指程序的内容清晰、明了，便于阅读和理解。对大型程序来说，要求它不仅逻辑上正确、能执行、而且应当层次清楚、简洁明了、便于阅读。

⑤ 高效率，程序的结构严谨，运算处理速度快，节省机时。程序和数据的存储、调用安排得当，节省空间，即系统运行时尽量占用较少空间，却能用较快速度完成规定功能。

3. 程序设计方法

按程序开发路径有两种程序设计方法：

① 自顶向下的程序设计方法(从最顶层开始，直至实现最底层为止)。

② 自底向上的程序设计方法(从最底层开始，直至实现最顶层为止)。

4. 程序设计的步骤

明确条件，分析数据，确定流程，编写程序，检查和调试，编写程序使用说明书是程序设计的主要步骤。

5. 编程风格

① 标识符的命名。

② 程序的书写格式。

③ 程序的注释。

④ 程序的输入和输出。

1.1.4 算法及其描述

算法是学习程序设计的基础，掌握算法可以帮助读者快速理清程序设计的思路，找出问题的多种解决方法，从而选择最合适的解决方案。在程序设计中，构成算法的基本结构有 3 种：顺序结构、选择结构和循环结构。

1. 算　法

做任何事情都有一定的步骤,算法就是解决某个问题或处理某个事件的方法和步骤。人们使用计算机,就是利用计算机处理各种不同的问题,而要解决问题,必须事先对各类问题进行分析,确定采用的方法和步骤。此处所讲的算法是专指用计算机解决某一问题的方法和步骤。

2. 算法的特点

① 有穷性:算法必须能在有限的时间内完成问题的求解。

② 确定性:一个算法给出的每个计算步骤,必须是精确定义,无二义性。

③ 有效性:算法中的每一个步骤必须有效地执行,并能得到确定结果。

④ 可行性:设计的算法执行后必须有一个或多个输出结果,否则是无意义的、不可行的。

3. 算法设计的基本方法

算法设计的基本方法有列举法、归纳法、递推法、递归法、减半递推技术和回溯法。

4. 算法复杂度

① 算法的时间复杂度:执行算法所需要的计算工作量(算法执行的基本运算次数)。

② 算法的空间复杂度:执行算法所需要的内存空间(算法程序所占空间、输入初始数据所占空间和算法执行过程中所需额外空间)。

5. 算法的描述方法

① 自然语言:日常使用的语言描述方法和步骤。其通俗易懂,但比较繁琐、冗长,并且对程序流向等描述不明了、不直观。

② 传统流程图:通过图形描述,具有逻辑清楚、直观形象、易于理解等特点。

传统流程图的基本流程图符号及说明如表 1-1 所列。

表 1-1　流程图符号及说明

图形符号	名　称	说　明
圆角矩形	起止框	算法流程的开始和结束
矩形	处理框	完成某种操作(初始化或运算赋值等)
菱形	判断框	判断选择,根据条件满足与否选择不同路径
平行四边形	输入/输出框	数据的输入/输出操作
→	流程线	程序执行的流向
○	连接点	流程分支的连接

③ N－S结构化流程图：将传统流程图中的流程线去掉，把全部算法写在一个矩形框内，有利于程序设计的结构化。

注意： 当程序算法比较繁琐时，一般采用 N－S 结构化流程图，但对初学者和编写不复杂的较小程序时，建议使用传统流程图来描述算法。

1.2 C 语言和面向过程的程序设计

语言，是人与人进行交流沟通的工具。人与计算机通信也需要语言，为了使计算机进行各种工作，就需要有一套用以编写计算机程序的数字、字符和语法规则，由这些字符和语法规则组成计算机的各种指令（或各种语句），这些就是计算机所能接受的语言，将其称之为计算机语言。计算机语言有高级语言和低级语言之分，C/C++语言是高级语言，机器语言是低级语言，汇编语言基本上是低级语言。

1.2.1 C 语言简介

C 语言是由美国贝尔研究所的 D. M. Ritchie 于 1972 年推出。1977 年出现了《可移植 C 语言编译程序》，推动了 UNIX 在各种机器上的实现，C 语言也得到推广。1978 后，先后被移植到大、中、小及微型机上。1983 年，美国国家标准化协会（ANSI）根据 C 语言各种版本对 C 的发展和扩充，制定了新的标准 ANSI C，其比标准 C 有了很大的发展。目前，流行的 C 语言编译系统大多是以 ANSI C 为基础进行开发的。

C 语言可以作为工作系统设计语言，编写系统应用程序，也可以作为应用程序设计语言，编写不依赖计算机硬件的应用程序。它的应用范围广泛，具备很强的数据处理能力，不仅仅是在软件开发上，而且各类科研都需要用到 C 语言，适于编写系统软件、三维、二维图形和动画。具体应用如单片机及嵌入式系统开发。

C 语言是目前世界上广泛使用的高级语言，其结构紧凑、语言简洁，只有 32 个关键字，9 种控制语句；使用方便灵活，书写形式自由；数据类型完备，运算符丰富；允许直接访问物理地址，对硬件进行操作；生成目标代码质量高，程序执行效率高；可用于各种型号的计算机和操作系统。

1.2.2 C 程序的结构

用 C 语言编写的程序称为 C 语言源程序，简称 C 程序。下面通过例子来了解 C 程序的基本组成结构及其书写风格。程序中涉及的语法规则将在后续章节中进行介绍。

【例 1－1】 最简单的 C 程序。

```
/* This is the first C program */
#include <stdio.h>              //C 标准输入/输出头文件
void main ( )
```

```
{
    printf ("中国梦,我们的梦! \n");
}
```

本程序输出：中国梦，我们的梦！

程序说明：

① ＃include 是文件包含命令，＃include＜stdio. h＞的意义是把尖括号(＜＞)或引号("")内指定的文件内容包含到本程序中来，成为本程序的一部分。被包含的文件通常是由系统提供的，其扩展名为“. h”，因此，也称为头文件或首部文件。

② main 是主函数名，每一个 C 程序都必须包含而且只能包含一个主函数，程序的执行总是从 main()函数开始。函数体用一对大括号({})括起来。

③ printf 是一个由系统定义的标准函数，可在程序中直接调用。其功能是按原样输出双引号内的字符串。

④ \n 代表换行。

1.2.3　面向过程的程序设计特点

面向过程结构化程序设计方法的主要原则概括为：自顶向下、逐步求精、模块化。

- 自顶向下：程序设计时，先考虑主体，后考虑细节；先考虑全局目标，后考虑具体问题。
- 逐步求精：将复杂问题细化，细分为逐个小问题依次求解。
- 模块化：将程序要解决的总目标分解为若干个目标，再进一步分解为具体的小目标，每个小目标称为一个模块。

注意：结构化程序设计方法应限制使用 goto 语句，因为 goto 语句随意转向目标，使程序流程无规律，可读性差。但需要退出多层循环时用 goto 语句非常方便(后面章节将涉及其应用)。

1.2.4　结构化程序的三种基本结构

在结构化程序设计中，构成算法的基本结构有三种：顺序结构、选择结构和循环结构。合理采用结构化程序设计方法可使程序结构清晰、易读性强，提高了程序设计的质量和效率。

1. 顺序结构

顺序结构是最简单也是最基本的程序结构，其按语句书写的先后顺序依次执行，顺序结构中的每一条语句都被执行一次，而且仅被执行一次。其传统流程图与 N－S 结构化流程图，如图 1－2 所示。

2. 选择结构

首先判断给定的条件，根据判断的结果决定执行哪个分支语句。选择结构有单

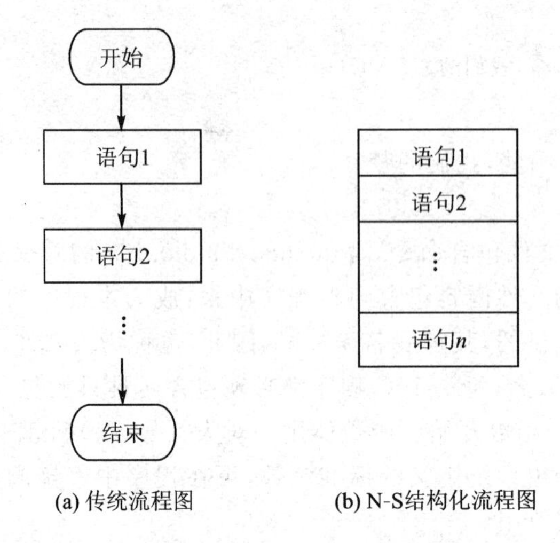

(a) 传统流程图　(b) N-S结构化流程图

图 1-2　顺序结构流程图

分支、双分支和多分支之分。双分支和单分支选择结构的传统流程图与 N-S 结构化流程图，如图 1-3 和图 1-4 所示。

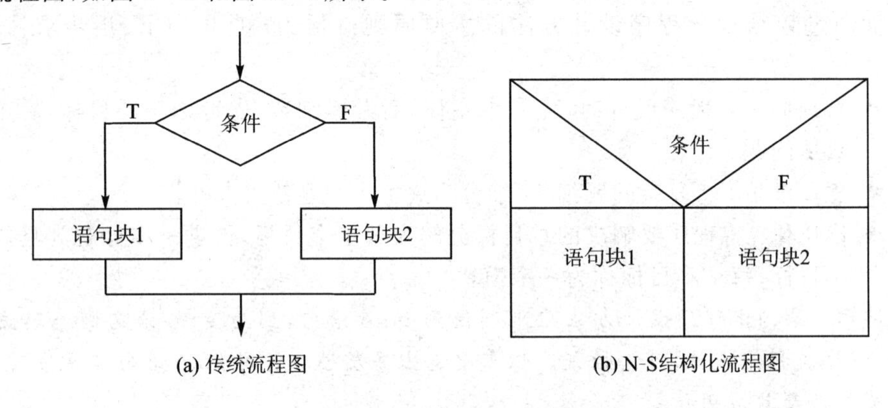

(a) 传统流程图　(b) N-S结构化流程图

图 1-3　双分支选择结构流程图

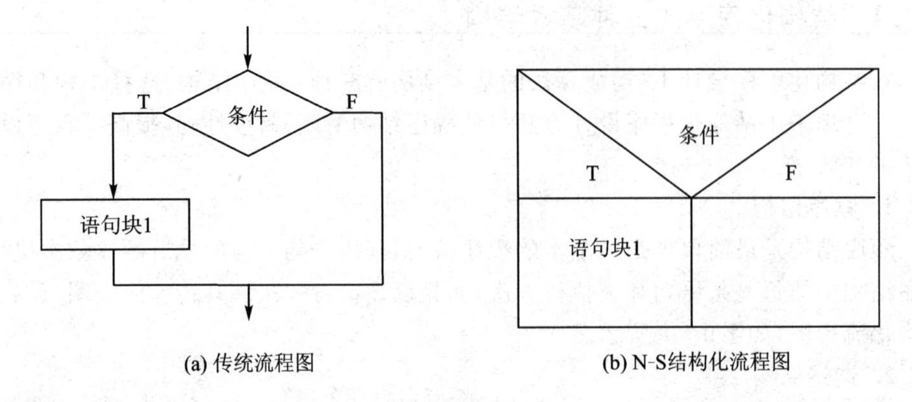

(a) 传统流程图　(b) N-S结构化流程图

图 1-4　单分支选择结构流程图

3. 循环结构

按照需要多次重复执行一条或多条语句。循环结构分为：当型循环(while)和直到型循环(do while)。

① 当型循环：先判断后执行，即当条件为 True 时反复执行循环体(一条或多条语句)，条件为 False 时，跳出循环结构，继续执行循环后面的语句，流程图如图 1-5 所示。

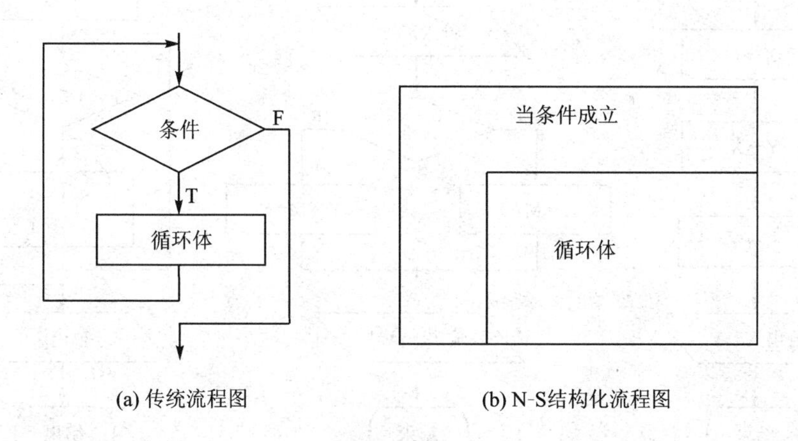

图 1-5　当型循环流程图

② 直到型循环：先执行后判断，即先执行循环体(一条或多条语句)，再进行条件判断，直到条件为 False 时，跳出循环结构，继续执行循环后面的语句，流程图如图 1-6 所示。

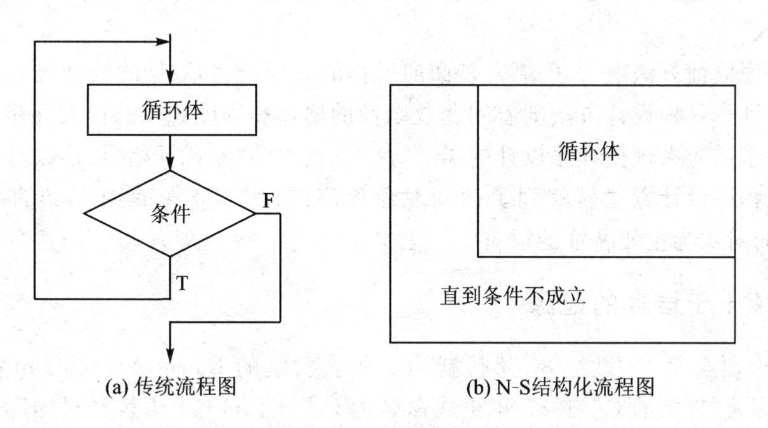

图 1-6　直到型循环流程图

两个变量的值进行调换，比较输出两个数的最大值，计算 1～N 之间自然数累加和的算法结构流程如图 1-7～图 1-9 所示。

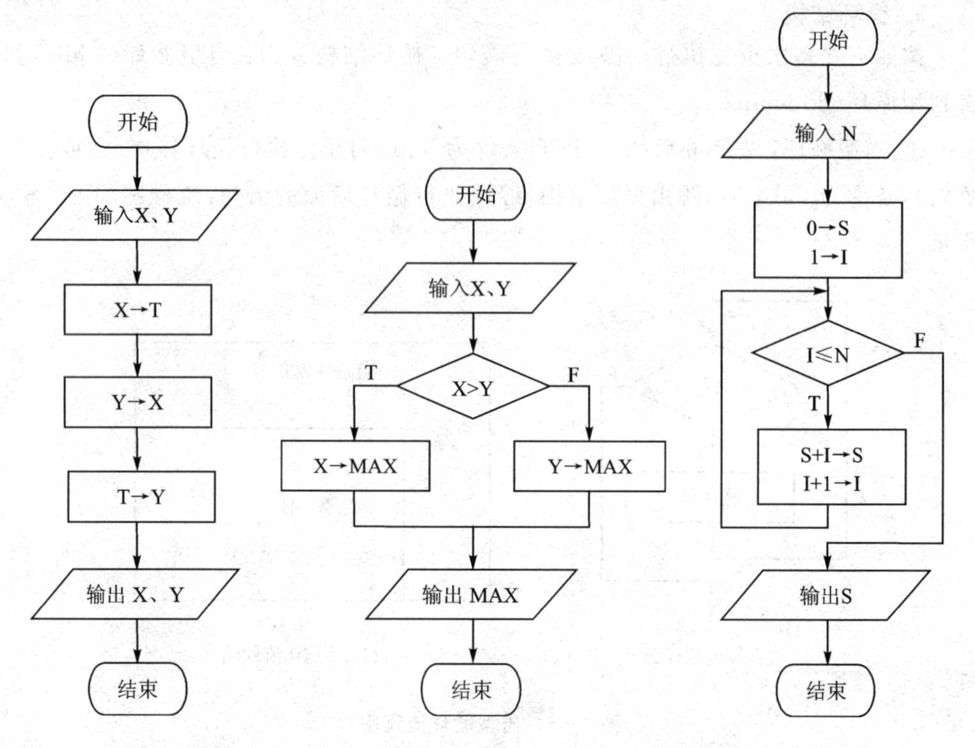

图 1-7　数值调换流程图　　图 1-8　比较最大值流程图　　图 1-9　自然数累加和流程图

1.3　C++语言和面向对象的程序设计

从程序设计方法上看,C 语言是面向过程的,以数据和数据的处理过程为核心进行程序设计。这种设计方法随着问题复杂性的增加和程序规模的扩大逐步显露出局限性。为了适应大规模程序设计的需要,从 20 世纪 70 年代开始,程序设计的焦点就由结构化程序设计方法转移到了面向对象程序设计。C++是由 C 语言发展而来的,以面向对象为主要特征的语言。

1.3.1　C++语言的起源

C++语言是 20 世纪 80 年代初由贝尔实验室的 Bjarne Stroustrup 博士发明的,最初称为“带类的 C”,1983 年正式命名为 C++。C++语言经过国际标准化工作,其功能不断完善,版本不断升级为 C++ 1.0、C++ 2.0、C++ 3.0 等。目前,比较流行的 C++语言集成开发环境有 Microsoft Visual C++、Borland C++、C++ Builder 等。

C++从 C 语言发展而来,其特点主要包括:

① C++是C语言的超集。C++由两部分组成：一是过程语言C部分，二是类和对象部分，是面向对象程序设计(OOP)的主体，如图1-10所示。

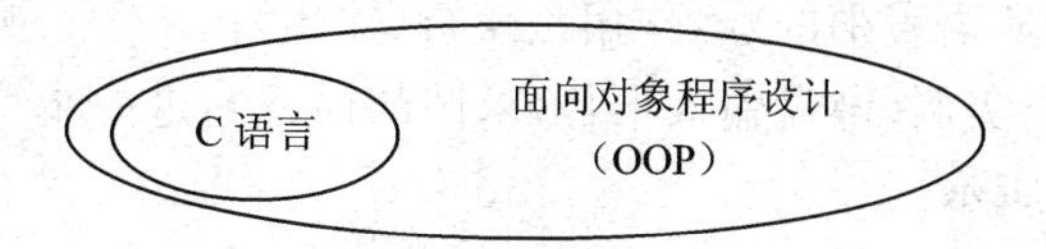

图1-10　C++的组成

② C++充分保持了与C语言的兼容性。绝大多数C程序可以直接在C++环境中运行。

③ C++几乎包含了全部面向对象程序设计的特征。支持面向对象的程序设计，通过类和对象的概念把数据和对数据的操作封装在一起，模块的独立性更强。通过派生、多态以及模板机制来实现软件的复用。

④ C++使程序结构清晰、易于扩展、易于维护而不失效率。

⑤ C++具有很好的通用性和可移植性。

⑥ C++具有丰富的数据类型和运算符，并提供了功能强大的库函数。

正是C++的上述特点，C++更适合大型复杂软件的开发。

1.3.2　C++语言的兼容性

Visual C++ 6.0既支持C语言程序，又能运行C++程序，C++和C完全兼容。本书的编程环境是Visual C++ 6.0，因此前8章的程序不再具体说明是C程序还是C++程序，统一称为C/C++程序，只需注意C程序和C++程序的头文件、标准输入/输出等区别即可。

【例1-2】　最简单的C++程序。

```
/* This is the first C++  program */
#include<iostream.h>                              //C++输入/输出流头文件
void main( )
{
    cout<<"中华民族的伟大复兴!"<<endl;          //C++标准输出流
    cout<<"习近平,中国改革的新设计师!"<<endl;
}
```

本程序将输出两行信息：

```
中华民族的伟大复兴!
习近平,中国改革的新设计师!
```

程序说明：

① <iostream.h>是C++语言独有的输入/输出流头文件，作用类似于C语言的<stdio.h>。

② cin 和 cout 是标准设备，用来实现数据的输入和输出。cin 一般代表键盘(输入)，cout 一般代表显示器(输出)。

③ endl 类似于 C 语言中的\n，作用是换行(输出)。

下面再通过一个实例(键盘输入半径，求圆的面积)，进一步了解 C++程序的框架结构，如图 1-11 所示。

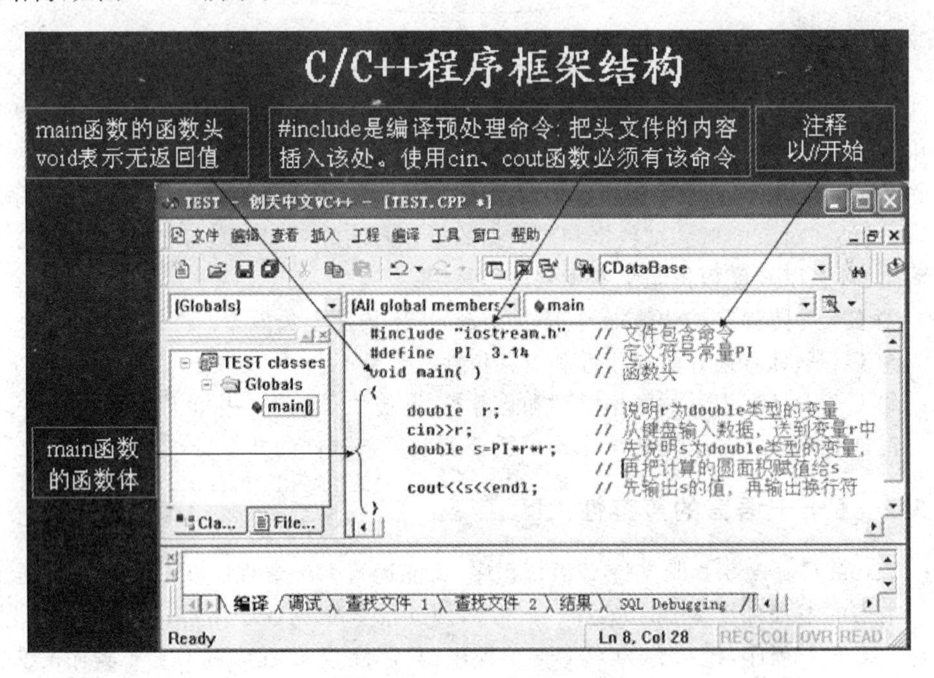

图 1-11　C++程序的框架结构

总结：

① C/C++程序是由一个或多个函数构成的，只能有一个 main 函数。

② 不管有多少个函数，程序执行从 main 函数开始。在一个函数内，执行是从上到下开始的。

③ 注释是从“//”开始的，具有增加可读性的作用。

④ 书写形式自由，一行内可以写多条语句，每条语句以“;”结束。

⑤ C 语言区分大小写字母。

1.3.3　C++语言的特点

C++对 C 语言的最重要的扩充是支持面向对象的程序设计。物以类聚，人以群分，面向对象程序设计的方法如实地反映了客观事物的存在规律，将数据和操作数据的方法(函数)视为一体，作为一个互相依存、不可分隔的实体来处理。面向对象的程序设计语言具有如下 3 个特征：

- 封装性：类将数据和操作封装为用户自定义的抽象数据类型；

- 继承性：类能被复用，具有继承（派生）机制；
- 多态性：类具有动态联编机制。

C++面向对象程序设计的封装性、继承性和多态性将在第 9 章进行详细介绍。

1.4　C/C++程序的开发过程

1.4.1　编制 C/C++程序的步骤

用高级语言编写的程序称为“源程序”(Source Program)。实际上，计算机只能识别和执行由 0 和 1 组成的二进制指令，而不能识别和执行用高级语言编写的指令。为了使计算机能执行高级语言源程序，必须先用一种称为“编译程序”的软件，把源程序翻译成二进制形式的“目标程序”(Object Program)，然后再将该目标程序与系统的函数库以及其他目标程序连接起来，形成可执行的目标程序。

因此，一个 C/C++程序要经过编辑、编译、连接、运行四个过程，才能得到结果。

① 编辑：在计算机上输入或修改源程序的过程叫编辑，编辑后得到源程序 *.c 或 *.cpp。

② 编译：对源程序进行语法分析并检查语法错误，翻译生成机器能识别的目标程序 *.obj。

③ 连接：把编译生成的目标程序与其他目标程序或库函数连接，生成可执行程序 *.exe。

④ 运行：运行连接生成的可执行程序，查看结果。

C/C++程序执行过程如图 1-12 所示。

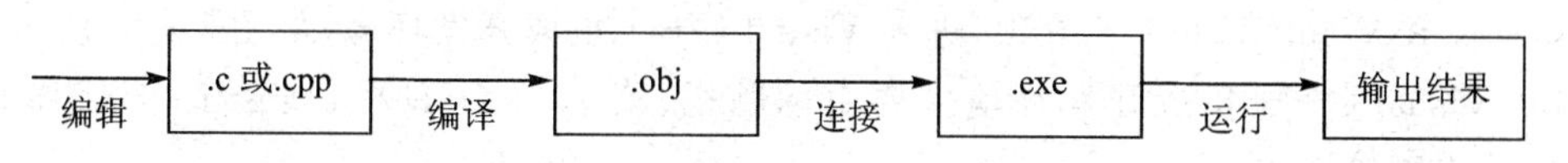

图 1-12　C/C++程序执行过程

提示：

编译预处理是 C/C++的重要功能。在编译程序开始编译之前，先由预处理程序对源程序中的预处理命令进行处理，然后才进行通常的编译。预处理命令是源程序文件中以“#”开始的命令，常用的有文件包含命令和宏定义命令。

文件包含命令是以“#include”开始的预处理命令，其主要功能是将指定文件的内容嵌入到文件包含命令所在的地方，取代该命令，从而把指定的文件和当前的源程序文件连成一个源文件。其使用形式有以下两种：

① #include "文件名"

② #include<文件名>

文件名：在 C/C++语言中，就是扩展名为“.h”的，称为头文件(如 stdio.h、

iostream.h 等)的文件。它们包含了大量的符号常量定义、函数说明等。编程时若需要使用这些文件,就用文件包含命令把它们插入到源程序文件中。

形式①,预处理程序首先在当前文件所在的目录中寻找文件,若找不到再到系统指定的文件夹中查找。

形式②,预处理程序在系统指定的文件夹中查找文件。

1.4.2 Visual C++ 6.0 上机简介

C/C++程序的编译、连接和运行要由相应的 C/C++编译系统来完成,可以使用不同的编译系统对 C/C++程序进行操作。常用的有 Turbo C、Visual C++等,目前学习 C++的人多数使用 Visual C++,因此本书介绍 Visual C++ 6.0 的上机方法。

1. 关于 Visual C++ 6.0

Visual C++开发环境是一个基于 Windows 操作系统的可视化、面向对象的集成开发环境(Integrated Development Environment,IDE)。在该环境下用户可以开发有关C/C++的各种应用程序,应用程序包括建立、编辑、浏览、保存、编译、连接和调试等操作。这些操作都可以通过单击菜单选项或工具栏按钮来完成,使用方便、快捷。另外,它还提供了项目工作区(WorkSpace)、应用程序向导(AppWizard)、类操作向导(ClassWizard)和 WizarBar 等实用编程工具。

2. Visual C++ 6.0 集成开发环境及上机步骤

(1) Visual C++ 6.0 集成开发环境

在已安装 Visual C++ 6.0 的计算机上,可以直接双击桌面上的快捷方式图标 Microsoft Visual C++ 6.0,或选择"开始"→"程序"→Microsoft Visual Studio 6.0→Microsoft Visual C++ 6.0 项,进入 Visual C++集成开发环境,如图 1-13 所示。

Visual C++集成开发环境主要由标题栏、菜单栏、工具栏、项目工作区、编辑区、输出区等组成。

(2) 源程序的编辑、编译、连接和运行

在 Visual C++ 6.0 中,C/C++程序的编写、运行过程主要分为 3 个阶段:

① 创建一个空的工程。

② 创建一个 C/C++源文件,输入源程序。

③ 进行编译、连接和运行。

操作步骤如下:

1) 创建一个空的工程

① 启动 Visual C++ 6.0 后,选择"文件"→"新建"命令。

② 在"工程"选项卡中选择 Win32 Console Application(32 位控制台应用程序),输入工程名称 test,选择输入工程位置 E:\CTEST\test,如图 1-14 所示。

③ 单击"确定"按钮,在图 1-15 所示的向导对话框中选择"一个空工程〔E〕"。

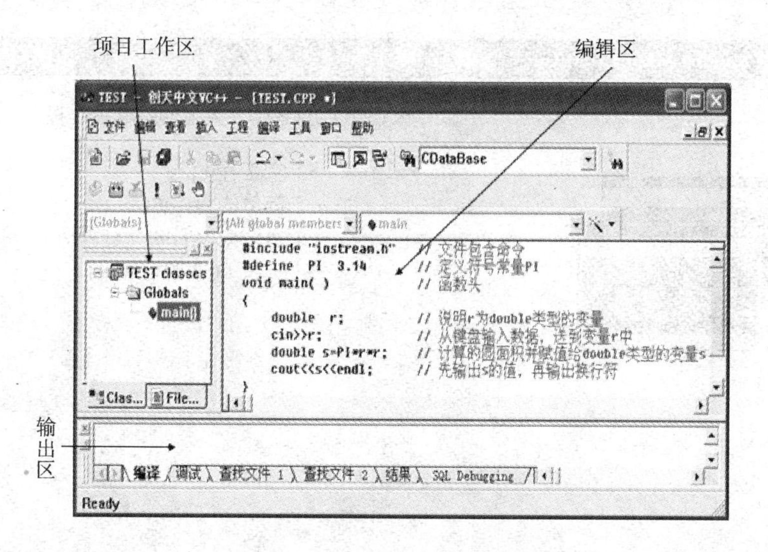

图 1-13 Visual C++集成开发环境

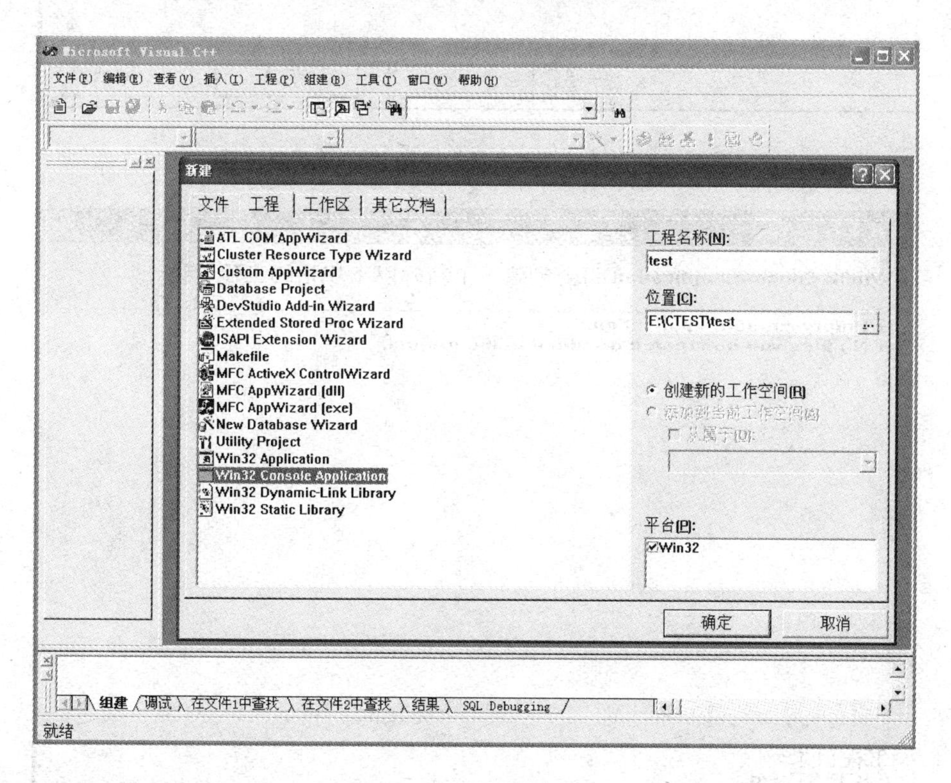

图 1-14 “新建”对话框

④ 单击“完成”按钮，弹出“新建工程信息”对话框，如图 1-16 所示。

⑤ 单击“确定”按钮，完成工程创建，显示如图 1-17 所示窗口。

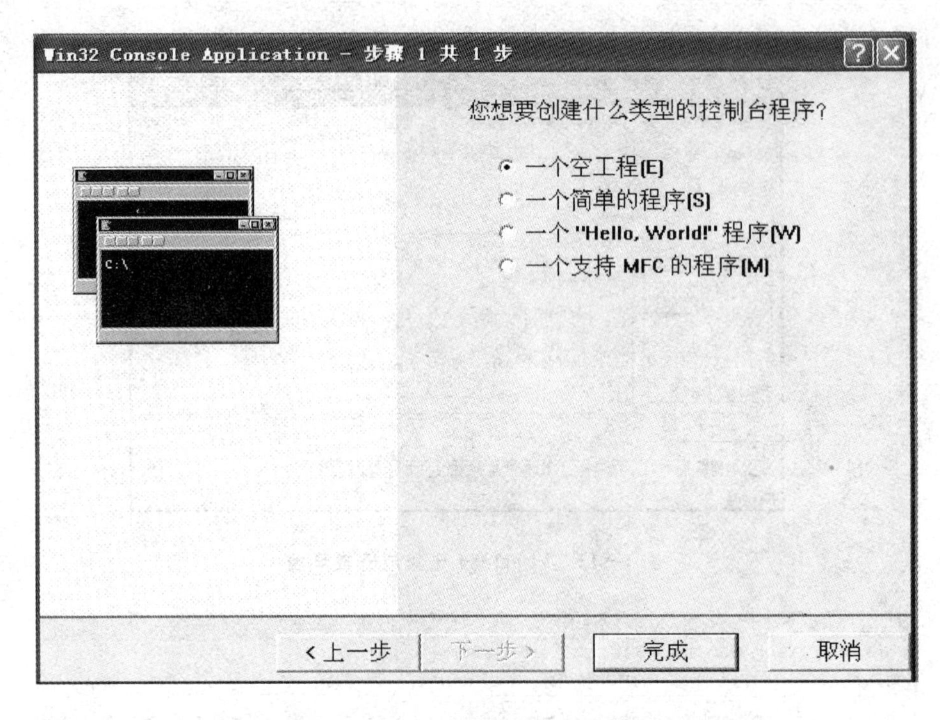

图 1-15 "32 位控制台应用程序"类型选择对话框

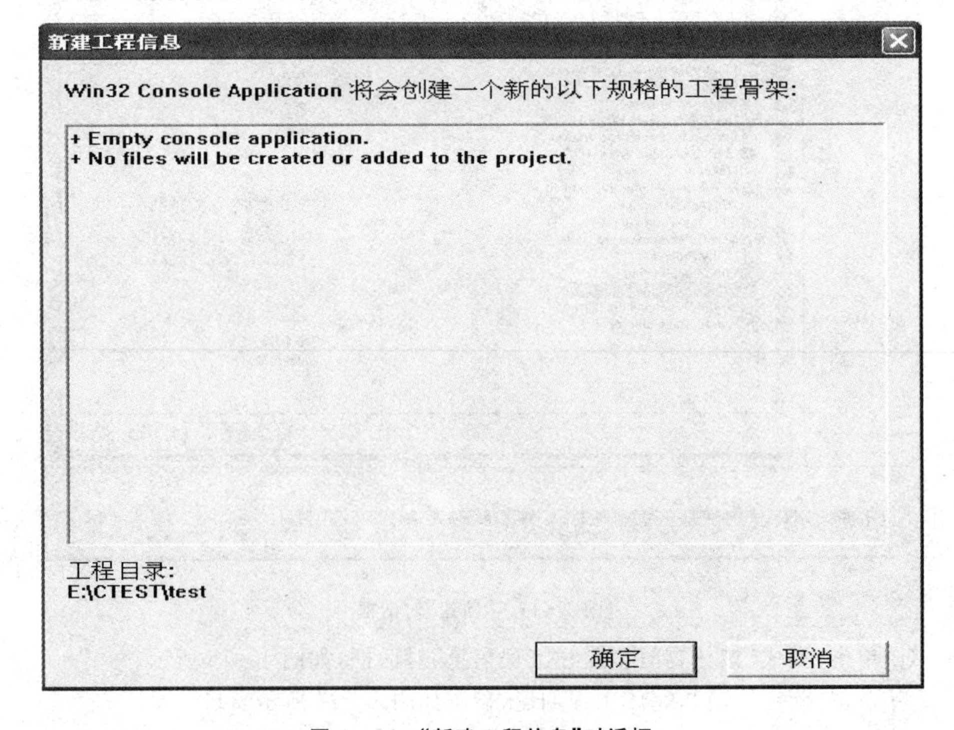

图 1-16 "新建工程信息"对话框

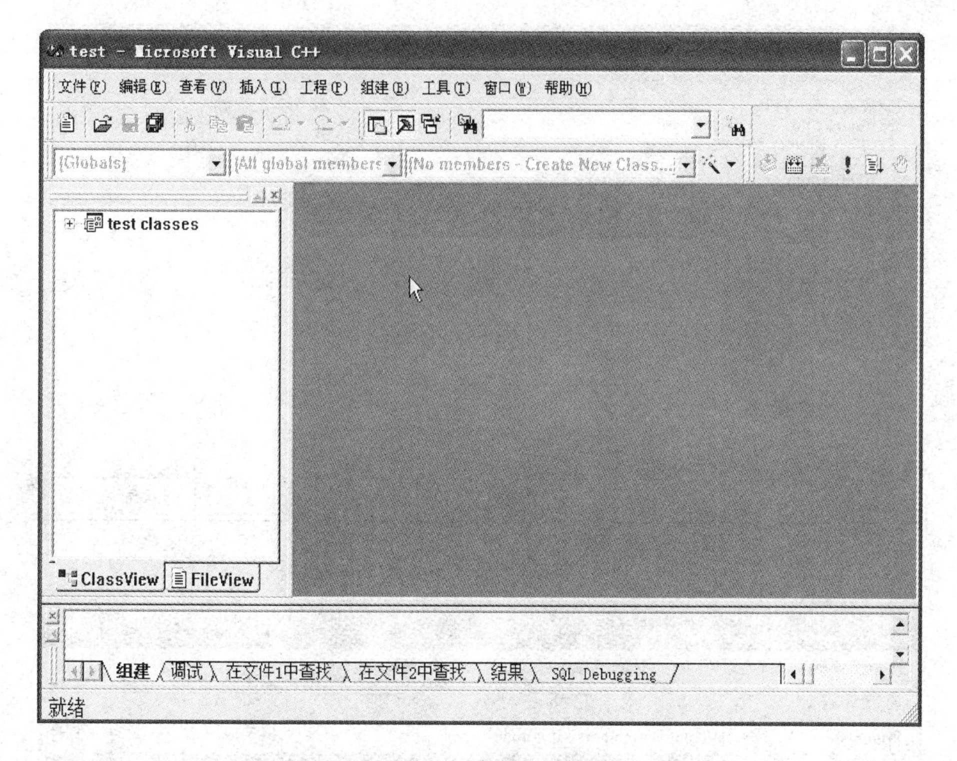

图 1-17　“空工程”窗口

此时为工程 test 创建了 E:\CTEST\test 文件夹，并在其中生成了 test.dsp（项目文件，存储当前项目的设置等信息）、test.dsw（工作区文件，含有工作区的定义和项目中所包含文件的所有信息）和 Debug 文件夹（存放编译、连接过程中产生的中间文件 test.obj 和最终生成的可执行文件 test.exe）。

2）创建 C/C++源文件

① 选择“文件”→“新建”命令。

② 在“文件”选项卡中选择 C++ Source File，并输入文件名：C_1，如图 1-18 所示。

③ 单击“确定”按钮，在代码编辑区输入、编辑源程序，如图 1-19 所示。

此阶段，在 E:\CTEST\test 文件夹中创建了 test.cpp。

注意：此时程序内容存放在计算机存储器中。为防止意外丢失程序，最好将输入的 C/C++源程序存储到磁盘中。在编辑窗口下，可单击工具栏中的 Save 按钮，或选择“文件”菜单中的“保存”命令，或按 Ctrl+S 组合键将文件存储到存储器中。

3）编译程序

单击工具栏中的 Compile 按钮，或选择“组建”菜单中的“编译”命令，或按 Ctrl+F7 组合键对源程序进行编译，在 Visual C++ 6.0 的输出区会出现一个窗口，几秒钟后，如果显示如下信息：

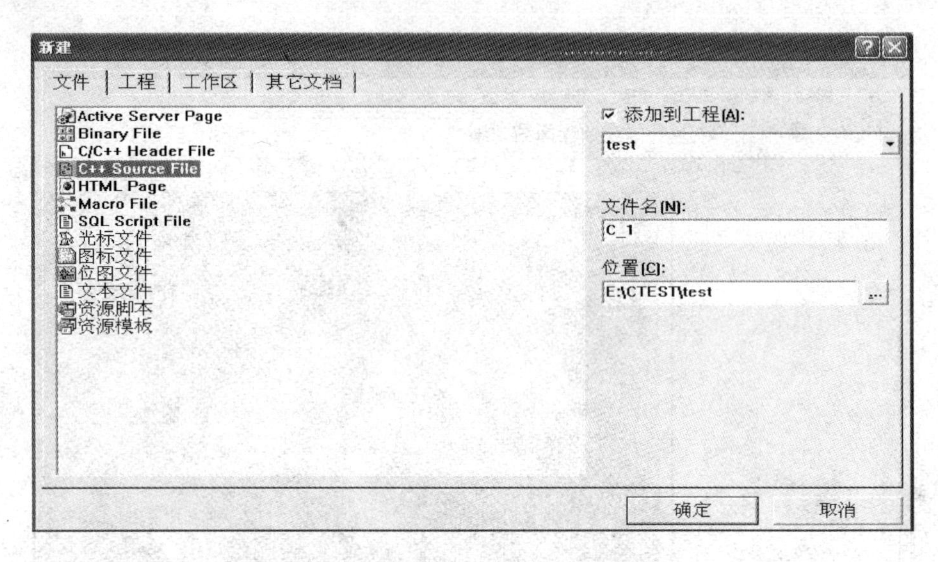

图 1-18 “新建”C++ Source File 对话框

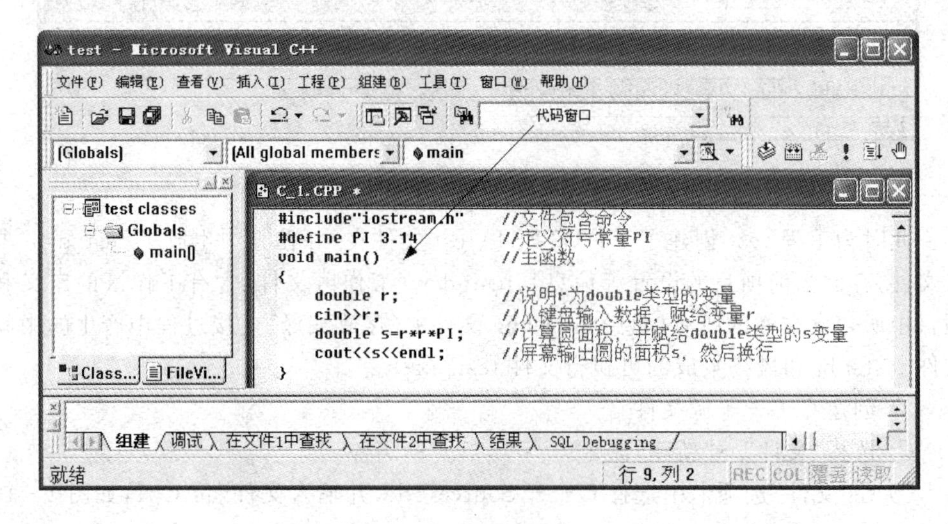

图 1-19 代码编辑窗口

```
Compiling...
C_1.cpp
C_1.obj - 0 error(s), 0 warning(s)
```

表示编译成功。如果程序有语法错误，编译时会产生出错(Error)信息或警告(Warning)信息，所有错误信息同样会显示在 Visual C++ 6.0 集成开发环境的输出区。对源程序进行修改后，必须重新进行编译，直到没有错误为止。

4) 连接程序

C/C++源程序经编译无误后，便可单击工具栏中的 Build 按钮，或选择“组建”菜单中的“组建”命令，或按 F7 键进行连接。程序进行连接时，会在 Visual C++ 6.0

集成开发环境的输出区出现一个窗口，几秒钟后，如果显示如下信息：

```
Linking...
C_1.exe - 0 error(s), 0 warning(s)
```

表示连接成功。

5）运行程序

C/C++源程序经编译、连接无误后，可以单击工具栏中的“! BuildExecute”按钮，或在“组建”菜单中选择“! 执行”命令，或按 Ctrl+F5 组合键运行程序。

在新弹出的屏幕窗口上显示输出结果。按任意键，即可返回到 Visual C++ 6.0主界面。

1.5　数据类型

在计算机系统中，各种字母、数字符号的组合、语音、图形、图像等统称为数据，数据经过加工后就成为信息。而数据是以某种特定的形式存在的，例如数字、字符等形式。在各种程序设计语言中，数据类型的规定和处理方法各不相同。C/C++不但提供了可以直接使用的基本数据类型，还可以由用户自定义所需的构造类型。

1.5.1　C/C++语言的词汇

为了按照一定的语法规则构成 C/C++语言的各种成分，如常量、变量等，C/C++语言规定了基本词法单位——单词。构成单词的最重要的形式是关键字、标识符等。

1. C/C++语言字符集

组成 C/C++源程序的基本字符成为字符集，它是构成 C/C++语言的基本元素。C/C++语言使用的基本字符如下：

① 大小写英文字符：A～Z、a～z。

② 数字字符：0～9。

③ 特殊字符：+、=、-、_ 、( )、 * 、^、%、#、!、,、. 、;、:、?、'、～、"、\、|、/、<、>、{ }、[ ]。

④ 不可打印的字符：空格、换行符、制表符、响铃符。

一般 C/C++源程序仅包括以上字符集合中的字符，在具体的 C/C++语言编译系统中可对上述字符集合加以扩充。

2. 关键字

关键字是具有特定含义的、专门用来说明 C/C++语言的特定成分的一类单词，如关键字 int 用来定义整型变量，而 float 用来定义实型变量。C/C++语言规定的关键字都用小写字母书写，不能使用大些字母，如 int 不能写成 Int。表 1-2 列出了常用的保留字。

表 1-2 C/C++常用保留字

保留字	用　途
char、int、double、float、void	基本数据类型
short、long、signed、unsigned	基本数据类型的修饰符
enum、struct、union	描述构造类型
auto、extern、register、static、volatile、const	属性修饰符
do、for、if、while、break、switch、case、goto、default、continue	语句的保留字
typedef	类型定义
include、define、ifdef、ifndef、endif、…	预处理指令
sizeof	计算对象占用字节数
asm、pascal、near、far、interrupt	扩充的保留字
class、friend、operator、private、public、protected、inline、new、delete、this、template、bool、false、true、eatch、throw、virtual、…	C++的附加保留字

3. 标识符

标识符是用来对变量、符号常量、函数、数组等数据对象命名的有效字符序列，简单地说，标识符就是一个名字。C/C++语言中对标识符作了如下规定：

① 标识符只能由字母、数字和下画线 3 种字符组成，且第一个字符必须为字母或下画线；

② 由于每个关键字都有特定的含义，所以不可以使用系统的关键字作为标识符，否则就会产生编译错误。

下面列出的是合法的标识符，可以使用：

```
abcd、_total、student_num、name、_2a3
```

下面列出的是不合法的标识符：

```
student.name、if、123d、mm@sina、a + b
```

注意：

① 编译系统将大写字母和小写字母认为是两个不同的字符，所以 SUM 和 sum 是两个不同的标识符。

② 对于标识符的长度(字符个数)，各个 C/C++编译系统都有自己的规定。有的系统取 8 个字符，超出部分将被忽略，例如，student_num 和 student_name，系统认为这两个标识符是相同的。

4. 注　释

C/C++程序中可以使用注释，注释内容不参与编译，只是一种对程序解释说明的标注，编译时，程序把注释作为空白符跳过而不予处理。注释不允许嵌套。

可在语句之后用符号“/ * … * /”对 C/C++程序作段注释，以增加程序的可读

性，"/"与"＊"之间不能有空格，还可以用符号"//"对某一行程序作出注释。

1.5.2　数据类型分类

C/C＋＋的数据类型如图 1－20 所示。它可以分为两大类：一类是基本类型，由系统提供，用户可直接使用；另一类为构造类型，是在基本类型的基础上，由系统或用户自行定义的。

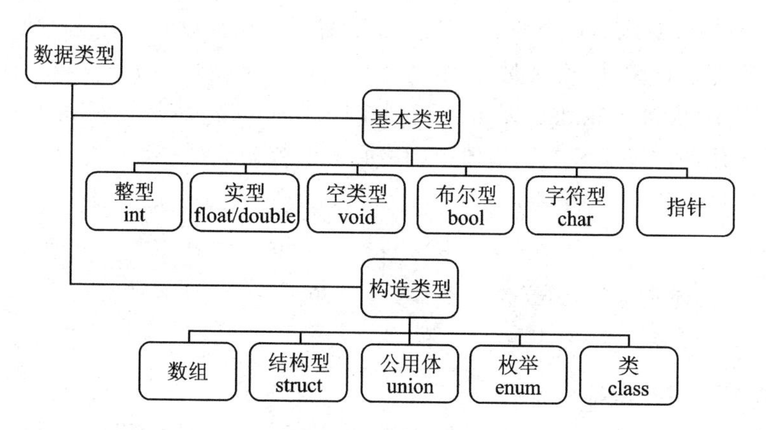

图 1－20　C/C＋＋数据类型

程序中要对各种各样的数据进行描述和操作，对所涉及到的数据必须指明其类型。数据类型主要有如下两个作用：

① 指出了系统应为数据分配多大的存储空间。

② 规定了数据所能进行的操作。

不同类型的数据占用的内存字节数和表示数据的范围都是不同的。表 1－3 列出了 Visual C＋＋支持的基本数据类型。

表 1－3　Visual C＋＋的基本数据类型

数据类型	字节数	取值范围
bool	1	false(0)、true(1)
char	1	－128～127(默认为带符号数)
unsigned char	1	0～255
short int	2	－32 768～32 767
int	4	－2 147 483 648～2 147 483 647
unsigned int	4	0～4 294 967 295
long	4	－2 147 483 648～2 147 483 647
float	4	$-3.4\times10^{-37}\sim3.4\times10^{38}$
double	8	$-1.7\times10^{-307}\sim1.7\times10^{308}$

1.5.3 变量和常量

1. 变 量

在程序运行期间，其值可以改变的量称为变量。

C/C++语言中的变量在程序中用变量名表示，变量名是由用户定义的合法标识符。一个变量实际上对应内存中具有特定属性的一个存储单元，变量名则是这个存储单元的符号表示，对应内存中的一个地址，该存储单元中存放的值就是该变量的值。

在对程序进行编译、连接时，由编译系统给每一个变量名分配对应的内存地址。从变量中取值，实际上是通过变量名找到相应的内存地址，从该存储单元中读取数据。变量占用的内存字节数和取值范围由它们的数据类型决定。

(1) 变量的定义

形式：

数据类型 变量名 1,变量名 2,… ,变量名 *n* ;

说明：

① 变量名用标识符来表示。

② C/C++语言规定所有的变量必须先定义再引用(及时发现错误、限制非法运算)。

③ C++中变量可随时使用，随时定义。

例如：

```
int  i, j, k ;                    //定义 3 个整型变量
char c ;                          //定义 1 个字符型变量
float avg, s ;                    //定义 2 个单精度实型变量
for(int n = 1;n< = 100;n ++ )     //在 for 语句中定义变量 n
```

(2) 变量初始化

变量必须先有确定的值后才能参与各种相应的操作，获取变量值的 3 种途径如下：

① 通过输入语句输入(如：cin>>a;)。

② 通过赋值语句赋值(如：a=3;)。

③ 通过初始化方式赋初值(如：int k=3;)。

变量的初始化是指在声明变量的同时给它赋一个初始值。当一个变量赋初始值之后，其值即存在于该变量分配的内存单元中，直到重新给该变量赋新值为止。

形式 1：

数据类型 变量名=表达式;

形式 2：

数据类型 变量名(表达式);

例如：

```
int i = 1, j(1) ;           //定义2个整型变量,赋初值都为1
int d = 'a' + 'b';          //定义变量d,同时赋初值195(97 + 98)
```

注意：对于几个变量赋同一初值时，不能写成“int　i=j=1;”，初值必须是常量或操作数是常量的算术表达式。

(3) 变量引用

C++允许为变量定义别名，称为变量引用。变量引用常用于函数参数传递。

形式：

数据类型 & 引用变量=已定义的变量名；

说明：

系统不为引用另外开辟内存，而是与原变量共享同一段内存(存储单元)。

例如：

```
int a = 1;
int &b = a;                 //定义引用变量b
b = 168;
```

引用变量b与a占用同一个内存地址，变量b的值初始也是1；b被重新赋值为168后，变量a的值也为168。

2. 常　量

在程序运行过程中，其值不变的量称为常量，如1、－1.23、'a'等都是常量。常量可分为两种：一种是直接以值的形式出现的常量，称之为值常量；另一种是用标识符命名的常量，称之为符号常量。

【例1-3】 编写求圆面积的C/C++程序。

```
/*求圆面积的C程序*/
#include <stdio.h>                  //stdio.h为c的标准输入/输出头文件
#define PI 3.14159                  //定义符号常量PI
void main()
{
    float r,s;                      //定义r,s为浮点型变量
    scanf("%f",&r);                 //C键盘输入半径r的值
    s = PI * r * r;
    printf("%f\n",s);               //C显示器输出圆面积
}
/*求圆面积的C++程序*/
#include <iostream.h>               //iostream.h为C++的输入/输出流头文件
const float PI = 3.14159;           //定义符号常量PI
void main()
```

```
{
    float r,s;
    cin>>r;                         //C++键盘输入
    s=PI*r*r;
    cout<<s<<endl;                  //C++显示器输出
}
```

程序中用#define命令或const命令定义PI代表常量3.141 59,此后凡是在此程序中出现的PI均代表3.141 59,可以和常量一样进行运算。**注意:**符号常量与变量不同,符号常量的值在其作用域内不能改变,也不能再被赋值。有关#define和const命令的详细用法请参见后续章节。

(1) 整型常量

整型常量即整常数。在C/C++语言中,整型常量可用以下3种形式表示:

① 十进制整数。由正负号与0~9共10个数字组成,如:123和-456。终端输出时printf中的格式为%d。

② 八进制整数。由正负号与0~7共8个数字组成,且八进制整型常量第一个数字一定为0,如:0123表示八进制数123,等于十进制数83,-011表示八进制数-11,即十进制数-9。终端输出时printf的格式为%o。

③ 十六进制整数。由正负号、0~9及A~F共16个字符组成,以0x开头的数是十六进制数。如:0x123,代表十六进制数123,等于十进制数291。-0x16等于十进制数-10。终端输出时printf的格式为%x。

(2) 浮点型常量

浮点数即实数,在C/C++语言中的表示形式有两种:

① 十进制小数形式。由数字和小数点组成,如:0.123、1.23、123.0。

② 指数形式。如:3e-3、3E3,字母e(或E)之前必须有数字,且e后面的指数必须为整数。

e3、2.1E3.5、.e3、e都是非法的表示方式。在字母e(或E)之前的小数部分中,小数点左边应有一位(且只能有一位)非零的数字称为规范化的指数形式。123.456应规范化表示为1.23456e2。

(3) 字符型常量

C/C++中字符常量是用单引号包含的一个字符(只能包含一个字符),如:'a'、'A'、'1'字符常量的值实际上是该字符对应的ASCII码值。有些以'\'开头的特殊字符称为转义字符,常用的转义字符如表1-4所列。

(4) 字符串常量

字符常量是单引号括起来的一个字符,而字符串常量是一对双引号括起来的字符序列,如:"梦圆中国、一生一世"、"CHINA"、"a"、"$123.45"都是合法的字符串常量。

表 1-4　转义字符表

转义字符	含　义	ASCII 码	转义字符	含　义	ASCII 码
\n	换行	10	\\	反斜杠字符	92
\t	水平制表	9	\'	单引号字符	39
\v	垂直制表	11	\"	双引号字符	34
\b	退格	8	\ddd	1 到 3 位八进制数所代表的字符	
\r	回车	13	\xhh	1 到 2 位十六进制数所代表的字符	
\f	换页	12			

字符串常量在内存中的存放：每一个字符均以其 ASCII 码存放，且最后添加一个空字符 '\0'。如有一个字符串常量"CHINA"，但实际上在内存中是：CHINA\0，它所占的内存单元不是 5 个字符，而是 6 个字符，最后一个字符为 '\0'，但在输出时不输出 '\0'。

注意：在写字符串时不必加 '\0'，'\0' 字符是系统自动添加的。

(5) 符号常量

符号常量是以标识符形式出现的常量，作用是便于程序阅读和修改。C/C++用 define 命令或关键字 const 定义符号常量。

形式 1：

const　数据类型 符号常量=值常量；

形式 2：

#define　符号常量 值常量

说明：

- 习惯上符号常量名大写，而变量名小写，以示区分。
- 符号常量虽然用标识符来标识，但本质上是常量，具有常量值不能改变的性质。
- 数据类型用来定义符号常量的类型。
- 程序中出现符号常量的地方都将用值常量代替，在程序中不允许再对符号常量赋值。

例如：

```
const double PI = 3.14159;
```

或

```
#define PI 3.14159
```

变量说明：

① 整型变量中只能存放整型数据。基本类型符为 int，可以根据数值的范围和有无符号归纳为 6 种整型变量。表 1-5 列出了 C 语言的整型变量和数据描述。

表中说明符括号内的部分是可以省写的，例如，(signed)short (int)与 short 是等价的，字节(B)是计算机信息技术用于计量存储容量和传输容量的一种计量单位，1 个字节等于 8 位二进制。

② 浮点型变量分为单精度(float 型)、双精度(double 型)和长双精度(long double 型)3 种类型，如表 1-6 所列。

表 1-5 C 语言整型变量和数据描述

类 型	说明符	长度/B	取值范围
基本整型	(signed)int	2	-32 768～32 767
短整型	(signed)short (int)	2	-32 768～32 767
长整型	(signed) long (int)	4	-231～(231-1)
无符号整型	unsigned int	2	0～65 535
无符号短整型	unsigned short (int)	2	0～65 535
无符号长整型	unsigned long (int)	4	0～(232-1)

表 1-6 浮点型变量、数据描述

类 型	说明符	长度/B	取值范围	有效数字/位
单精度	float	4	$10^{-37}\sim 10^{38}$	6～7
双精度	double	8	$10^{-307}\sim 10^{308}$	15～16
长双精度	long double	16	$10^{-4\,931}\sim 10^{4\,932}$	18～19

C/C++规定：如果将一个浮点数赋给整型变量，则系统自动将该浮点数的小数部分截取；如果将一个整数赋给实型变量，则在数值上不会引起任何变化。

③ 字符型变量用来存放字符常量，字符变量在内存中占一字节。字符常量放到字符变量中是将该字符的相应 ASCII 代码放到存储单元中，这样使字符型数据和整型数据之间可以通用。

【例 1-4】 向字符型变量赋整型数值。

```
#include<stdio.h>
void main()
{   char c1,c2;
    c1 = 97;
    c2 = 98;
    printf(" %c, %c\n",c1,c2);
    printf(" %d, %d\n",c1,c2);
}
```

运行结果：

```
a,b
```

```
97,98
```

分析：在程序的第 4 行和第 5 行中，将整数 97 和 98 分别赋给 c1 和 c2，它的作用相当于“c1 = 'a';”和“c2 = 'b';”两个赋值语句，因为 'a' 和 'b' 的 ASCII 码为 97 和 98。

1.5.4 数据类型之间的转换

C/C++中允许 int、float、double 和 char 型数据混合运算。运算时，首先必须将不同类型转换为同一类型方可进行运算，转换过程由系统自动进行。转换的规则如图 1-21 所示。

① 横向向左的箭头是运算过程中必定要进行的转换过程。

② 纵向箭头表示当运算对象为不同类型时的转换方向。

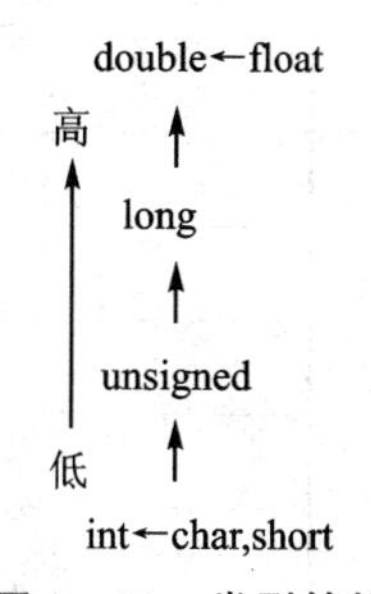

图 1-21　类型转换

1.6 运算符和表达式

运算符是对数据进行特定运算的符号，如+、−、∗、/等，C/C++语言中的运算符很丰富，应用范围也很广，如分量运算符“. −>”，逗号运算符“,”等。运算符和运算对象结合在一起就构成了表达式，不同的表达式有不同的运算规则。丰富的运算符和表达式使程序的编写变得灵活、简单而高效。

C/C++的运算符如表 1-7 所列，可分为以下几类：

① 算术运算符(+、−、∗、/、%)；

② 关系运算符(>、<、==、>、=、<=、! =)；

③ 逻辑运算符(!、&&、‖)；

④ 位运算符(<<、>>、~、|、∧、&)；

⑤ 赋值运算符(=及其扩展赋值运算符)；

⑥ 条件运算符(?:)；

⑦ 逗号运算符(,)；

⑧ 指针运算符(∗和 &)；

⑨ 求字节数运算符(sizeof)；

⑩ 强制类型转换运算符((类型))；

⑪ 分量运算符(.、−>)；

⑫ 下标运算符([　])；

⑬ 其他(如函数调用运算符())。

本节只介绍部分运算符和表达式，其余将在后续章节中讲解。

表 1-7　C/C++运算符的结合规则与优先级

<table>
<tr><th>记　号</th><th>运算符</th><th>类　别</th><th>结合规则</th><th>优先级</th></tr>
<tr><td>标识符、字面常量、(…)</td><td>简单记号</td><td>基本表达式</td><td>无</td><td rowspan="6">1</td></tr>
<tr><td>a[k]</td><td>下标</td><td rowspan="5">后缀</td><td rowspan="5">从左到右</td></tr>
<tr><td>F(…)</td><td>函数调用</td></tr>
<tr><td>.</td><td>直接选择</td></tr>
<tr><td>-></td><td>间接选择</td></tr>
<tr><td>++、--</td><td>自增、自减</td></tr>
<tr><td>++、--</td><td>自增、自减</td><td>前缀</td><td rowspan="8">从右到左</td><td rowspan="7">2</td></tr>
<tr><td>sizeof</td><td>长度</td><td rowspan="7">一元</td></tr>
<tr><td>~</td><td>按位取反</td></tr>
<tr><td>!</td><td>逻辑非</td></tr>
<tr><td>-、+</td><td>算术负、正</td></tr>
<tr><td>&</td><td>地址</td></tr>
<tr><td>*</td><td>间接访问</td></tr>
<tr><td>(类型名)</td><td>类型转换</td><td>3</td></tr>
<tr><td>*、/、%</td><td>算术乘、除、求余数</td><td rowspan="5">二元</td><td rowspan="5">从左到右</td><td>4</td></tr>
<tr><td>+、-</td><td>算术加、减</td><td>5</td></tr>
<tr><td><<、>></td><td>左移、右移</td><td>6</td></tr>
<tr><td><、>、<=、>=</td><td>关系运算</td><td>7</td></tr>
<tr><td>==、!=</td><td>判等运算</td><td>8</td></tr>
<tr><td>&</td><td>按位与</td><td>三元</td><td rowspan="3">从右到左</td><td>9</td></tr>
<tr><td>^</td><td>按位异或</td><td rowspan="3">二元</td><td>10</td></tr>
<tr><td>|</td><td>按位或</td><td>11</td></tr>
<tr><td>&&</td><td>逻辑与</td><td>从左到右</td><td>12</td></tr>
<tr><td>||</td><td>逻辑或</td><td rowspan="4"></td><td rowspan="4"></td><td>13</td></tr>
<tr><td>? :</td><td>条件表达式</td><td>14</td></tr>
<tr><td>=、+=、-=、*=、/=、%=、
<<=、>>=、&=、^=、|=</td><td>赋值</td><td>15</td></tr>
<tr><td>,</td><td>顺序表达式</td><td>16</td></tr>
</table>

1.6.1 算数运算符和算术表达式

1. 算术运算符

算术运算符用于各种数值运算，C/C++提供以下 5 种基本算术运算符。

① +：加法运算符，或正值运算符，如：3+5、+3。

② -：减法运算符，或负值运算符，如：5-2、-3。

③ *：乘法运算符，如：3*5。

④ /：除法运算符。两个整数相除的结果为整数，如 5/3 结果为 1，小数部分舍去。若不同符号的两个整数相除，结果为负整数，小数舍入方向不固定，有的系统采用四舍五入，有的采用“向零取整”。例：-5/3=-1.67，有的系统给出-2，有的给出-1，多数系统采用后者（“向零取整”）。除法运算中，只要有一数为实型，则所有数和结果均为 double 型。

⑤ %：模运算符，或称求余运算符，%两侧均应为整型数据，如：7%4 的值为 3，-5%3=-2，5%(-3)=2。

2. 算术运算符的优先级和结合方向

优先级：先*、/、%，后+、-，但+和-号用于单目运算时其优先级最高，用于双目运算时优先级最低，同级运算符按规定的结合方向处理。

结合方向：自左至右，具有左结合性，即运算时由左向右计算（先处理操作对象左边的运算符，再处理右边的运算符）。

注意：

① 双目运算符中，除赋值运算符为右结合外，其余均为左结合。

② 单目运算符均为右结合。

③ 条件运算符为右结合。

④ 逗号运算符为左结合。

3. 算术表达式

用算术运算符和括号将操作数连接起来的，符合 C/C++语法规则的式子，称为 C/C++算术表达式。在表达式求值时，按运算符的优先级别高低次序执行，例如先乘除后加减。

【例 1-5】 写出下列数学表达式对应的 C/C++语言表达式。

$\frac{-b+\sqrt{b^2-4ac}}{2a}$ 对应的 C/C++语言表达式为

```
((-b)+sqrt(b*b-4*a*c))/(2*a)
```

算术表达式的书写应该注意以下几点：

① C/C++表达式中的乘号不能省略。

例如：数学式 b^2-4ac 对应的 C/C++语言表达式应写成 b*b-4*a*c。

② C/C++表达式中只能使用系统允许的标识符。

例如：数学式 πr^2 对应的 C/C++语言表达式应写成 3.14159 * r * r。

③ C/C++表达式中的内容必须书写在同一行，不允许有分子分母形式，必要时要利用小括号保证运算的顺序。

例如：C/C++表达式应写成 (a+b)/(c+d)。

④ C/C++表达式不允许使用方括号和大括号，只能使用小括号来帮助限定运算顺序。可以使用多层小括号，但左右括号必须配对。运算时从内层小括号开始，由内向外依次计算表达式的值。

4. 强制类型转换运算符

在系统不能实现自动转换的情况下，强制类型转换运算符可以将表达式的值强制转换为所需类型。

形式：

```
(类型名)(表达式)
```

例如：

```
(double) x,  (int)(x + y)
```

注意：在运行强制类型转换时，得到一个所需类型的中间变量，而原变量的类型不发生变化。如，(double) x 是将 x 的值转换成 double 类型，但 x 的类型未发生变化。

【例 1-6】 强制类型转换。

```
# include <stdio.h>
void main()
{   floatx;
    int i ;
    x = 6.8;
    i = (int)x          //赋给 i 变量的值是转换后的 6
    printf("x = % f,i = % d\n",x,i);
}
```

运行结果：

```
x = 6.800000,i = 6
```

5. 自增、自减运算符

自增、自减运算符的作用是使变量的值增 1 或减 1。

++i 或 i++，等价于 i=i+1；--i 或 i--，等价于 i=i-1。

例如：

```
i = 6;
```

① “j=++i;”语句等价于“++i;”和“j=i;”,结果是 i 的值先变成 7,再赋给 j,i 和 j 的值均为 7。

② “j=i++;”语句等价于“j=i;”和“i++;”,结果是先将 i 的值 6 赋给 j,j 的值为 6,然后 i 变为 7。

注意:

① ++或--运算符只能用于变量,而不能用于常量和表达式,如 5++或(a+b)++均违法。

② 自增和自减运算符有副作用,因为此类运算符在运算时不仅可以向外提供一个值,而且同时还改变了运算分量自身的值,正确使用可使程序简练,否则会出现意想不到的结果。

③ ++和--为右结合性。

例如:

```
printf("%d\n",-i++);
```

当 i=6 时,输出结果为-6,但 i 变为 7,先使用 i 值输出,后自加。

1.6.2　赋值运算符和赋值表达式

1. 简单赋值运算符“=”及其表达式:

形式:

变量=表达式

作用:将赋值号右边的表达式的值赋给左边的变量。

例如:

```
days = 2+5;
```

执行结果是将值 7 赋给变量 days。

若 days 原来的值是无定义的,则现在它变成的值是有定义的,并取值 7。

若 days 原来的值是有定义的,则不论 days 原来的值是什么,都将被 7 所取代,days 值仍是有定义的,值是 7。最后整个表达式的值也为 7。

在赋值表达式中,赋值运算符“=”右端是计算值的表达式,左端回答“该值交给什么对象”。

正确的语句如下:

```
a=1;b=2*pi*r;c=c+1;
```

错误的语句如下:

```
1=a;t*w=area;     //等号左端应为变量
```

赋值时注意类型转换:

① float 型数据赋给 int 型变量，则小数自动舍弃。

② int 型数据赋给 float 型变量，数值不变，以浮点形式存到变量中。

③ char 型数据赋给 int 型变量，一般将符号位扩展到高 8 位，但对于 unsigned int 最高位补 0。

④ 带符号的 int 型数据赋给 long int 型变量，对 long int 型的高 16 位进行扩展。

⑤ 无符号数 unsigned int 赋给 long int 型变量，最高位补 0 即可。

⑥ 将符号数赋给长度相同的无符号变量时，数值（连同符号）原样照赋，只是赋值后，原来数值中的符号（例如负号），现在变为数值的最高位了。

2. 复合赋值运算符

算术运算符或位运算符再加上“＝”构成复合赋值运算符，共有以下 10 种：+＝、－＝、*＝、/＝、%＝、<<＝、>>＝、∧＝、&＝和|＝。复合赋值运算符的功能是：先计算，再赋值。

例如：x+＝5 等价于 x＝x+5，x%＝y+5 等价于 x＝x%(y+5)。

3. 赋值运算符的结合方向

赋值运算符的结合方向为：自右至左，具有右结合性。

例如：x＝y＝z＝5 可理解为 x＝(y＝(z＝5))。

【例 1-7】 设 x＝6，计算赋值运算 x+＝x－ ＝x*x 后 x 的值。

解：题中表达式要经过两步计算，计算过程如下：

① 计算 x－x*x→x，所以 x＝x－x*x＝6－6*6＝ －30。

② 计算 x+x→x，此时 x＝－30。

所以 x＝x+x＝－30+(－30)＝－60。

1.6.3 条件运算符和条件表达式

C/C++语言中唯一的一个三目运算符是条件运算符“?：”，由条件运算符构成的表达式称为条件表达式。

形式：

表达式 1? 表达式 2：表达式 3

作用：实现简单的选择功能。

求解过程：先求解表达式 1，若表达式 1 的值为真，则条件表达式的值为表达式 2 的值，否则为表达式 3 的值。其语义相当于双分支选择结构。

例如：

```
max = (a>b? a:b);                    //将 a 和 b 中较大的一个数赋给变量 max
```

【例 1-8】 设 x＝1，y＝2，计算下面表达式：

```
z = x>y? x++ :y++
```

分析：x>y 为 false，将 y 的值 2 赋给 z，再进行 y++ 计算使 y 的值为 3，计算后，z 的值为 2，y 的值为 3，x 的值仍为 1。

【例 1-9】 对 $n(>0)$ 个人进行分班，每班 $k(>0)$ 个人，最后不足 k 人也编一班，问要编几个班？（试用条件运算符表达）

提示：

```
n%k>0? n/k+1:n/k
```

请同学自己分析上述表达式。

1.6.4 逗号运算符和逗号表达式

1. 逗号运算符

C/C++语言中提供逗号运算符“,”，是所有运算符中优先级最低的运算符。逗号运算符的结合方向是自左至右。逗号运算符又称为“顺序求值运算符”。

2. 逗号表达式

用逗号运算符连接起来的表达式称为逗号表达式。

形式：

```
表达式 1,表达式 2
```

求解过程：先求解表达式 1，再求解表达式 2。整个逗号表达式的值是表达式 2 的值。

【例 1-10】 计算“a=2*3,a*5”。

分析：a 的值为 6，然后求解 a*5，得 30，整个逗号表达式的值为 30。

逗号表达式的一般形式可以扩展为

表达式 1，表达式 2，表达式 3，……，表达式 n

整个表达式的值为表达式 n 的值。

例如：

```
a=1,b=a+2,c=b+4
```

最终结果：a=1、b=3、c=7，整个表达式的值为 7。

注意：并非所有地方的逗号均为运算符，要会分辨。请读者自己分析下面两个 printf 中(a,b,c)的区别：

```
printf("%d,%d,%d",a,b,c);
printf("%d,%d,%d",(a,b,c),b,c);
```

本章小结

程序设计就是根据需要，选择合适的编程语言，编制实现具体功能程序的过程。

算法是解决问题的方法和步骤。结构化程序设计包括三种结构:顺序结构、选择结构和循环结构。程序设计语言有高级语言和低级语言之分,C/C++语言是高级编程语言。

C/C++是一种结构紧凑、使用方便、程序执行效率高的编程语言。C/C++语言的数据结构非常丰富,其多种数据类型可以通过丰富的运算符实现复杂的运算。C/C++语言程序可以直接对硬件进行操作,访问物理地址。

C/C++语言程序由函数构成,只能有一个主函数,每个函数完成特定的功能。C/C++程序都是从主函数开始执行,主函数可以出现在程序中的任何位置。C/C++程序中一行可以写多条语句,每条语句由“;”结束。

在C/C++语言中,表示变量名、数组名、函数名等的标识符要遵循命名规则,区分字母的大小写,用户标识符不能与关键字相同。

常量在程序运行中,其值不能改变。变量就是值可以改变的量,必须先定义后使用。不同类型的变量在内存中占据不同大小的存储单元,存储不同类型的数据。在C/C++程序中,根据不同的需要,定义不同类型的变量,存储不同类型的数据。

习　题

1. 简答题

(1) 指出下面的变量定义哪些是正确的,为什么?

A) float a,b;　　B) int a,b;float a,b;　　C) int a,float b;

D) char if;　　E) long 2ab;

(2) 把下列数学式写成C/C++语言表达式。

A) $\frac{5(F-32)}{9}$　　B) $2\pi r+\pi r^2$

C) $\frac{2\sqrt{x}}{3\sin x}+\frac{1}{3}(a+b)^2$　　D) $5.34e^x$

(3) 求下面算术表达式的值。

A) x+a%3*(x+y)%2/4,设 x=2.5, a=7, y=4.7。

B) (a+b)/2+x%y,设 a=2, b=3, x=3.5, y=2.5。

(4) 写出下面表达式运算后 a 的值,设原来 a=5。设 a 和 n 已定义为整型变量。

A) a+=a　　B) a-=5

C) a=3,6*a　　D) a/=a+a

E) a%=(n%=2),n 的值等于 2　　F) a+=a-=a*=a

(5) 写表达式:a 和 b 中有一个大于 d。

(6) 写表达式:将点(x,y)表示在第三象限。

(7) 写表达式:x 既能被 2 整除,又能被 3 整除。

2. 分析程序,指出错误

```
#include<stdio.h>

void main()
{
    INT  sum;
    /* 计算结果
    sum = 2014 + 2000 - 1990;
    /* 显示结果 */
    printf("the answer is %d\n",Sum)
}
```

3. 分析下列程序,写出运行结果

(1) 程序如下:

```
#include<stdio.h>
void main()
{
    int  answer, result;
    answer = 2015;
    result = answer - 2014;
    printf ("结果: %d\n",result + 5);
}
```

(2)程序如下:

```
#include<stdio.h>
void main()
{
    int x ;
    x = 0;
    printf ("%d\n",x++ );
    printf ("%d\n", ++x);
    printf ("%d\n",x-- );
    printf ("%d\n",x);
}
```

(3) 程序如下:

```
#include<stdio.h>
void main()
{
    char ch1 = 'A',ch2 = 'a',ch3,ch4;
    int i,j;
    i = 66;
```

```
    j = 98;
    result = answer - 100;
    printf ("ch1 = %d,ch2 = %d\n",ch1,ch2);
    printf ("%c, %c\n",i,j);
}
```

4. 编写程序

(1)请参照例题,编写一个 C/C++程序,输出以下信息:

```
************************
2015,我要更加努力学习!
************************
```

(2) 计算圆柱的体积。

(3) 判断一个数是否为偶数,输出 YES 或 NO。

第2章　顺序结构程序设计

学习导读

主要内容

顺序结构是C/C++程序的3种结构之一，本章主要介绍与程序设计相关的赋值语句、C语言的输入/输出语句和C++的I/O流等内容。

学习目标

- 熟练掌握输入/输出语句的功能和格式；
- 熟悉顺序结构的C/C++程序。

重点与难点

重点：输入/输出语句的功能和格式。

难点：熟练使用输入/输出语句。

2.1　程序设计概述

C/C++程序使用语句向计算机系统发出操作指令。若干条语句构成一个实际的应用程序，程序设计(Programming)是给出解决特定问题程序的过程，是软件构造活动中的重要组成部分。

2.1.1　语　句

程序描述对数据的操作，操作由一个个动作组成。在程序设计语言中，表示动作的是语句(Statement)。C/C++中的语句可以分为以下5类：

1. 控制语句

用来实现一定控制功能的语句称为控制语句。C/C++用控制语句来实现选择结构和循环结构。C/C++的控制语句可分为以下3类：

① 分支：if-else、switch。

② 循环：for、while、do while。

③ 辅助控制：continue、break、goto、return。

2. 表达式语句

表达式语句由表达式加上分号“;”组成，其一般形式如下：

表达式;

3. 函数调用语句

由函数名、实际参数加上分号“;”组成。其一般形式如下：

```
函数名(实际参数表);
```

4. 空语句

只由分号“;”组成的语句称为空语句。空语句是什么也不执行的语句，在程序中空语句可用来当作空循环体。

例如：

```
for(i = 1;i< = 100;i + + ) ;
```

5. 复合语句

用“{}”括起来的一组语句称为复合语句。其一般形式如下：

```
{
    [数据说明部分;]
    执行语句部分;
}
```

注意：复合语句语法上和单一语句相同，可嵌套。“}”后不加分号。

2.1.2 程序的三种基本结构

程序中的语句通常是按顺序逐条执行，这种程序结构被称为顺序结构。当需要改变程序执行流程时，可采用选择结构的流程控制语句实现行为选择，采用循环结构的流程控制语句实现行为的重复。采用结构化程序设计方法，使程序结构清晰、易读性强，提高了程序设计的质量和效率。下面简单介绍这 3 种基本结构。

1. 顺序结构

顺序结构是最简单也是最基本的程序结构，其按语句书写的先后顺序依次执行，顺序结构中的每一条语句都被执行一次，而且仅被执行一次。

2. 选择结构

首先，判断给定的条件，根据判断的结果决定执行哪个分支语句。分支通常为双分支或多分支，选择结构将在第 3 章详细介绍。

3. 循环结构

在给定条件成立的情况下，程序将反复执行某个程序段，这种结构成为循环结构。循环结构将在第 4 章详细介绍。

2.2 赋值语句

赋值语句是构成程序的最基本语句之一。赋值表达式加上分号就构成了赋值语

句，如 z＝x＋y 是赋值表达式，而“z＝x＋y ；”则是赋值语句。

例如：

```
x = 2015;
y = (sqrt(x) + x * 4/3)/5;
```

注意：C/C＋＋程序中的赋值符号“＝”是一个运算符。

【例 2 - 1】 键盘输入两个数并赋值给变量，交换两个变量的值。

```
#include<stdio.h>                       //<iostream.h>
void main()
{     int x,y,z;
      printf("请输入 x 和 y:");         //cout<<"请输入 x 和 y:" ;输出提示信息
      scanf("%d%d",&x,&y);              //cin>>x>>y ;键盘对两个变量赋值
      printf("交换之前: x = %d,y = %d\n",x,y);
      //cout<<"交换之前: x = "<<x<<",y = "<<y<<endl;
      z = x;
      x = y;
      y = z;
      printf("交换之后: x = %d,y = %d\n",x,y);
      //cout<<"交换之后: x = "<<x<<",y = "<<y<<endl;
}
请输入 x 和 y: 1 2
交换之前: x = 1,y = 2
交换之后: x = 2,y = 1
```

分析：

① “z＝x；x＝y；y＝z；”是 C/C＋＋程序两变量值交换的典型算法，其过程必须引入新的中间变量 z。

② 程序的执行过程从函数体内的第 1 条语句开始，由上到下按顺序逐条执行。

③ “z＝x；x＝y；y＝z；”是否可以改写为“x＝y；y＝x；”，学生自己分析。

2.3　C 语言的输入/输出

输入是把数据从外部设备（磁盘、键盘、磁带、传感器…）读入计算机内，针对高级语言也可以认为读入程序中某变量内；输出则是把计算机内部的数据送到外部设备（磁盘、显示器、打印机…）。C 语言本身不提供输入/输出语句，输入和输出操作是由 C 函数库中的函数来实现的。同赋值语句一样，输入/输出语句也是构成程序的最基本语句。

2.3.1 字符输入函数与字符输出函数

1. getchar 函数

C 语言提供的字符输入函数是一个无参函数，调用该函数的一般格式如下：

```
getchar();
```

作用：从标准输入设备(键盘)上读入一个字符，作为函数值。

2. putchar 函数

C 语言提供字符输出函数 putchar，调用该函数的一般格式如下：

```
putchar(变量);
```

作用：把 int 型表达式计算出的值转换成字符类型值输出到标准输出设备(也就是显示器)。如果操作正确，把输出的 int 型整数作为函数值；如果操作错误，则把 EOF(−1)作为函数值。

【例 2-2】 键盘输入单个字符并输出。

```
#include<stdio.h>
void main()
{     char c1;
      int c2;
      c1 = getchar();
      putchar(c1); putchar('\n');
      c2 = 66;
      putchar(c2); putchar('\n');
}
```

```
输入：A
输出：A
     B
```

注意：

① 使用 getchar()函数和 putchar()函数，在程序的最前面要用预编译命令# include将头文件<stdio.h>中的信息包含进来。

② getchar()函数得到的输入字符可以赋给 int 型或 char 型变量，也可以不赋给任何变量，只作为表达式中的一部分，函数的值就是由终端输入的字符。

③ 由终端输入字符必须按回车键，字符才会送到内存中。

④ getchar( )只能接收一个字符。

⑤ putchar( )变量必须是 int 型(ASCII 码范围内 0～255)或 char 型。

⑥ putchar( )还可以输出常量或转义字符，只要在括号中将需输出的内容用单引号括起来即可，但 ASCII 码必须以转义字符形式出现。

2.3.2　格式输入函数与格式输出函数

1. 格式输入函数

标准函数 scanf 是 C 语言提供的格式输入函数，调用它的一般格式如下：

scanf(＜格式控制＞,＜输入列表＞)

作用：其操作是从标准输入设备(键盘)上读入一系列数据，按格式控制的要求进行转换并送入输入列表所列的诸变量中。

说明：

① 输入列表是由逗号“,”分隔开的若干输入表项组成，每个输入表项是一个变量的指针(变量的地址)。运算符“&”是求变量指针的运算，所以输入列表的一般形式如下：

$\&v_1$，$\&v_2$，$\&v_3$，…，$\&v_n$

其中：v_1，v_2，…，v_n是 n 个变量。

② 格式控制是一个常量字符串。其中含有各种以“%”开始的格式控制符，表 2 - 1列出常用的 scanf 函数格式控制符。

表 2 - 1　常用 scanf 函数格式控制符

输入数据类型	输入要求	格式控制符
整数	带符号十进制整数	%d
	无符号十进制整数	%u
单个字符		%c
字符串		%s
浮点数	以小数形式或指数形式	%f
		%e
		%g

例如：

键盘输入：168　168e+2　987

函数调用：scanf("%d%c%f%d",&a,&b,&c,&d)。

运行结果：变量 a——整型 168、b——字符型空格(ASCII 码 32)、c——浮点型 16800、d——整型 987。

③ & 是地址运算符，使用 & 表示要取 & 后面变量在内存中的地址。

④ 由键盘输入数据的格式应与 scanf 中格式控制符的格式相同。

⑤ scanf 输入函数中，f 输入格式不能有精度规定。

例如：

```
scanf("%5.2f",&a);
```

这条语句是不合法的，不能输入12345以期望使a=123.45。

⑥ 如果在%后面有一个"*"附加说明符，则表示跳过它指定的列数。

例如：

```
scanf("%2d%*3d%2d",&a,&b);
```

若输入：12 345 67

则有结果：a=12，b=67，其中%*3d表示要求读入一个3位数，但不赋给任何变量。

2. 格式输出函数

标准函数printf是C语言提供的格式输出函数，调用它的一般格式如下：

printf(＜格式控制＞,＜输出列表＞)；

作用：其操作是按照格式控制的要求，把输出列表上的数据转换成字符串，并送入标准输出设备(显示器)上输出。

说明：printf的格式控制与scanf的格式控制一样，也是一个常量字符串。其中含有任意普通字符和各种以"%"开始的格式控制符。表2-2列出常用的printf函数格式控制符。

表2-2 常用printf函数格式控制符

格式符	使用形式	说　明
d	%d	按整型的实际长度输出
	%md	按指定宽度m输出整型数。若小于m，则左端补空格；若大于m，按实际位数输出
	%ld	输出长整型数据，长整型数据只能用此格式输出
	%mld	按指定宽度m输出长整型数。若数据长度小于m，则左端补空格，若大于m，则按实际位数输出
o	%o	用于输出无符号八进制整数。对此格式符也可指定宽度m和长整型l，规定同上
x	%x	用于输出无符号十六进制整数。规定同o格式符
u	%u、%mu、%-mu	用于输出无符号十进制(unsigend)整数。此类型数据也可用d、o、x格式输出
c	%c	以字符形式输出一个字符。0～255的整数均可用字符形式输出

续表 2-2

格式符	使用形式	说　明
s	%s	按字符串的实际长度输出
	%ms	按指定宽度 m 输出字符串。若数据长度小于 m,则左端补空格;若数据长度大于 m,则按实际位数输出
	-ms%	按指定宽度 m 输出字符串。若数据长度小于 m,则右端补空格;若数据长度大于 m,则按实际位数输出
f	%f	对于单精度数,整数部分全部输出,小数部分输出 6 位,但数值的前 7 位有效。对于双精度数,整数部分全部输出,小数部分输出 6 位,但数值的前 16 位有效
	%m. nf	指定输出数据共占 m 列,其中小数占 n 列(小数点占一位,不包括在 n 列内),数据长度小于 m,则左端补空格
	%-m. nf	指定输出数据共占 m 列,其中小数占 n 列(小数点占一位,不包括在列 n 内),数据值小于 m,则右端补空格。
e	%e、%m. ne、%-m. ne	以指数形式输出数值

下面是一个格式控制:

```
"num1 = %2d flag = %c\n area = %10.3f num2 = %5d\n"
```

执行 printf 函数时,普通字符将原封不动地输出到外部设备上去,格式控制中的格式符用于控制对输出列表上数据的转换。计算机按照格式控制中控制符的要求转换各表达式,变成字符流送到标准输出设备(显示器)上输出。

【例 2-3】 输入三角形的三边长,求三角形面积。设输入的三边长 a、b、c 能构成三角形。

基本思路:计算三角形面积的公式为 area $=\sqrt{s(s-a)(s-b)(s-c)}$ 其中:$s=(a+b+c)/2$。

```
#include "stdio.h"
#include "math.h"
void main( )
{    float a,b,c,s,area;
     scanf("%f,%f,%f",&a,&b,&c);          //键盘输入的 3 个数据之间用“,”分隔
     s = (a + b + c)/2.0;
     area = sqrt(s * (s - a) * (s - b) * (s - c));
     printf("a = %7.2f,b = %7.2f,c = %7.2f,s = %7.2f\n",a,b,c,s);
     printf("area = %7.2f\n",area);
}
```

```
输入3条边长：3,4,5
3条边长：a=3.00,4.00,5.00
三角形面积：6.00
```

分析：

① “scanf("%f,%f,%f",&a,&b,&c);”语句将输入的3、4、5分别存放到a、b、c三个变量在内存的存储单元中。其中&a表示a变量存储单元的地址。

② “printf("三角形的面积:%7.2f\n",area);”语句按7列宽度，保留2位小数的格式输出面积area。

【例2-4】 计算梯形的面积，要求梯形的上底、下底和高在变量初始化时直接赋值。

```
#include "stdio.h"
void main()
{    int a=10,b=15,h=5;
     float s;
     s=(a+b)*h/2.0;
     printf("梯形的上底：%d,下底：%d,高：%d\n",a,b,h);
     printf("梯形的面积：%7.2f\n",s);
}
```

输出：

```
梯形的上底：10,下底：15,高：5
梯形的面积：   62.50
```

分析：在C语言中，两个整型量相除还是整型量，a、b、h三个变量均为int类型，如果计算面积表达式中写为s=(a+b)*h/2，面积62.50中的小数位就会被舍去，变为s=62。

【例2-5】 做一个长60 cm、宽40 cm、面积500 cm^2 的矩形木框，且各边等宽。编写计算该木框每边应做多宽的程序。

基本思路：设边宽为x，框长为l，宽为w，面积为area则area$=2(l*x+(w-2x)*x)$，即$4x^2-2(l+w)x+$area$=0$，解一元二次方程问题。

```
#include "stdio.h"
#include "math.h"
void main()
{    float l=60,w=40,area=500;
     float x1,x2,b,d;
     b=-2.0*(l+w);
     d=sqrt(b*b-4.0*4.0*area);
     x1=(-b+d)/(2*4);
     x2=(-b-d)/(2*4);
```

```
    printf("x1 = %.2f   x2 = %.2f \n",x1,x2);
}
```

输出：

```
x1 = 47.36   x2 = 2.64
```

2.4　C++的 I/O 流

在 C 语言中，数据的输入/输出是通过调用函数来实现的。C++则对数据的输入/输出进行了扩充，引入了标准设备 cin(键盘)和 cout(显示器)，把数据的输入/输出处理为从一个对象到另一个对象的流动。

使用 cin 和 cout 进行输入/输出，用户不用考虑数据类型，也可以不考虑输入/输出格式，一切都由系统自动完成，简单方便。

使用 cin 和 cout 进行输入/输出，需要在程序前面加语句：

```
#include "iostream.h"
```

或

```
#include<iostream.h>
```

说明：iostream.h 头文件提供基本的输入/输出功能。

2.4.1　标准输出设备 cout

cout 称为标准输出设备，通常指显示器。其一般形式：

cout<<表达式 1<<表达式 2<<…<<表达式 *n* ；

说明：

① “<<”称为插入运算符或输出运算符。

② 数据输出格式由系统自动决定。

③ 各表达式可以是任意类型。

作用：将各个表达式的值按顺序输出到显示器上。

【例 2-6】　cout 应用举例。

```
#include<iostream.h>
void main()
{     int year = 2014;
      cout<<year<<"年："<<"中华民族伟大复兴 依法治国!"<<endl;
}
```

输出：

2014 年：中华民族伟大复兴 依法治国！

C++也提供了格式控制符来控制输出数据的输出格式，如表 2-3 所列。

表 2-3 常用格式控制符

格式控制符	说 明	示 例	
		语 句	结 果
endl	输出换行符	cout<<123<<endl<<123	123 123
dec	十进制表示	cout<<dec<<123;	123
hex	十六进制表示	cout<<hex<<123;	7b
oct	八进制表示	cout<<oct<<123;	173
setw(int n)	设置数据输出的宽度	cout<<'a'<<setw(4)<<'b';	a b （中间有 3 个空格）
setfill(int n)	设置填充字符	cout <<setfill('*')<<setw(6)<<123;	***123
setprecision(int n)	设置浮点数输出的有效数字位数	cout<<setprecision(5)<<123.456;	123.46

2.4.2 标准输入设备 cin

cin 称为标准输入设备，通常指键盘。

形式：

cin>>变量 1>>变量 2>>…>>变量 *n* ;

说明：“>>”称为提取运算符或输入运算符。

作用：键盘输入，给一个变量或多个变量赋值。

【例 2-7】 cin 应用举例。

```
#include<iostream.h>
void main()
{     int year,n;
      cin>>year>>n;          //键盘输入
      cout<<year<<"年：中华民族伟大复兴，"<<n<<"年梦想！"<<endl;
}
```

输入：2014 100

输出：2014 年：中华民族伟大复兴，100 年梦想！

思考：如何给数据输入增加提示信息？

本章小结

C/C++语言的语句用来向计算机系统发出指令，一个 C/C++程序通常包含

若干条语句，完成特定操作功能。结构化程序设计包括 3 种基本结构：顺序结构、选择分支结构和循环结构。顺序结构是最简单、最基本的程序结构，按语句书写的先后顺序依次执行。

赋值语句和输入/输出语句是构成程序的最基本语句。赋值语句用运算符“＝”实现赋值，用运算符“＝＝”实现比较运算，注意区别。编程者可以根据需要，用 C/C＋＋语言提供的不同输入/输出函数，按照不同格式进行不同类型数据的输入或输出。

顺序结构是结构化程序设计的 3 种基本结构之一，必须熟练掌握基本语句的应用。

习　题

1. 阅读程序，写出输入或输出结果

(1) 用下面的 scanf 函数输入数据，使 a＝3，b＝7，x＝8.5，y＝71.82，cl＝'A'，c2＝'a'，问在键盘上如何输入？

```
#include<stdio.h>
void main ( )
{      int a,b;
       float x,y;
       char cl,c2;
       scanf("a = %d b = %d",&a,&b);
       scanf(" %f  %e",&x,&y);
       scanf(" %c, %c",&cl,&c2) ;
}
```

(2) 请写出下面程序的输出结果。

```
#include<stdio.h>
void main ( )
{      int a = 5,b = 7;long n = 1234567;
       float x = 67.8564,y = - 789.124;
       char c = 'A'; unsigned u = 65535;
       printf(" %d%d\n",a,b);
       printf(" %3d%3d\n",a,b);
       printf(" %f, %f\n",x,y);
       printf(" % - 10f, % - 10f\n",x,y);
       printf(" %8.2f, %8.2f, %.4f, %3f\n",x,y,x,y);
       printf(" %e, %10.2e\n",x,y);
       printf(" %c, %d, %o, %x\n",c,c,c,c);
       printf(" %ld, %lo, %x\n",n,n,n);
```

```
    printf("%u,%o,%X,%d\n",u,u,u,u);
    printf("%s,%5.3s\n","COMPUTER","COMPUTER");
}
```

2. 编写程序

说明：用C语言和C++语言完成下面程序的编写。

(1) 编写程序输出如下所示的主菜单选择界面。

请选择您要执行的动作(输入 0～6)
1——创建学生信息(CREAT) 2——修改学生信息(UPDATE) 3——删除学生信息(DELETE) 4——查询学生信息(SELECT) 5——按学号将学生信息排序(SORT) 6——退出(EXIT)

(2) 编写程序求 $ax^2+bx+c=0$ 方程的根。a,b,c 由键盘输入，设 $b^2-4ac>0$。

(3) 编写程序，输出以下图案：

```
          *
      *********
  *****************
      *********
          *
```

(4) 输入5名学生一门课的成绩，计算输出平均分。

(5) 输入一个数，输出其绝对值。

第3章 选择结构程序设计

学习导读

主要内容

选择结构程序设计主要应用于逻辑条件判断问题。它根据所指定的条件是否满足，选择执行多种操作中的一种操作。C/C++语言提供 if 语句和 switch 语句实现选择结构，控制程序流程。选择结构可以嵌套，用于解决较为复杂的逻辑条件判断问题。本章主要介绍关系运算、逻辑运算、if 语句和多分支 switch 语句。

学习目标

- 熟练掌握用 if 语句实现选择结构程序设计；
- 熟练掌握用 switch 语句实现多分支选择结构程序设计；
- 熟练应用 break 语句；
- 熟练应用选择分支结构嵌套。

重点与难点

重点：多分支选择结构程序设计。

难点：多分支选择结构嵌套程序设计。

3.1 关系运算符与关系表达式

在 C/C++语言中，经常利用关系运算和逻辑运算进行逻辑条件判断。进行关系运算的运算符是关系运算符。

3.1.1 关系运算符

在 C/C++语言中，用来表示比较的运算符称为关系运算符，主要有 6 种：<、<=、>、>=、==和!=。

关系运算符的优先级如下：

- 运算符<、<=、>、>=（优先级相同）高于==和!=（优先级相同）；
- 关系运算符优先级高于赋值运算符，但低于算数运算符；
- 关系运算符的结合方向是自左至右。

3.1.2 关系表达式

由关系运算符连成的表达式称为关系表达式。关系运算符两边可以是 C/C++

语言中任意合法的表达式。

关系表达式的结果只能是 0(表示“假”)或 1(表示“真”)。在 C/C++语言中,用非零表示“真”,用零值表示“假”。

设 a=5, b=6, c=7,则:

① a>=5 为“真”,表达式的值为 1。

② (a<b)==c 为“假”,表达式的值为 0。

③ 'A'>'C' 为“假”,表达式的值为 0。

④ “printf("%d",c>b);”或“cout<<(c>b);”输出的值均为 1。

⑤ “x=a==b;”x 变量的值为 0。

⑥ “printf("%d",6<=a<=7);”的输出值为 1。**注意:** 表达式 6<=a<=7 不能代表 a 的取值范围 6≤a≤7。

3.2 逻辑运算符与逻辑表达式

在 C/C++语言中,进行逻辑运算的运算符是逻辑运算符。

3.2.1 逻辑运算符

C/C++语言提供 3 种逻辑运算符:&&(逻辑与)、‖(逻辑或)和!(逻辑非)。其中“&&”和“‖”是双目运算符(有两个操作数),“!”是单目运算符。

逻辑运算符的优先级如下:

“!”优先级最高,其次是“&&”,“‖”最低。逻辑运算符的结合方向是自左至右。

算术运算符、关系运算符和逻辑运算符的优先级如下:

“!”> 算术运算符 > 关系运算符 > “&&” > “‖” > 赋值运算符

3.2.2 逻辑表达式

逻辑表达式由逻辑运算符和运算对象组成,其中运算对象可以是 C/C++语言中任意合法的表达式(也可以是一个具体值)。

逻辑表达式的结果只能是 0(表示“假”)或 1(表示“真”)。

逻辑运算符的运算规则如表 3-1 所列。

表 3-1 逻辑运算符的运算规则

x	y	! x	x&&y	x‖y
1	1	0	1	1
1	0	0	0	1
0	1	1	0	1
0	0	1	0	0

设 a=10，b=20，c=30,则：

① b>a && b<c ,表达式的值为 1。

② !(a<b),表达式的值为 0。

③ a>b || b<c,表达式的值为 1。

注意：表达式 20<=x<=30 不能代表 x 的取值范围 20≤x≤30,正确的表示如下：

x>=20 && x<=30

在 C/C++语言中,由 && 或 || 组成的表达式,在某些情况下会产生“短路”现象,举例如下：

① x && y && z,只有当 x 的值为真(非零),才需要进一步判别 y 的值;只有 x 和 y 都为真时,才需要判别 z 的值。只要 x 为假,就不必判别 y 和 z,整个表达式的值为 0。

② x || y || z,只有当 x 的值为假(零),才需要进一步判别 y 的值;只有 x 和 y 都为假时,才需要判别 z 的值。只要 x 为真,就不必判别 y 和 z,整个表达式的值为 1。

【例 3-1】 假定 a=10,b=20,c=30,d=40,x=50,y=60,计算(x=a>b)&&(y=c>d)后表达式的值为多少？x,y 变量的值是多少？

答案：表达式的值为 0,x 变量的值为 0,y 变量的值为 60。

请学生自己分析。

【例 3-2】 如果表达式为(x=a>b) || (y=c>d),计算后表达式的值是多少？x,y 变量的值是多少？

答案：表达式的值为 0,x 变量的值为 0,y 变量的值为 0。

请学生自己分析。

3.3 if 语句

在 C/C++语言中,if 语句主要用于解决选择分支结构问题,对所给条件进行判断,控制程序的流程。

3.3.1 if 语句的几种形式

C/C++语言的 if 语句有 3 种形式：单分支 if 语句、双分支 if-else 语句和多分支 if-else 语句。

1. 单分支 if 语句

单分支 if 语句的一般形式如下：

```
if(表达式) 语句
```

说明：

① 表达式是任意合法表达式。

② 语句称为if子句,如果多于1条语句,需要用"{}"括起来,构成复合语句,否则只将离if()最近的1条语句作为满足条件的if子句。

单分支if语句的执行过程如下:

计算表达式,当表达式为真(非0)时,执行表达式后面的语句;否则绕过该语句执行其后面的语句。

例如:

```
if(x>y) printf("x>y\n");                //C语句
```

或

```
if(x>y) cout<<"x>y\n";                  //C++语句
```

或

```
if(x>y) cout<<"x>y"<<endl;              //C++语句
```

【例3-3】 键盘输入2个数赋给变量x和y,比较其大小,使得x<y。

```
#include "iostream.h"
void main()
{   int x,y,t;
    cout<<"请输入2个不同的整数:";
    cin>>x>>y;                        //C语句:scanf("%d%d",&x,&y);
    if(x<y)
    { t=x; x=y; y=t; }                //x和y调换
    cout<<"比较结果:"<<x<<">"<<y<<endl;
    // C语句:printf("比较结果:%d>%d\n",x,y);
}
```

```
请输入2个不同的整数: 168 180
比较结果: 180>168
```

分析:如果x<y,则执行复合语句{t=x;x=y;y=t;}进行x和y调换。

思考:进行x和y调换的复合语句{t=x;x=y;y=t;}是否可以不加{ }。

【例3-4】 键盘输入4名学生的C++考试成绩,比较输出其中最高分数。

```
#include "iostream.h"
void main()
{   int n1,n2,n3,n4,max;
    cout<<"请输入4名学生的C++考试成绩:";
    cin>>n1>>n2>>n3>>n4;
    max=n1;                           //假定第1个成绩为最高分
    if(n2>max) max=n2;
```

```
    if(n3>max) max = n3;
    if(n4>max) max = n4;
    cout<<"C++ 最高分数:"<<max<<endl;
}
请输入 4 名学生的 C++ 考试成绩:35 68 95 80
C++ 最高分数:95
```

思考：如果输出 100 个数的最大值,如何编写程序？分析算法的实现。

2. 双分支 if - else 语句

双分支 if - else 语句形式如下：

```
if(表达式)
    语句 1
else
    语句 2
```

说明：

① 表达式是任意合法表达式。

② 语句 1 和语句 2(称为 else 子句)如果多于 1 条语句,需要用“{}”括起来,构成复合语句。

双分支 if - else 语句的执行过程：

计算表达式,当表达式为真(非 0)时,执行语句 1;否则执行语句 2。其流程图如图 3 - 1 所示。

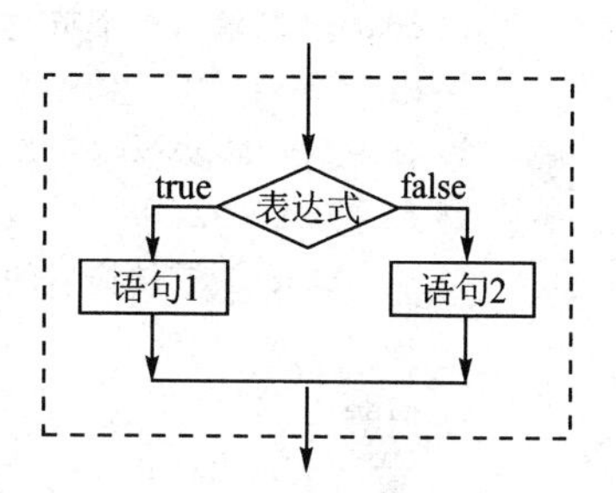

图 3 - 1　双分支 if - else 语句流程图

例如：

```
if(x>y) printf("yes! \n");
else printf("no! \n");
```

或

```
if(x>y) cout<<"yes! \n";
else cout<<"no! \n";
```

【例 3 - 5】　键盘输入一名学生的英语四级考试成绩,如果成绩大于或等于 425,输出“通过”,否则输出“未通过”。

```
#include "iostream.h"
void main()
{   int x;
    cout<<"请输入一名学生的英语四级成绩:";
    cin>>x;
    if(x> = 425)
        cout<<"英语四级成绩:"<<x<<"> = 425,通过!"<<endl;
```

```
    else
        cout<<"英语四级成绩:"<<x<<"<425,未通过! \n";
}
```

```
请输入一名学生的英语四级成绩:480
英语四级成绩:480>=425,通过!
```

思考：如果成绩分为优、良、中、及格和不及格，如何修改程序？

【例 3-6】 从键盘输入 1 个英文字母，将大写字母转换为小写字母，小写字母转换为大写字母。

基本思路：在 ASCII 码表中，大写字母加上 32 转换为相应的小写字母；小写字母减去 32 转换为相应的大写字母。

```
//C++程序实现
#include "iostream.h"
void main()
{   char x,y;
    cout<<"输入 1 个英文字母：";
    cin>>x;
    if(x>='A' && x<='Z')
    {   y=x+32;
        cout<<"转换后的英文字母："<<y<<endl;
    }
    else
    {   y=y-32;
        cout<<"转换后的英文字母："<<y<<endl;
    }
}
```

```
//C程序实现
#include "stdio.h"
void main()
{   char x;
    printf("输入 1 个英文字母：");
    scanf("%c",&x);
    if(x>='A' && x<='Z')
        printf("转换后的英文字母：%c\n",x+32);
    else
        printf("转换后的英文字母：%c\n",x-32);
}
```

```
输入 1 个英文字母：n
转换后的英文字母：N
```

思考：

① “cout<<"转换后的英文字母："<<y<<endl;”这条语句能否改写为“cout<<"转换后的英文字母："<<x+32<<endl;”或“cout<<"转换后的英文字母："<<x-32<<endl;”语句？

② 如何将一个字符串中的小写字母转换为大写字母，大写字母转换为小写字母。

3. 多分支 if - else 语句

多分支 if - else 语句的一般形式如下：

```
if(表达式 1) 语句 1
else if(表达式 2) 语句 2
else if(表达式 3) 语句 3
            ⋮
else if(表达式 n) 语句 n
else 语句 n+1
```

说明：

① 不管有几个分支，程序执行一个分支后，其余分支不再执行。

② 若多分支中有多个表达式同时满足，则只执行第一个与之匹配的语句。

③ 语句 n(n=1 至 n+1)如果多于一条语句，需要用“{}”括起来，构成复合语句。

多分支 if - else 语句的执行过程如下：

计算表达式 1，如果为真(非 0)，则执行语句 1；否则计算表达式 2，如果为真(非 0)，执行语句 2……否则计算表达式 n，如果为真(非 0)，执行语句 n；否则执行语句 n+1。其流程图如图 3 - 2 所示。

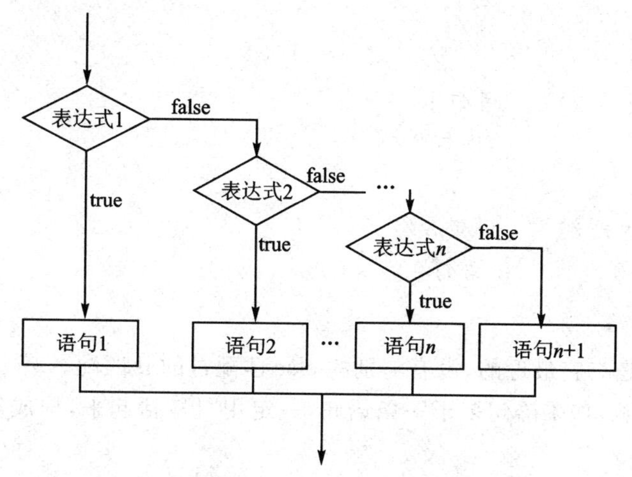

图 3 - 2　多分支 if - else 语句流程图

【例 3-7】 键盘输入一个百分制成绩,将其转换为优、良、中、及格和不及格 5 个等级。

```
#include "iostream.h"
void main()
{     int x;
      cout<<"请输入成绩:";
      cin>>x;
      cout<<"成绩:" ;
      if(x>=90)          cout<<x<<">=90,优! \n" ;
      else if(x>=80)     cout<<x<<">=80,良! \n" ;
      else if(x>=70)     cout<<x<<">=70,中! \n" ;
      else if(x>=60)     cout<<x<<">=60,及格! \n" ;
      else               cout<<x<<"<60,不及格! \n" ;
}
```

```
请输入成绩:85
成绩:85>=80,良!
```

思考:

① 是否可以改变条件判断顺序,如 if(x>=60)分支与 if(x>=90)分支调换等?

② 如何将优、良、中、及格和不及格等级转化为百分制成绩范围?

③ 自己设计一个分段函数,用多分支 if-else 语句实现。

3.3.2 if 语句的嵌套

if 语句的嵌套是指在 if 子句或 else 子句中包含 if 语句结构。if 语句嵌套的一般形式如下:

```
if(表达式 1)
      if(表达式 2)     语句 1
      else             语句 2
else
      if(表达式 3)     语句 3
      else             语句 4
```

说明:

① else 总是与它最近的、没有与别的 else 匹配过的 if 匹配。

② 特别注意,如果语句多于一条语句,一定用"{}"括起来,构成复合语句;否则容易出现问题。

③ 多分支 if-else 语句是 if 语句嵌套的一种形式,是只有一个分支不断嵌套的特殊情况。

if 语句嵌套的执行过程：

首先判断表达式 1，如果为真（非 0），则进一步判断表达式 2，如果为真（非 0），执行语句 1，否则执行语句 2；如果表达式 1 为假（0），则判断表达式 3，如果为真（非 0），执行语句 3，否则执行语句 4。

【例 3－8】 假定考生已满足某高校录取条件，从键盘输入高考总分，根据总分确定该考生被何专业录取。

算法 1：

```
#include "iostream.h"
void main()
{     int x;
      cout<<"请输入高考总分：" ;
      cin>>x ;
      if(x>=550)
          if(x>=580)
              cout<<"高考总分："<<x<<"，信息管理与信息系统专业!"<<endl;
          else
              cout<<"高考总分："<<x<<"，电子商务专业!"<<endl;
      else
          if(x>=520)
              cout<<"高考总分："<<x<<"，物流管理专业!"<<endl;
          else
              cout<<"高考总分："<<x<<"，国际经济与贸易专业!"<<endl;
}
```

```
请输入高考总分：575
高考总分：575，电子商务专业!
```

算法 2：

```
#include "iostream.h"
void main()
{     int x;
      cout<<"请输入高考总分：" ;
      cin>>x ;
      if(x>=580)
                        cout<<"高考总分："<<x<<"，信息管理与信息系统专业！\n";
      else if(x>=550)cout<<"高考总分："<<x<<"，电子商务专业！\n";
      else if(x>=520)cout<<"高考总分："<<x<<"，物流管理专业！\n";
      else              cout<<"高考总分："<<x<<"，国际经济与贸易专业！\n";
}
```

思考：请同学自行比较上述两种形式的不同。

3.3.3 条件表达式与选择结构

在 C/C++语言中，双分支 if-else 语句有时可以用条件表达式来表示。如：

```
if(x>y)  max = x;
else     max = y;
```

与

```
max = (x>y)? x:y;
```

等价，其中"(x>y)? x:y"是条件表达式，"?: "是条件运算符。

条件表达式执行的过程如下：

如果 x>y 条件成立，则表达式值为 x；否则为 y。

优先级顺序如下：

条件运算符"?:"优先级高于"="，但低于逻辑运算符、关系运算符和算数运算符。

【例 3-9】 如何表示 x、y、z 三个数中的最大值？

① 用双分支选择结构实现：

```
if(x>y) max = x;
else    max = y;
if(max>z) max = max;
else    max = z;
```

② 用条件表达式实现：

```
max = (((x>y)? x:y;)>z)? ((x>y)? x:y;):z;
```

思考：请同学分析条件表达式的比较过程。

3.4 switch 语句

switch 语句是 C/C++语言提供的另一种多分支选择语句，主要实现多分支选择结构。它的一般形式如下：

```
switch(表达式)
{    case 常量表达式 1: 语句 1;[break;]
     case 常量表达式 2: 语句 2;[break;]
     ⋮
     case 常量表达式 n: 语句 n;[break;]
     default:     语句 n+1;
}
```

说明：

① case 后面的常量表达式的类型(整型或字符型)必须与 switch 后面的表达式类型相匹配，并且各常量表达式的值不能重复。

② 语句 1、语句 2 等可以是一条语句，也可以是多条语句，不用加“{}”构成复合语句。

③ 如果有 break 语句，则退出 switch 语句；否则将执行其后面所有 case 后面的语句。

switch 语句的执行过程如下：

当表达式的值与某个常量表达式的值相等时，执行该常量表达式后面相应的语句。若使用了 break，则执行完该语句后便退出 switch 语句；否则，还要依次执行其后面的各条语句(不管表达式是否匹配)。若找不到相匹配的常量表达式，则执行 default 后面的语句。

【例 3-10】 从键盘输入一个百分制成绩，将其转换为优、良、中、及格和不及格 5 个等级(用 switch 语句)。

```
#include "iostream.h"
void main()
{     int x;
      cout<<"请输入成绩：";
      cin>>x;
      switch(x/10)
      {    case 10:     cout<<"成绩："<<x<<">=90,优！\n" ;
           case 9:      cout<<"成绩："<<x<<">=90,优！\n" ;
           case 8:      cout<<"成绩："<<x<<">=80,良！\n" ;
           case 7:      cout<<"成绩："<<x<<">=70,中！\n" ;
           case 6:      cout<<"成绩："<<x<<">=60,及格！\n" ;
           default:     cout<<"成绩："<<x<<"<60,不及格！\n" ;
      }
}
```

```
请输入成绩：85
成绩：85>=80,良！
成绩：85>=70,中！
成绩：85>=60,及格！
成绩：85<60,不及格！
```

分析：程序执行结果显然不对。分析程序执行的流程：首先表达式 85/10 的值为 8，与“case 8:”匹配，执行“printf("%d>=80,良！\n",x);”语句输出“85>=80,良!”。由于其后没有 break 语句，无论 8 与 7、6、default 等是否匹配，都将继续执行它们后面的语句，输出多个不同的结果。问题的关键是执行每个分支后应执行 break 语句，退出 switch 语句的多分支结构。

正确的 switch 语句结构是：

```
switch(x/10)
{     case 10:    cout<<"成绩:"<<x<<">=90,优! \n" ; break;
      case 9:     case<<"成绩:"<<x<<">=90,优! \n" ; break;
      case 8:     case<<"成绩:"<<x<<">=80,良! \n" ; break;
      case 7:     case<<"成绩:"<<x<<">=70,中! \n" ; break;
      case 6:     case<<"成绩:"<<x<<">=60,及格! \n" ; break;
      default:    case<<"成绩:"<<x<<"<60,不及格! \n" ;
}
```

【例 3-11】 计算分段函数：

$$y = f(x) = \begin{cases} 2x+1 & (1 \leqslant x < 2) \\ x^2 - 3 & (2 \leqslant x < 4) \\ x & (x < 1 \text{ 或者 } x \geqslant 4) \end{cases}$$

```
#include "iostream.h"
void main()
{     float x,y;
      cin>>x ;
      switch( (int)x )                          //对 x 强制类型取整
      {    case 1:      y = 2 * x + 1;break;
           case 2:
           case 3:      y = x * x - 3;break;
           default:     y = x;
      }
      cout<<"x = "<<x<<",y = "<<y<<endl;
}
```

输入：3.2
输出：x = 3.2,y = 7.24

分析：对变量 x(3.2)强制类型取整后变为 3,3 与“case 3:”匹配,执行“y=x * x-3;”语句并通过 break 语句退出 switch 语句结构。

本章小结

选择结构主要应用于逻辑条件判断问题,并且允许嵌套。C/C++语言提供 if 语句和 switch 语句实现选择结构,控制程序流程。

在 C/C++语言中,if 语句有 3 种形式：单分支 if 语句、双分支 if-else 语句和多分支 if-else 语句。双分支 if-else 语句结构是基础,其他两种是它的变形。switch 语句是实现多分支的一种选择结构,但它与 if 语句结构的主要区别是条件判

断：if(表达式)中的表达式可以是任意合法表达式(如关系或逻辑等)；而 switch 多分支选择结构要求 case 后面的常量表达式的类型(整型或字符型)必须与 switch 后面的表达式的类型相匹配(==的关系)，并且通过 break 语句退出多分支选择结构。

if 语句结构中，如果 if 子句或 else 子句由多条语句构成，需要用大括弧"{}"把这些语句括起来构成复合语句，否则系统只把其中的第一条作为 if 子句或 else 子句，也有可能出现结构错误或得不到正确运行结果。

选择结构是结构化程序设计的 3 种基本结构之一，必须熟练掌握。

习　题

1. 填空题

(1) 关系表达式的值是________；逻辑表达式的值是________。

(2) 变量 x 既能被 4 整除，又能被 7 整除的表达式是________。

(3) 判断变量 x 中的字符是大写英文字母的表达式是________。

(4) 假定 a=1，b=2，c=3，d=4，m=5，n=6，则计算(m=a<b)‖(n=c>d)后表达式的值为________，m、n 变量的值分别是________和________。

(5) 设 a=0，b=1，c=2，计算 a++ && b++ && c++后，表达式的值是________，a、b、c 的值分别是________、________和________。

(6) 设 a=0，b=1，c=2，计算 a++ ‖ b++ ‖ c++后，表达式的值是________，a、b、c 的值分别是________、________和________。

(7) 设 a=6，b=2，c=3，执行"if(a)b=c++;"语句，则变量 b 的值为________。

(8) x%3！=0 与 x%3 的值________(相等否)，if(x%3！=0)与 if(x%3)________(等价否)。

(9) 要使 max 存放 x、y 中大者，min 存放小者，下面程序段________(正确否)。

```
if(x>y)
    max = x;min = y;
else
    max = y;min = x;
```

2. 选择题

(1) 有以下程序：

```
#include"iostream.h"
void main()
{     int a = 11,b = 12,c = 13;
      if((a+ + || b+ + ) && b+ + ) printf(" %d, %d, %d\n",a,b,c);
}
```

执行后输出的结果是________。

A) 11,11,12　　B) 12,12,11　　C) 12,12,12　　D) 12,13,13

(2) 有以下程序：

```
#include"iostream.h"
void main()
{     int m,n;
      cin>>m;
      n = m>12? m + 10:m - 12;
      cout<<n<<endl;
}
```

若运行时给变量 m 输入 12,执行后输出的结果是________。

A) 0　　B) 22　　C) 12　　D) 10

(3)若有定义语句“int i=3,j=2,k=1;”,则表达式“k *=(i>j? ++i:j++)”的值是________。

A) 4　　B) 0　　C) 1　　D) 3

(4) 当把以下 4 个表达式用作 if 语句的控制表达式时,________选项与其他 3 个选项的含义不同。

A) x%2　　B) x%2==1　　C) (x%2)!=0　　D) ! x%2==1

(5) 若有条件表达式“(条件)? x++:y--”,则以下表达式中完全等价于表达式(条件)的是________。

A) (条件==0)　　B) (条件!=0)　　C) (条件==1)　　D) (条件!=1)

(6) 若 a=1,b=2,c=3,d=4,则表达式“a<b? a:c<d? c:d”的值是________。

A) 4　　B) 3　　C) 2　　D) 1

(7) 有以下程序：

```
#include"iostream.h"
void main()
{     int x = -9,y = 5,z = 8;
      if(x<y)
         if(y<0) z = 0;
         else z+ = 1
      cout<<x<<endl;
}
```

执行后输出的结果是________。

A) 6　　B) 7　　C) 8　　D) 9

(8)有以下程序：

```
#include"stdio.h"
void main()
{     char c;
```

```
    c = getchar();
    if(c>'a'&& c<'u') c = c + 4;
    else if(c>'v'&& c<'z') c = c - 21;
    else printf("输入错误! \n");
    putchar(c);
}
```

若从键盘输入字母"b",则输出的结果是________。

A) g　　B) w　　C) f　　D) d

(9) 阅读以下程序:

```
#include"stdio.h"
void main()
{   int a = 5,b = 0,c = 0;
    if(a = b + c) printf(" * * * \n");
    else printf(" $ $ $ \n");
}
```

以上程序________。

A) 有语法错误不能通过编译　　B) 通过编译但不能通过连接

C) 输出 * * *　　D) 输出 $ $ $

(10) 分析程序执行的流程,写出运行结果。

```
#include"iostream.h"
void main()
{   int a = 15,b = 21,c = 0;
    switch(a % 3)
    {  case 0: c ++ ;break;
       case 1: c ++ ;
       switch(b % 2)
       {  default: c ++ ;
          case 0: c ++ ;break;
       }
    }
    cout<<c<<endl;
}
```

A) 1　　B) 2　　C) 3　　D) 4

3. 分析下列程序,写出运行结果

(1) 程序如下:

```
#include"iostream.h"
void main()
{   int n = 8,m = 2;
```

```
    switch(m)
    {   case 2: switch(m)
            {     case 2: n++ ; break;
                  case 3: n++ ;break;
            }break;
        case 4:n++ ;
    }
    cout<<"n = "<<n<<endl;
}
```

(2) 程序如下:

```
#include"iostream.h"
void main()
{     int x = 0,y = 6;
      if(x = y) cout<<"ok!"<<endl;
      else    cout<<"no!"<<endl;
}
```

(3)程序如下:

```
int x = 0,y = 0;
x = y = 2;
      if(x>4)
      if(x<8) x++ ;
else x-- ;
if(y>4)
{     if(y<8) y++ ;
}
else    y-- ;
cout<<"x = "<<x<<",y = "<<y<<endl;
```

(4) 程序如下:

```
#include"iostream.h"
void main()
{     int x = 1,y = 2,z = 3;
      if(x>y) if(x>z) cout<<x<<endl;
      else cout<<y<<endl;
      cout<<z<<endl;
}
```

(5) 程序如下:

```
#include"iostream.h"
void main()
```

```
{    int a = -1,b = 1;
     if(( ++a<0) && (b-- <= 0))
     cout<<a<<","<<b<<endl;
     else cout<<a<<","<<b<<endl;
}
```

4. 编写程序

(1) 输入 3 个数,判断 3 个数能否作为三角形的三条边。如果能构成三角形,计算三角形面积并输出;否则输出“不构成三角形”。

(2) 求一元二次方程 $ax^2+bx+c=0$ 的解,a、b、c 由键盘输入。

(3) 输入 4 个数,比较输出最大值。

(4) 自己设计奖学金发放处理逻辑。

条件:英语达到四级、六级;计算机达到国家二级、三级

奖学金:院级 B 类/100
　　　　院级 A 类/200
　　　　校级 B 类/500
　　　　校级 A 类/800

第4章　循环结构程序设计

学习导读

主要内容

循环结构主要应用于重复操作问题。C/C＋＋语言提供3种循环结构：for语句、while语句和do while语句。循环结构允许嵌套，用于解决较为复杂的问题。本章主要介绍3种循环语句和循环嵌套结构。

学习目标

- 熟练掌握3种循环结构及应用；
- 熟练应用continue语句和break语句；
- 熟练应用循环结构嵌套。

重点与难点

重点：循环结构应用。

难点：循环结构嵌套应用。

4.1　for语句

在C/C＋＋语言中，for语句主要用于解决循环次数已知的问题，其一般形式如下：

for(表达式1;表达式2;表达式3)语句组

说明：

① 表达式1用来给循环变量赋初值。

② 表达式2表示循环终值(循环的条件)。

③ 表达式3表示循环变量增量。

④ 语句组是循环体，如果多于一条语句，循环体必须用“{}”括起来；否则只将其中第一条作为循环体。

for语句的执行流程图如图4-1所示。

① 执行表达式1(循环变量赋初值)。

② 求解表达式2的值，如果为真(非零)，则执行循环体；否则结束循环，执行循环体后面的语句。

③ 执行表达式3，再执行②。

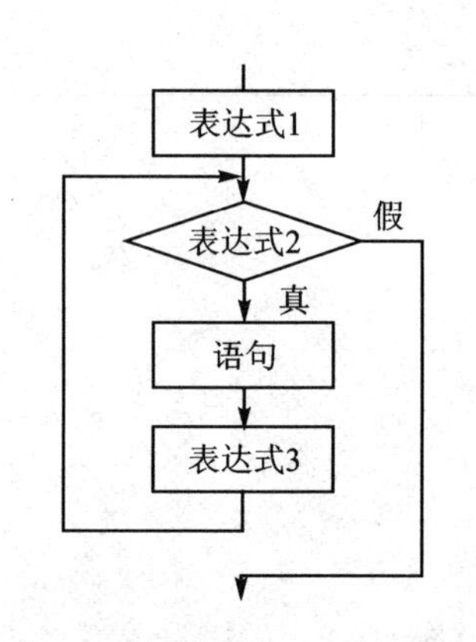

图4-1　for语句执行流程图

【例 4-1】 计算 1～100 的自然数累加和。

算法 1： 如图 4-2 所示，1＋2＋3＋…＋100，把(1,99)，(2,98)，(3,97)，…，(49,51)成对相加，共 49 个 100，再加上 50 和 100，转换成数学表达式，即 $N\times(N/2-1)+N/2+N = N\times(N+1)/2$，代码编写极其简单。

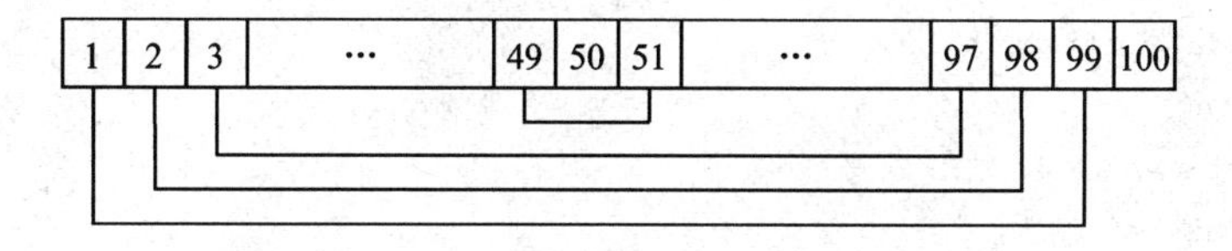

图 4-2　1～100 的累加算法分析

算法 2： 执行累加“s＝0；s＝s＋1；s＝s＋2；…；s＝s＋100；”语句。

```
#include "iostream.h"
void main()
{    int i,s = 0;                 //变量 s 存放累加和，初值为 0
     for(i = 1;i< = 100;i + + )
          s = s + i;              //循环 100 次，执行 s = s + 1;s = s + 2;…;s = s + 100;
     cout<<"s = "<<s<<endl;
}
```

运行结果：

```
s = 5050
```

思考：如果要计算 1～100 之间的奇数累加和以及偶数累加和，该如何修改程序？

【例 4-2】 计算 1＋1/2＋1/3＋…＋1/100 的累加和。

```
#include "iostream.h"
void main()
{    int i;
     float s = 0;                      //s 要存放分式累加和，不能定义为 int 型
     for(i = 1;i< = 100;i ++ )
          s = s + 1.0/i;               //或 s = s + (float)1/i;或 s = s + 1/(float)i;
     cout<<"s = "<<s<<endl;
}
```

运行结果：

```
s = 5.187378
```

分析：在 C/C＋＋语言中，两个整型量相除还是整型量，1/2，1/3，…，1/100 均为 0，因此分式累加不能写为 s＝s＋1/i。正确表达式为 s＝s＋1.0/i，或者对某一个量进行强制类型转换 s＝s＋(float)1/i 或 s＝s＋1/(float)。但即使 s＝s＋1.0/i，变

量 s 也不能定义为 int 型，否则每次累加后变量 s 只接收整数部分，小数全都舍去，最终错误的结果为 1。

思考：计算 1－1/2＋1/3－1/4＋…－1/100，应如何修改程序？

【例 4－3】 计算 1＋2＋3＋…＋n 的累加和。

```
#include "iostream.h"
void main()
{     int i,n,s = 0;
      cout<<"输入："
      cin>>n;
      for(i = 1;i< = n;i ++ )
           s = s + i;
      cout<<"输出：1 + 2 + 3 + … + "<<n<<" = "<<s<<endl;;
}
```

```
输入 n：10
输出：1 + 2 + 3 + … + 10 = 55
```

思考：计算 $n!=1\times2\times3\times\cdots\times n$，应如何修改上述程序。

【例 4－4】 计算 1～100 的自然数累加和，直到累加和大于 1 000 停止累加，输出累加和与最后累加项。

```
#include "iostream.h"
void main()
{     int i,s = 0;
      for(i = 1;i< = 100;i ++ )
      {     s = s + i;
            if(s>1000) break;                 //break;跳出当前循环，执行循环后的
            语句
      }
      cout<<"累加和："<<s<<"最后累加项："<<i<<endl;
}
```

运行结果：

```
累加和：1035,最后累加项：45
```

思考：如果不用“if(s>1000) break;”语句控制循环计算，应如何修改上述程序？

【例 4－5】 从键盘输入 10 名学生的 C＋＋考试成绩，比较输出最高成绩。

```
#include "iostream.h"
void main()
{   int i,n,max;
    cout<<"输入 10 名学生的 C++ 考试成绩:"<<endl;
    cin>>n;          //输入第 1 名学生的成绩
```

```
    max = n;            //假定第 1 名学生成绩为最高成绩
    for(i = 2;i<10;i ++ )
    {   cin>>n;         //输入第 2、3、…、10 名学生的成绩
        if(n>max) max = n;
    }
    cout<<"最高成绩:"<<max<<endl;
}
```

```
输入 10 名学生的 C++ 考试成绩:
    82 64 92 30 75 20 99 88 68 96
最高成绩:99
```

思考:如果同时输出最低成绩,如何修改程序。

【例 4 - 6】 计算 Fibonacci 数列的前 20 项之和。

基本思路: Fibonacci 数列从第 3 项开始,每一项等于前两项之和,通过循环累加实现计算。

```
#include "iostream.h"
void main()
{     int a = 1,b = 1,c,s = 2,i;                    //初始化前两项,两项之和为 2
      for(i = 3;i< = 20;i ++ )
      {     c = a + b;
            s = s + c;
            a = b;
            b = c;
      }
      cout<<"Fibonacci 数列的前 20 项之和 = "<<s<<endl;
}
```

运行结果:

```
Fibonacci 数列的前 20 项之和 = 17710
```

思考:函数体中“a=b;”与“b=c;”能否调换位置?

【例 4 - 7】 逆序输出 26 个英文大写字母。

基本思路:在 ASCII 码表中,通过 A 可以计算其他字母,即 'A'+i,i=0,1,2,…,25。

```
#include "iostream.h"
#include  "iomanip.h"
void main()
{     int i;char c;
      for(i = 25;i> = 0;i -- )
      {     c = 'A' + i;
            cout<<setw(2)<<c;
```

```
}
```

运行结果：

```
Z Y X W V U T S R Q P O N M L K J I H G F E D C B A
```

思考：通过字母 A 输出 26 个小写字母，应如何修改程序？

4.2　while 语句

在 C/C++语言中，while 语句主要用于解决循环次数未知而根据条件控制循环的问题，其一般形式如下：

while(表达式) 语句组

说明：

① 表达式是循环条件，其值为 true(非 0)和 false(0)。

② 语句组是循环体，如果多于一条语句，循环体必须用“{}”括起来。

while 语句的执行流程图如图 4-3 所示。

① 判断表达式的值，如果为 true，执行②，否则执行③ 。

② 执行语句(循环体)，返回执行①。

③ 退出循环。

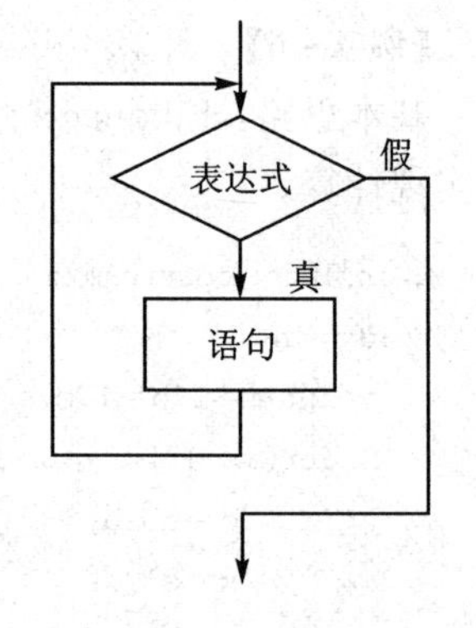

图 4-3　while 语句执行流程图

【例 4-8】　用 while 语句实现例 4-1，计算 1～100 的自然数累加和。

```
#include "iostream.h"
void main()
{     int i,s = 0;              //变量 s 存放累加和,初值为 0
      i = 1;                    //相当于 for(i = 1;i< = 100;i ++ )语句中的 i = 1;
      while(i< = 100)           //相当于 for(;i<100;)
      {     s = s + i;
            i ++ ;              //相当于 for(i = 1;i< = 100;i ++ )语句中的 i ++
      }
      cout<<"s = "<<s<<endl;
}
```

分析：while 语句其实就是 for 语句的变形。将 for(i=1;i<=100;i++)语句中的“i=1”;放到 for 语句前执行，将 i++放在循环体中执行，其循环代码可修改如下：

```
i = 1;
for(;i< = 100;)
```

```
{     s = s + i;i ++ ;
}
```

若将 for(;i<=100;)中“;”去掉，并且将 for 改为 while，则上述循环代码变为

```
i = 1;
while(i< = 100)
{     s = s + i;i ++ ;
}
```

【例 4-9】 计算 1～100 之间的奇数累加和以及偶数累加和。

```
#include "iostream.h"
void main()
{     int i,s1 = 0,s2 = 0;                     //s1、s2 分别存放奇数累加和与偶数累加和
      i = 1;                                   //循环变量赋初值
      while(i< = 100)
      {     if(i % 2! = 0)                     //余数不为 0 即为奇数,否则为偶数
                  s1 = s1 + i;                 //奇数累加
            else
                  s2 = s2 + i;                 //偶数累加
            i ++ ;
      }
      cout<<"奇数累加和 = "<<s1<<",偶数累加和 = "<<s2<<endl;
}
```

运行结果：

```
奇数累加和 = 2500,偶数累加和 = 2550
```

思考：计算 200～400 之间所有能被 2 和 3 整除的数的累加和，应如何修改上述程序？

【例 4-10】 用辗转相除法求两自然数的最大公约数。

基本思路：以小数除大数，得余数，如果余数不为零，则小数(除数)作为被除数，余数作为除数，相除后得新余数。若余数为零，则此除数即为最大公约数，否则继续辗转相除。

```
#include "iostream.h"
void main()
{     int x,y,z,t;
      cout<<"输入 2 个整数：";
      cin>>x>>y;
      if(x<y) {t = x;x = y;y = t;}            //保证大数除以小数
      while((z = x % y)! = 0)                 //判断余数为 0 否
      {     x = y;                            //除数作为被除数
```

```
        y = z;                          //余数作为除数
    }
    cout<<"最大公约数："<<y<<endl;
}
```

```
输入 2 个整数：648,117
最大公约数：9
```

思考：求两个数的最小公倍数(提示：$x*y$=最大公约数*最小公倍数)，应如何修改上述程序？

【例 4-11】 输入一个自然数(大于 1)，判断其是否为素数。

素数(质数)：除 1 和它本身外，不能被其他任何一个整数整除的自然数。

基本思路：判别某数 m 是否为素数最简单的方法是用 $i=2,3,\cdots,m-1$ 逐个判别 m 能否被 i 整除，只要有一个数能被整除，那么 m 就不是素数，退出循环；若都不能整除，则 m 是素数。

```
#include "iostream.h"
void main()
{   int i,m;
    cout<<"输入 1 个大于 1 的自然数：";
    cin>>m;
    for(i = 2;i< = m - 1;i ++ )
        if(m % i == 0) break;
    if(i>m - 1)                             //或 if(i == m)
        cout<<m<<"是素数!"<<endl;
    else
        cout<<m<<"不是素数!"<<endl;
}
```

```
输入 1 个大于 1 的自然数：11
11 是素数!
```

提示：上面的循环素数判断也可以修改为“for(i=2;m%i!=0;i++);”语句。

思考：数学上已经进一步证明：“若 m 不能被 $2\rightarrow\sqrt{m}$ 中任一整数整除，则 m 为素数。”应如何修改上述程序？

4.3 do while 语句

do while 语句与 while 语句很相似，主要区别是：while 语句先判断后循环(有可能循环体语句一次也不执行)；do while 语句先循环后判断(循环体语句至少执行一次)，执行流程图如图 4-4 所示。

do while 语句一般形式如下：

```
do {
    语句组(循环体)
} while(表达式);
```

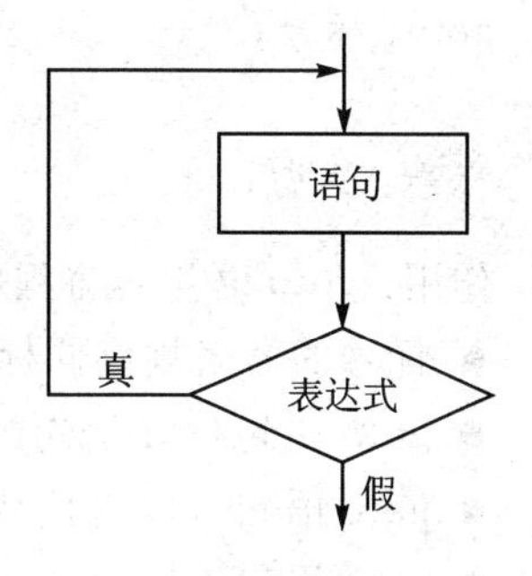

图 4-4　do while 语句执行流程

说明：do while 语句中，while(表达式)后面有“;”。

【例 4-12】 用 do while 计算 1＋2＋3＋…＋100 的累加和。

```
#include "iostream.h"
void main()
{     int i = 1,s = 0;
      do
      {     s = s + i;
            i++ ;
      } while(i< = 100);
      cout<<"s = "<<s<<endl;
}
```

分析：先执行循环体，然后判断 while(i<＝100)，条件成立，继续执行循环体，否则终止循环。

思考：while 循环与 do while 循环是否可以完全转换？

4.4　其他流程控制语句

C/C＋＋中的 break 语句、continue 语句和 goto 语句也能控制程序的流程。

1. break 语句

- 用于多分支选择结构 switch 语句中，跳出多分支选择结构；
- 用于循环结构语句中，跳出循环结构(本层循环)。

2. continue 语句

continue 语句只能用于循环结构，结束本次循环，进行下一次循环条件判断。

break 语句与 continue 语句的主要区别：

① break 语句结束本层循环(跳出本层循环)。

② continue 语句结束本次循环(进行下一次循环条件判断)。

③ 在循环结构中，break 语句和 continue 语句都是有条件执行，而不是无条件执行。

3. goto 语句

goto 语句一般形式如下：

goto 标号；
⋮
标号：语句；

作用：goto 语句是将程序的执行流程转到标号所指定的语句处。

- 标号的命名规则同标识符；
- goto 语句与 if 语句配合使用实现循环；
- goto 语句可以直接从多层循环的最里层跳到最外层；
- goto 语句不符合结构化程序设计规则，会降低程序的可读性，非特殊场合不使用。

【例 4-13】 分析下面两段代码的执行。

```
for(i = 1;i< = 10;i ++ )
{     if(i % 3 == 0) break;              //i 等于 3 时，跳出循环结构
      cout<<setw(2)<<i;
}
```

输出：1 2

分析：i 等于 3 时，跳出循环结构，停止输出 i 变量的值。

```
for(i = 1;i< = 10;i ++ )
{     if(i % 3 == 0) continue;           //当 i 是 3 的倍数时，结束本次循环
      cout<<setw(2)<<i;
}
```

输出：1 2 4 5 7 8 10

分析：输出 1～8 之间非 3 的倍数的数。当 i 是 3 的倍数时，结束本次循环，不输出 i 变量的值。

【例 4-14】 用 if 与 goto 语句实现循环计算 1～100 之间的自然数累加和。

```
#include "iostream.h"
void main()
{     int i = 1,s = 0;
re:     if(i< = 100)
        {     s = s + i;
              i ++ ;
              goto re;
        }
        cout<<"s = "<<s<<endl;
}
```

分析：if 与 goto 语句实现循环与 for 语句或 while 语句执行流程是相同的。

4.5　循环结构嵌套

循环结构嵌套即是在一个循环体内包含另一个完整的循环结构(内外循环结构不能交叉)。前面介绍的 3 种循环结构可以互相嵌套。

【例 4-15】 计算 1＋2!＋3!＋…＋10!。

```
#include "iostream.h"
void main()
{     int i,j;
      long int f,s=0;                               //阶乘很大时,如为 int 会出现溢出
      for(i=1;i<=10;i++)
      {     f=1;                                    //i!初值
            for(j=1;j<=i;j++)                       //计算!。注意循环变量终值为 i
                f=f*j;
            cout<<i<<"!="<<f<<endl;                 //输出i!
            s=s+f;                                  //i!累加
      }
      cout<<"1+2! +3! +…+10!="<<s<<endl;            //输出阶乘累加和
}
```

输出：

```
1!=1
2!=2
3!=6
…
9!=362880
10!=3628800
1+2! +3! +…+10!=4037913
```

分析：由于 $n!=n\times(n-1)!$,阶乘累加和可以不用循环嵌套来实现,如下：

```
#include "iostream.h"
void main()
{     int i;
          long int f=1,s=0;                         //阶乘 f 初值为 1
          for(i=1;i<=10;i++)
          {     f=f*i;                              //计算i!
                cout<<i<<"!="<<f<<endl;  //输出i!
                s=s+f;                              //i!累加
      }
      cout<<"1+2! +3! +…+10!="<<s<<endl;
```

```
}
```

思考：计算 1+(1+2)+(1+2+3)+…+(1+2+3+…+100)，应如何修改上述程序？

【例 4-16】 用枚举法实现百元买百鸡问题：小鸡每只 5 角，公鸡每只 2 元，母鸡每只 3 元。问 100 元买 100 只鸡有多少种方案？

基本思路：设母鸡、公鸡和小鸡各为 x、y、z 只，可以写出代数方程式：

$$\begin{cases} x+y+z=100 \\ 3x+2y+0.5z=100 \end{cases}$$

但两个方程怎么解 3 个未知数？这类问题我们可以采用枚举法，即将可能出现的各种情况一一罗列进行测试，判断每一种情况是否满足条件。罗列每种情况采用循环结构来实现。

```
#include "iostream.h"
void main()
{   int x,y,z;                                    //设母鸡、公鸡和小鸡各为 x、y、z 只
    int n = 0;                                    //方案数
    for(x = 0;x<100;x ++ )
        for(y = 0;y<100;y ++ )
            for(z = 0;z<100;z ++ )
                if(((3 * x + 2 * y + 0.5 * z) = = 100)&&((x + y + z) = = 100))
                {   n ++ ;
                    cout<<"x = "<<x<<",y = "<<y<<",z = "<<z<<endl;
                }
    cout<<"共有"<<n<<"种方案!"<<endl;
}
```

输出：

```
x = 2,y = 30,z = 68
x = 5,y = 25,z = 70
x = 8,y = 20,z = 72
x = 11,y = 15,z = 74
x = 14,y = 10,z = 76
x = 17,y = 5,z = 78
x = 20,y = 0,z = 80
共有 7 种方案!
```

分析：上述算法采用 3 层循环实现。因为母鸡最多 33 只，公鸡最多 50 只，因此可对循环次数进行优化。另外，若余下的只数能与钱数匹配，就是一个合理解。因此可以将循环优化为两层。如下：

```
for(x = 0;x< = 33;x ++ )
    for(y = 0;y< = 50;y ++ )
    {   z = 100 - x - y;
        if((3 * x + 2 * y + 0.5 * z) = = 100)
        {   n++ ;
            cout<<"x = "<<x<<",y = "<<y<<",z = "<<z<<endl;
        }
}
```

【例 4 - 17】 在 100 以内找出 x、y、z 三个数，满足：$x^2+y^2+z^2>100$。

```
#include "iostream.h"
void main()
{    int x,y,z;
     for(x = 1;x<100;x ++ )
         for(y = 1;y<100;y ++ )
             for(z = 1;z<100;z ++ )
                 if(x * x + y * y + z * z>100)  goto st;       // goto 语句直接跳转
st:   cout<<"x = "<<x<<",y = "<<y<<",z = "<<z<<endl;
}
```

满足条件：x = 1,y = 1,z = 10

分析：goto 语句可以跳到指定标号处，可跳出多层循环，而 break 语句只能逐层跳出。

本章小结

循环结构是用来处理重复操作的。在 C/C＋＋语言中用 for 语句、while 语句、do while 语句实现循环。用 break 语句、continue 语句和 goto 语句可以控制程序的执行流程。3 种循环结构也可以嵌套，用于解决较为复杂的问题。

在 C/C＋＋程序中，for 语句主要用于解决循环次数已知的问题；while 语句主要用于解决循环次数未知而根据条件控制循环的问题；do while 语句与 while 语句很相似，主要区别是：while 语句先判断后循环（有可能循环体语句一次也不执行），do while 语句先循环后判断（循环体语句至少执行一次）。

如果循环体由多条语句构成，需要用大括弧把循环体语句括起来，形成复合语句，否则系统只把其中的第一条作为循环体。

循环结构应用时应特别注意循环条件的控制，否则会造成死循环。

循环结构是结构化程序设计的 3 种基本结构之一，必须熟练掌握。

习　题

1. 填空题

(1) while 语句与 do while 语句________(是/不是)在任何情况下都可以互换的。

(2)若用 0～9 之间不同的 3 个数构成一个三位数,下面程序将统计出有多少种方法?

```
#include "iostream.h"
void main()
{    int i,j,k,c=0;
     for(i=0;i<=9;i++)
     for(j=0;j<9;j++)
     if(__________)continue;
     else for(k=0;k<=9;k++)
     if(__________) c++;
     cout<<c<<endl;
}
```

(3) 将输入的正整数按逆序输出。例如：输入 168 则输出 861。

```
#include "iostream.h"
void main()
{    int n,s;
     cin>>n;
     do
     { s=n%10;
     __________;
     __________;
     }while(n!=0);
}
```

2. 选择题

(1) 有以下程序：

```
#include "iostream.h"
void main()
{    int i,s=1;
     for(i=1;i<=50;i++)
     if(!(i%5) && !(i%3)) s+=i;
     cout<<s<<endl;
}
```

程序的输出结果是________。

A）409　　B）277　　C）1　　D）91

（2）已知

```
int i = 0;
while(i = 1)
{……}
```

则以下叙述正确的是________。

A）循环控制表达式的值为 0　　B）循环控制表达式的值为 1

C）循环控制表达式不合法　　D）以上说法都错误

（3）有以下程序：

```
#include "iostream.h"
void main()
{     int i,a = 0,b = 0;
      for(i = 1;i< = 10;i ++ )
      {  if(i % 2 =  = 0)
         {  a ++ ;
            continue;
         }
         b ++ ;
      }
      cout<<"a = "<<a<<",b = "<<b<<endl;
}
```

程序的输出结果是________。

A）a=4,b=4　　B）a=4,b=5　　C）a=5,b=4　　D）a=5,b=5

（4）有以下程序段：

```
int x = 0,y = 0;
while(! x! = 0) y + = ++ x;
cout<<y<<endl;
```

则以下叙述正确的是________。

A）输出 0　　B）输出 1

C）程序段中控制表达式不合法　　D）程序段执行无限次

（5）下列叙述错误的是________。

A）只能在循环体内使用 break 语句

B）在循环体内使用 break 语句可以跳出本层循环体

C）在 while 和 do while 循环中，continue 并没有使整个循环终止

D）continue 语句的作用是结束本次循环

(6) 有以下程序：

```
#include "iostream.h"
void main()
{     int a,b;
      for(a = 0,b = 10;a<b;a + = 3,b -- );
      cout<<"a = "<<a<<",b = "<<b<<endl;
}
```

程序的输出结果是________。

A) a=6,b=7　　B) a=7,b=6　　C) a=9,b=7　　D) a=7,b=9

(7) 有以下程序：

```
#include "iostream.h"
void main()
{     int x = 0,i;
      for(i = 1;i<5;i ++ )
      {  switch(i)
            {  case 0:
               case 3:x + = 2;
               case 1:
               case 2:x + = 3;
               default:x + = 5;
            }
      }
      cout<<x<<endl;
}
```

程序的输出结果是________。

A) 31　　B) 13　　C) 10　　D) 20

(8) 有以下程序：

```
#include "stdio.h"
void main()
{     int x;
      while((x = getchar()) ! = '\n')
      {  switch(x - '2')
         {  case 0:
            case 1:putchar(x + 4);
            case 2: putchar(x + 4);break;
            case 3: putchar(x + 3);
            case 4: putchar(x + 3);break;
         }
      }
```

```
    printf("\n");
}
```

键盘输入：2743

程序的输出结果是________。

A) 66877　　B) 668966　　C) 6677877　　D) 6688766

(9) 没有死循环的是________。

A) int i=100;while(1){i=i%100+1;if(i>100) break;}

B) for(;;);

C) int i=10000;do{i++;}while(i>10000);

D) int i=36;while(i)--i;

(10) 有以下程序：

```
#include "iostream.h"
void main()
{    int a;
     for(a = 1;a< = 40;a ++ )
     {  if(a ++ % 5 =  = 0)
        if( ++ a % 8 =  = 0)
        cout<<a<<endl;
     }
}
```

程序的输出结果是________。

A) 5　　B) 24　　C) 32　　D) 40

(11) 有以下程序：

```
#include "iostream.h"
#define X 2
#define Y X + 1
#define Z 2 * Y + 1
void main()
{    int a;
     for(a = 1;a< = Z;a ++ )
          cout<<a<<endl;
}
```

程序中的 for 循环执行次数是________。

A) 5　　B) 6　　C) 7　　D) 8

3. 分析下列程序，写出运行结果

(1)程序如下：

```
#include "iostream.h"
```

```
void main()
{     int i;
      for(i=1;i+1;i++)
      {  if(i>4)
         {  cout<<i<<endl;
            break;
         }
         cout<<i++<<endl;
      }
}
```

(2) 程序如下：

```
#include "iostream.h"
void main()
{     int t,x,y;
      cin>>t;
      x=y=t;
      for(;t!=0;)
      {  if(t<y) y=t;
         if(t>x) x=t;
         cin>>t;
      }
      cout<<x<<","<<y<<endl;
}
```

输入：34　56　23　45　5

(3)程序如下：

```
#include "iostream.h"
void main()
{     int t=9;
      for(;t>0;t--)
        if(t%3==0)
      {  cout<<--t<<endl;
         continue;
      }
}
```

(4) 程序如下：

```
#include "iostream.h"
void main()
{     int a=2,b=1;
      while(a--!=-1)
```

```
    { do {b* =a;b++ ;} while(a-- );}
    cout<<b<<","<<a;
}
```

(5)程序如下：

```
#include "stdio.h"
void main()
{    int i;
     for(i='a';i<'f';i++ ,i++ )
         printf("%c",i-'a'+'A');
     printf("%d\n",i++ );
}
```

4. 编写程序

(1) 计算 1－1/2＋1/3－1/4＋…－1/100。

(2) 计算 100～200 之间所有能被 2 和 3 整除的数的累加和。

(3) 输出 100～200 之间的所有素数。

(4) 计算 1＋(1＋2)＋(1＋2＋3)＋…＋(1＋2＋3＋…＋100)。

(5) 计算 S＝2＋22＋222＋2 222＋…＋22..222(n 个 2,5＜n＜10)。

(6) 计算 s＝1＋1/2＋1/4＋1/7＋1/11＋1/16＋1/22＋1/29＋…当第 i 项的值＜0.000 1 时结束。

(7) “x%3!＝0”与“x%3”的值是否相等？“while(x%3!＝0)”与“while(x%3)”是否等价？

(8) 输出乘法九九表(9 行)。

(9) 鸡兔同笼，有 30 个头，90 只脚，求鸡、兔各有多少只？

(10)自己设计奖学金发放处理逻辑，统计 n 名学生中各类奖学金发放人数、金额，获奖学金总人数和总金额。

条件：英语达到四级、六级；计算机达到国家二级、三级

奖学金：院级 B 类/100
　　　　院级 A 类/200
　　　　校级 B 类/500
　　　　校级 A 类/800

第5章　数　组

学习导读

主要内容

数组是一组具有相同数据类型的变量集合。数组用来存储相同类型的批量数据，并具有连续存储、存取速度快的优点。数组存储空间一次性分配，对于批量数据量的确定，并且不再变动是非常合适的。本章主要介绍数组（一维数组、二维数组和字符数组）的定义、初始化以及数组元素的引用。

学习目标

● 熟练掌握一维数组的定义、初始化和应用；

● 熟练掌握二维数组的定义、初始化和应用；

● 熟练掌握字符数组的定义、初始化和应用。

重点与难点

重点：数组的应用。

难点：二维数组的应用。

5.1　一维数组

对于批量数据处理问题，如统计200名学生“C/C++程序设计”期末考试成绩高于平均成绩的人数并按成绩进行排序。定义一个简单变量，结合循环结构，很容易实现平均成绩的计算。但如果比较、统计高于平均成绩的人数，定义一个变量是无法实现200个成绩的比较的，而定义200个简单变量表示这些成绩并进行计算处理又很不现实，这时应用数组能很好地解决此类问题。

数组在内存中被分配连续的存储单元，数组名代表数组的首地址，每个存储单元代表数组中的变量（数组元素），数组元素用下标形式表示，数组元素像普通变量一样使用。数组与循环结构结合使用，可以有效地处理大批量数据，解决用简单变量无法（或困难）实现的问题。

在C/C++语言中，数组在使用时，与简单变量一样，必须先定义后使用。

5.1.1　一维数组的定义

只有一个下标的数组称为一维数组，其一般定义格式如下：

数据类型 数组名[整型常量表达式];

说明:

① 数据类型,C/C++语言支持的数据类型。

② 数组名,与变量命名规则相同,遵循标识符命名规则。

③ 整型常量表达式,用来指定数组中元素的个数,即数组的长度(大小),下标从0开始,不能是变量。

【例5-1】 分析如下数组定义。

```
int m[4], n[5];
```

该语句表示定义了2个整型数组m和n。m数组的长度为4(含4个元素),元素为m[0]、m[1]、m[2]、m[3];n数组的长度为5(含5个元素),元素为n[0]、n[1]、n[2]、n[3]、n[4]。2个数组的元素均为整型。

以n[5]数组为例,表示系统在内存为n数组分配了5个连续的存储单元,每个存储单元占2个字节(C++语言中占4个字节),如图5-1所示。

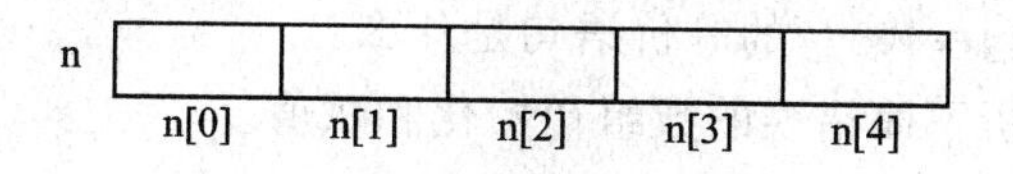

图5-1　n[5]数组存储单元

数组名是常量,表示数组在内存中的首地址。n表示b[0]存储单元的地址。

【例5-2】 正确的数组定义与错误的数组定义。

正确的数组定义:

```
#define N 4
int m[N];
```

表示定义了4个元素的整型数组m。

错误的数组定义:

```
int n = 4; int m[n];
```

或

```
int n;
scanf("%d",&n);
int m[n];
```

或

```
int m[4.3];
```

语句中数组下标是整型常量表达式,可以是常量或符号常量,不能是变量。

5.1.2 一维数组的初始化

在定义数组的同时，给数组元素赋初值，称为数组的初始化。如果定义的数组没有初始化，则数组中所有元素的值都是不确定的。

1. 给数组中的所有元素赋初值

```
int m[6] = {1,2,3,4,5,6};
```

或

```
int m[] = {1,2,3,4,5,6};
```

当数组长度与初始化数据的个数相同时，数组的长度可以省略。

2. 给数组中的部分元素赋初值

```
int m[6] = {1,2,3,4};          //等价于 int m[6] = {1,2,3,4,0,0};
```

数组长度为6，只是给 m[0]、m[1]、m[2]、m[3]前 4 个元素赋初值(相当于 m[0]=1、m[1]=2、m[2]=3、m[3]=4)，其余元素系统自动赋值为 0。

思考："int m[6]={0};"的等价语句是什么？

【例 5-3】 分析下面错误的数组初始化和赋值。

```
int m[2] = {1,2,3,4};          //数据个数超过数组的长度
int m[2]; m = {1,2};           //数组名是常量，是数组在内存中的首地址，不能赋值
int m[2]; m[2] = {1,2};        //m[2]不是定义数组中的元素，也不允许用"{}"为一个元素同
                               //时赋多个值
```

5.1.3 一维数组元素的引用

数组定义后，数组的引用主要有两种方式：数组的整体引用和数组元素引用。数组的整体引用主要用于数组名作函数参数或对字符数组的某些操作(数组名代表整个数组或字符串)，而数组元素引用只针对数组中某个元素的操作。

C/C++语言中提供 3 种方式引用数组元素：

① 下标方式，用下标引用数组中的不同元素。

② 地址方式，用地址引用数组中的不同元素。

③ 指针方式，用指针引用数组中的不同元素。

下面只介绍引用数组元素的下标方式，其他方式将在第 6 章指针中详细介绍。

数组元素的一般形式如下：

```
数组名[下标]
```

说明：

① 下标为整型常量或整型表达式。

② 用下标区分不同的数组元素，数组元素就是带下标的变量。

③ 数组元素下标不能越界，下标从0开始，范围为：0≤下标≤(数组长度－1)。

【例5-4】 分析下面错误的数组(元素)引用。

```
int m[6] = {1,2,3,4,5,6},n[6];
cout<<m[6]<<endl;   //错误，数组元素下标越界
cout<<m<<endl;      //错误，对数组一般不能作为一个整体进行操作(字符数组除外)
n = m;              //错误，对数组一般不能作为一个整体进行操作(字符数组除外)
```

提示：编程时，数组经常与循环语句结合使用，通过循环变量控制数组元素的下标，引用不同的数组元素，完成相应的操作。

为了便于学生快速掌握数组的应用，下面介绍数组的基本操作。

假设有如下定义：

```
# define N 10
int m[N];
```

1. 用循环变量对数组元素赋值

```
for(i=0;i<N;i++)

    m[i]=i;
```

2. 数组元素的键盘赋值

```
for(i = 0;i<N;i ++ )

    scanf(" % d",&m[i]);            //cin>>m[i];
```

3. 通过随机函数rand()产生20～80之间的*N*个数据

```
for(i = 0;i<N;i ++ )

    m[i] = int(rand() % 61 + 20);   //rand() % n的作用是随机产生大于或等于0,且小
                                    //于n的整数
```

4. 分2行输出数组元素

```
for(i = 0;i<N;i ++ )

{    printf(" % 3d",m[i]);          //cout<<setw(3)<<m[i];
     if((i + 1) % 5 == 0) printf("\n");
}
```

5. 逆序输出数组元素

```
for(i = N - 1;i> = 0;i -- )

    printf(" % 3d",m[i]);           //cout<<setw(3)<<m[i];
```

6. 数组元素求和

```
sum = 0;

for(i = 0;i<N;i ++ )
```

```
sum + = m[i];
```

7. 求数组中的最大元素

```
max = m[0];

for(i = 1;i<N;i ++ )
    if(m[i]>max) max = m[i];
```

8. 求最大元素的下标

```
imax = 0;                                    //imax 代表最大元素下标

for(i = 1;i<N;i ++ )
    if(m[i]>m[imax]) imax = i;
```

9. 将最大元素放于某一特定位置(如放在最前头)

```
imax = 0;

for(i = 1;i<N;i ++ )
    if(m[i]>m[imax]) imax = i;
if(imax! = 0)
    {    t = m[0]; m[0] = m[imax]; m[imax] = t;  }
```

10. 将第一个元素放到最后,其余元素前移一个位置

```
t = m[0];

for(i = 0;i<N - 1;i ++ )
    m[i] = m[i + 1];
m[i] = t;                                    //或 m[5] = t;
```

5.1.4 一维数组程序举例

【例 5 - 5】 键盘输入 n 个学生的“C/C++程序设计”期末考试成绩,计算平均成绩,统计高于平均成绩的人数。

```
#include "stdio.h"
void main()
{    int i,n,overn = 0;                           //overn 存放高于平均成绩人数
     float s[200],ave,sum = 0;
     printf("输入学生人数≤200: ");                 //cout<<"输入学生人数≤200:"
     scan(" % d",&n);                             //cin>>n; n 不能超过 200
     for(i = 0;i<n;i ++ )
     {    scanf(" % d",&s[i]);                    //cin>>s[i];成绩放在数组元素中
          sum = sum + s[i];                       //成绩累加
     }
     ave = sum/n;
     for(i = 0;i<n;i ++ )
```

```
        if(s[i]>ave) overn + + ;
    printf("平均成绩：% f\n",ave);           //cout<<"平均成绩："<<ave<<endl;
    printf("高于平均成绩的人数：% d\n",overn);
}
```

分析：由于无法确定有多少学生，所以将存放学生成绩的数组定义为 s[200]（甚至 s[1000]，或许浪费内存空间），利用键盘赋给 n 变量的值不能超过 200（或 1 000）。另外要统计高于平均成绩的人数，必须用每个成绩与平均成绩进行比较，因此用数组（元素）存储保留 n 名学生的成绩是最好的选择。

思考：请同学自行分析，如果用 n 个简单变量存放成绩，那么变量如何定义？算法如何实现？用一个变量存放成绩，又会出现什么问题？

【例 5－6】 用键盘输入一些学生的成绩（用负数结束输入），计算平均成绩，统计高于平均成绩的人数。

```
#include "iostream.h"
void main()
{    int i,j,score,overn = 0;
     float s[1000],ave,sum = 0;
     cout<<"输入第 1 名学生成绩：";
     cin>>score;
     for(i = 0;score> = 0;i ++)              //循环条件是成绩 score> = 0
     {    s[i] = score;
          sum = sum + s[i];
          cout<<"输入第"<<i + 1<<"名学生成绩：";
          cin>>score;
     }
     ave = sum/i;                            //i 循环变量的值即是学生数
     for(j = 0;j<i;j ++ )
          if(s[j]>ave) overn ++ ;
     cout<<"平均成绩："<<ave<<endl;
     cout<<"高于平均成绩的人数："<<overn<<endl;
}
```

分析：本算法可以随时停止输入学生成绩（而在例 5－5 中，一次必须全部输完 n 个成绩），但仍然无法确定所定义数组的真正长度。另外，本程序是否考虑零个学生的情况？

【例 5－7】 将数组中的元素首尾对调（第一个元素与最后一个元素对调，第二个元素与倒数第二个元素对调，以此类推）。

```
#include "iostream.h"
#include "iomanip.h"
void main()
```

```
{      int i,m[8] = {1,2,3,4,5,6,7,8},t[8];
       for(i = 0;i<8;i ++ )
            cout<<setw(3)<<m[i];           //printf(" % 3d",m[i]);
       cout<<endl;
       for(i = 0;i<8;i ++ )
            t[i] = m[8 - i - 1];
       for(i = 0;i<8;i ++ )
            m[i] = t[i];
       for(i = 0;i<8;i ++ )
            cout<<setw(3)<<m[i];
}
```

运行结果：

```
1   2   3   4   5   6   7   8
8   7   6   5   4   3   2   1
```

分析：程序中第 2 个循环结构完成将 m 数组中的 1、2、3、4、5、6、7、8 逆向放入 t 数组(8、7、6、5、4、3、2、1)；第 3 个循环结构完成将 t 数组中元素值放入 m 数组对应元素中。本算法主要借助于 t 数组实现 m 数组元素首尾调换。

【例 5 - 8】 分析如下程序完成的功能和算法实现。

```
#include "iostream.h"
#include "iomanip.h"
void main()
{      int i,t,m[8] = {1,2,3,4,5,6,7,8};
       for(i = 0;i<8;i ++ )
            cout<<setw(3)<<m[i];
       cout<<"\n";
       for(i = 0;i<8/2;i ++ )
       {    t = m[i]; m[i] = m[8 - i - 1]; m[8 - i - 1] = t;
       }
       for(i = 0;i<8;i ++ )
            cout<<setw(3)<<m[i];
}
```

分析：程序完成的功能也是将 m 数组元素(值)首尾对调。与例 5 - 7 算法实现不同的是通过 m 数组本身实现首尾元素(值)对调。对调次数控制是 i<8/2，如果是 i<8，则 m 数组元素调换后又恢复原来的顺序。

【例 5 - 9】 数组中存放学生的"C/C++程序设计"期末考试成绩，从键盘输入一个成绩，比较输出与该成绩相同的成绩。

```
#include "iostream.h"
#include "iomanip.h"
```

```
void main()
{     int i,n,m[8] = {81,56,43,94,68,96,87,72};//成绩都不相同
      cout<<"输入查找的成绩:";
      cin>>n;
      cout<<"被查找的一组成绩:";
      for(i = 0;i<8;i ++ )
          cout<<setw(3)<<m[i];
      cout<<"\n";
      cout<<"被查找到的成绩:";
      for(i = 0;i<8;i ++ )
          if(n = = m[i]) cout<<setw(3)<<m[i];
}
```

思考：请分析算法的实现，能否进一步优化算法？（提示：数组初始化为不相同的整数。）

【例 5-10】 在有序数组中插入一个数，数组仍然有序。

基本思路：首先要查找待插入数据在数组中的位置 k；然后从最后一个元素开始往前直到下标为 k 的元素依次往后移动一个位置；当第 k 个元素的位置空出，将欲插入的数据插入。

```
#include "iostream.h"
#include "iomanip.h"
void main()
{     int m[8] = {1,5,9,13,17,21,25},i,k,n;
      cout<<"请输入插入的 1 个数:";
      cin>>n;
      for(k = 0;k<7;k ++ )
          if(n<m[k])  break;                 //查找插入点
      for(i = 6;i> = k;i -- )
          m[i + 1] = m[i];                   //插入点后面元素后移
      m[k] = n;                              //在插入点插入 n
      cout<<"插入 1 个数后的有序数列:";
      for(i = 0;i<8;i ++ )
          cout<<setw(4)<<m[i];
}
```

```
请输入插入的 1 个数:14
插入 1 个数后的有序数列:1   5   9   13   14   17   21   25
```

【例 5-11】 计算 1、1、2、3、5、8、13、21、…数列的前 20 项之和。

基本思路：数列从第 3 项开始，每一项等于前面两项之和，即：f[i]＝f[i－1]＋f[i－2]，通过循环累加实现计算。

```
#include "iostream.h"
void main()
{     int f[20] = {1,1},i,s = 2;         //初始化数列前 2 项,前 2 项之和为 s = 2
      for(i = 2;i<20;i ++ )
      {     f[i] = f[i - 1] + f[i - 2];
            s = s + f[i];
      }
      cout<<"1、1、2、3、5、8、13、…数列的前 20 项之和 = "<<s<<endl;
}
```

运行结果:

```
1、1、2、3、5、8、13、…数列的前 20 项之和 = 17710
```

【例 5-12】 将 8 个数按从小到大(递增)的顺序进行排序。

排序是数组的典型应用,排序的算法有多种,其中比较典型和简单的有选择法排序和冒泡法排序。

算法 1: 用选择法实现 8 个数的递增排序。

基本思路:从 n 个数的序列中选出最小的数(递增),与第 1 个数交换位置;除第 1 个数外,其余 $n-1$ 个数再按同样的方法选出次小的数,与第 2 个数交换位置;重复 $n-1$ 遍,最后构成递增序列。

```
#include "iostream.h"
#include "iomanip.h"
void main()
{     int i,j,k,t,a[8] = {15,9,20,12,7,16,4,6};
      cout<<"排序前:"<<endl;
      for(i = 0;i<8;i ++ )
            cout<<setw(3)<<a[i];
      cout<<"\n";
      for (i = 0;i<7;i ++ )
      {     k = i;
            for(j = k + 1;j<8;j ++ )
                  if(a[k]>a[j])    k = j;
            t = a[i];a[i] = a[k];a[k] = t;
      }
      cout<<"排序后:"<<endl;
      for(i = 0;i<8;i ++ )
            cout<<setw(3)<<a[i];
}
```

算法 2: 用冒泡法实现 8 个数的递增排序。

基本思路:从第一个元素开始,对数组中两两相邻的元素比较,将值较小的元素

放在前面，值较大的元素放在后面，一轮比较完毕，最大的数存放在 a[N～1]中；然后对 a[0]～a[N～2]的 N～1 个数进行同一比较操作，次最大数放入 a[N～2]元素内，完成第二轮排序；依次类推，进行 N～1 轮排序后，所有数均有序。

```
#include "iostream.h"
#include "iomanip.h"
void main()
{     int i,j,k,t,a[8]={15,9,20,12,7,16,4,6};
      cout<<"排序前："<<endl;
      for(i=0;i<8;i++)
           cout<<setw(3)<<a[i];
      printf("\n");
      for (i=1;i<=7;i++)
           for(j=0;j<8-i;j++)
                if(a[j]>a[j+1])
                {     t=a[j]; a[j]=a[j+1]; a[j+1]=t;
                }
      cout<<"排序后："<<endl;
      for(i=0;i<8;i++)
           cout<<setw(3)<<a[i];
}
```

思考：请分析选择法和冒泡法排序算法的不同。

5.2　二维数组

一维数组对应一个线性表，二维数组相当于一个矩阵。

5.2.1　二维数组的定义

有 2 个下标的数组称为二维数组，其一般定义格式如下：

数据类型 数组名[整型常量表达式 1][整型常量表达式 2]

说明：

① 数据类型、数组名与一维数组规定相同。

② 整型常量表达式 1 代表二维数组的行数，整型常量表达式 2 代表二维数组的列数，行列下标均从 0 开始，不能是变量。

【例 5-13】 分析如下数组定义。

```
int m[2][3];
```

该语句定义了 2 行 3 列 6 个元素的整型数组，元素分别为 m[0][0]、m[0][1]、

m[0][2]、m[1][0]、m[1][1]、m[1][2]，其逻辑结构如图 5-2 所示。

m[0][0]	m[0][1]	m[0][2]
m[1][0]	m[1][1]	m[1][2]

图 5-2　数组 m[2][3]的逻辑结构

系统在内存为 m 数组分配了 6 个连续的存储单元，每个存储单元占 2 个字节(C++语言中占 4 个字节)，6 个元素按行的顺序存放，如图 5-3 所示。

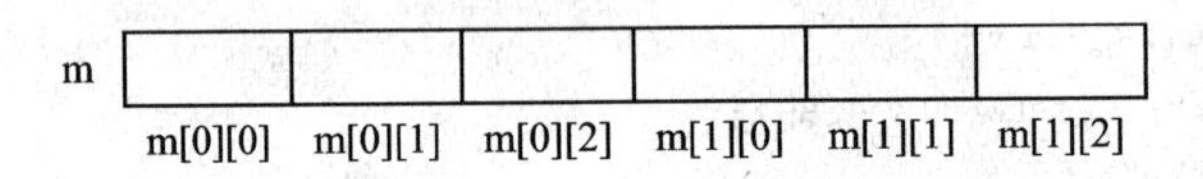

图 5-3　数组 m[2][3]的存储单元

5.2.2　二维数组的初始化

编写程序时，可以对二维数组中的所有元素或部分元素初始化。

1. 给数组中的所有元素赋初值

```
int m[2][4] = {1,2,3,4,5,6,7,8};            //按在内存排列顺序赋值
```

或

```
int m[2][4] = {{1,2,3,4},{5,6,7,8}};        //按行给所有元素赋值
```

或

```
int m[ ][4] = {{1,2,3,4},{5,6,7,8}};        //可以省略第一维的长度,第二维长度不能省略
```

2. 给数组中的部分元素赋初值

```
int m[2][4] = {{1},{4}};       //等价于 int m[2][4] = {{1,0,0,0},{4,0,0,0}};
int m[2][4] = {{1},{0,5}};     //等价于 int m[2][4] = {{1,0,0,0},{0,5,0,0}};
int m[2][4] = {{1}};           //等价于 int m[2][4] = {{1,0,0,0},{0,0,0,0}};
int m[ ][4] = {{1},{ },{7}};   //等价于 int m[3][4] = {{1,0,0,0},{0,0,0,0},{7,0,0,0}};
```

注意：下面是错误的数组初始化。

```
int m[2][4] = {1,2,3,4,5,6,7,8,9};             //数据个数超过数组的长度
int m[2][4] = {{1,2},{3,4},{5,6},{7,8}};       //定义 2 行 4 列,赋值 4 行 2 列
```

5.2.3　二维数组元素的引用

二维数组元素的一般形式如下：

数组名[下标][下标]

提示：在编写程序时，二维数组的操作一般用循环嵌套来控制。外层循环变量控制数组元素的行下标，内层循环变量控制数组元素的列下标，引用不同的数组元素，完成相应的操作。

假设有如下定义：

```
int m[2][4];
```

1. 用循环变量对数组元素赋值

```
for(i = 0;i<2;i ++ )                          //外循环控制行
    for(j = 0;j<4;j + + )                     //内循环控制列
        m[i][j] = i + j;
```

2. 数组元素的键盘赋值

```
for(i = 0;i<2;i ++ )
    for(j = 0;j<4;j ++ )
        scanf(" % d",&m[i][j]);               //cin>>m[i][j];
```

3. 分行输出数组元素

```
for(i = 0;i<2;i ++ )
{     for(j = 0;j<4;j ++ )
          printf(" % 3d",m[i][j]);            //cout>>setw(3)<<m[i][j];
      printf("\n");                           //cout<<endl;
}
```

4. 数组元素求和

```
s = 0;
for(i = 0;i<2;i ++ )
{     s1 = 0;
      for(j = 0;j<4;j ++ )
          s1 + = m[i][j];
      s + = s1;
}
```

5. 求数组中的最大元素

```
max = m[0][0];
for(i = 0;i<2;i ++ )
    for(j = 0;j<4;j ++ )
        if(m[i][j]>max)   max = m[i][j];
```

6. 求最大元素的下标

```
imax = 0;jmax = 0                             //imax、jmax 分别代表最大元素的行、列下标
for(i = 0;i<2;i ++ )
```

```
    for(j = 0;j<4;j ++ )
        if(m[i][j]>m[imax][jmax])
          {     imax = i;  jmax = j;     }
```

5.2.4 二维数组程序举例

【例 5-14】 实现矩阵相加：***C***=***A***+***B***(即二维数组对应元素相加)。

```
#include "iostream.h"
#include "iomanip.h"
void main()
{     int x[2][4] = {1,2,3,4,5,6,7,8},y[2][4] = {1,2,3,4,5,6,7,8},z[2][4],i,j;
      for(i = 0;i<2;i ++ )
           for(j = 0;j<4;j ++ )
                z[i][j] = x[i][j] + y[i][j];
      for(i = 0;i<2;i ++ )
      {     for(j = 0;j<4;j ++ )
                 cout<<setw(3)<<z[i][j];
            cout<<endl;
      }
}
```

运行结果：

```
2   4   6   8
10  12  14  16
```

【例 5-15】 输出二维数组中每一行的最大元素值和最大元素的位置。

```
#include "iostream.h"
void main()
{     int m[3][4] = { 4,2,8,1,9,3,2,6,5,7,1,4};
      int max,imax,jmax,i,j;
      for(i = 0;i<3;i ++ )
      {     max = m[i][0];                    //假定每行的第 1 个元素为最大值,i
            imax = i;
            jmax = 0;                         //max 和 jmax 存放行下标和列下标
            for(j = 1;j<4;j ++ )
                 if(m[i][j]>max)
                 {     max = m[i][j];
                       jmax = j;              //最大值改变,下标随着改变
                 }
            cout<<"第"<<imax + 1<<"行的第"<<jmax + 1<<"列元素是最大值 = "
            <<max<<endl;
```

```
    }
}
```

运行结果：

```
第 1 行的第 3 列元素是最大值 = 8
第 2 行的第 1 列元素是最大值 = 9
第 3 行的第 2 列元素是最大值 = 7
```

思考：能否将“max＝m[i][0];imax＝i;jmax＝0;”放在“for(i＝0;i<3;i++)”的前面？

【例 5-16】 将矩阵第一行元素与最后一行对应元素对调。

```
#include "iostream.h"
#include "iomanip.h"
void main()
{    int m[3][5] = {{ 14,12,18,11,19},{19,13,12,16,11},{15,17,11,14,13}};
     int i,j,t;
     for(j = 0;j<5;j ++ )
     {    t = m[0][j];m[0][j] = m[2][j];m[2][j] = t;
     }
     for(i = 0;i<3;i ++ )
     {    for(j = 0;j<5;j ++ )
               cout<<setw(3)<<m[i][j];
          cout<<endl;
     }
}
```

运行结果：

```
15 17 11 14 13
19 13 12 16 11
14 12 18 11 19
```

分析：矩阵第一行元素与最后一行对应元素对调，元素的行下标确定，只需控制这两行对应元素的列下标即可，可用单层循环控制列下标实现对应元素对调。

【例 5-17】 分析程序完成的功能并输出结果。

```
#include "iostream.h"
#include "iomanip.h"
#define N 5
void main()
{    int m[N][N],i,j;
     for(i = 0;i<N;i ++ )
          m[i][0] = m[i][i] = 1;
```

```
    for(i = 2;i<N;i ++ )
        for(j = 1;j<i;j ++ )
            m[i][j] = m[i - 1][j] + m[i - 1][j - 1];
    for(i = 0;i<N;i ++ )
    {   for(j = 0;j< = i;j ++ )
            cout<<setw(4)<<m[i][j];
        cout<<endl;
    }
}
```

运行结果：

```
1
1   1
1   2   1
1   3   3   1
1   4   6   4   1
```

分析：输出5行杨辉三角形。程序中第1个循环结构实现m[5][5]数组中第1列和对角线元素赋值为1;第2个循环结构的“m[i][j]=m[i-1][j]+m[i-1][j-1];”实现每个元素值等于上一行本列元素与前一列元素相加(除第1列和对角线元素外)。

【例5-18】 矩阵转置。

基本思路：将矩阵以主对角线为轴线,将元素的行和列位置调换。

```
#include "iostream.h"
#include "iomanip.h"
void main()
{   int m[6][6] = { 1,2,3,4,5,6, 1,2,3,4,5,6, 1,2,3,4,5,6, 1,2,3,4,5,6, 1,2,3,4,5,
                   6,1,2,3,4,5,6};
    int i,j,t;
    for(i = 0;i<6;i ++ )
    for(j = 0;j<i;j ++ )
    {   t = m[i][j]; m[i][j] = m[j][i]; m[j][i] = t;   }
    for(i = 0;i<6;i ++ )
    {   for(j = 0;j<6;j ++ )
            cout<<setw(4)<<m[i][j];
        cout<<endl;
    }
}
```

运行结果：

```
1   1   1   1   1   1
```

```
2    2    2    2    2    2
3    3    3    3    3    3
4    4    4    4    4    4
5    5    5    5    5    5
6    6    6    6    6    6
```

思考：程序中，是否可以将“for(j＝0;j＜i;j＋＋)”写成“for(j＝0;j＜6;j＋＋)”？

5.3 字符串

字符串是计算机信息处理中经常处理的数据，在C/C＋＋语言中，没有字符串变量，而是将字符串作为字符数组来处理的，字符串存储在字符数组中。字符串存储时，系统自动在最后加一个结束标记符 '\0'。通过字符指针也可以处理字符串，本节主要介绍字符数组。

5.3.1 字符数组的定义和初始化

字符数组定义格式如下：

char 数组名[整型常量表达式]

例如：

```
char m[10];
char n[3][10];
```

字符数组 m 最多可以存放 10 个字符或 9 个字符的字符串(最后放结束标记 '\0')。

字符数组的每个元素占 1 个字节，存放 1 个有效字符。一维字符数组可以存放若干个字符或存放 1 个字符串，二维字符数组可以存放若干个字符串。应用时也可以对字符数组进行初始化。

1. 将字符逐个赋给数组中的元素

```
char m[10] = { 'C','h','i','n','a'};
```

或

```
int n[] = { 'C','h','i','n','a'};
```

m 数组存储如图 5－4 所示，n 数组存储如图 5－5 所示。

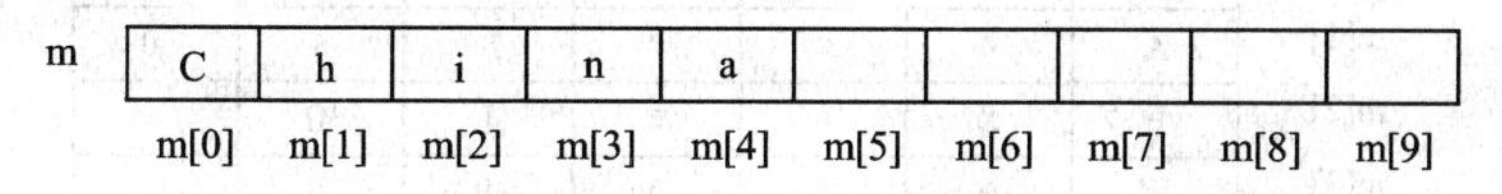

图 5－4 m[10]数组存储

m 数组的长度为 10，而 n 数组的长度为 5，二者分配的存储单元不同。

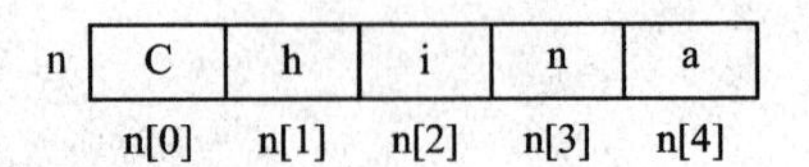

图 5-5　n 数组存储

2. 用字符串给字符数组初始化

```
char m[10] = {"China"};
```

或

```
char m[10] = "China";
```

数组的长度为 10,字符串的长度为 6,系统自动添加字符串结束标记 '\0',其存储如图 5-6 所示。

m	m[0]	m[1]	m[2]	m[3]	m[4]	m[5]	m[6]	m[7]	m[8]	m[9]
	C	h	i	n	a	\0				

图 5-6　m[10]数组存储

```
char m[] = {"China"};
```

或

```
char m[] = "China";
```

数组的长度为 6,字符串的长度也为 6,系统自动添加字符串结束标记 '\0',其存储如图 5-7 所示。

m	m[0]	m[1]	m[2]	m[3]	m[4]	m[5]
	C	h	i	n	a	\0

图 5-7　m[]数组存储

3. 字符串数组初始化

```
char m[4][7] = {"Office","Access","Excel","Word"};
```

字符数组以字符串形式初始化,其存储如图 5-8 所示。其中 m[2]表示字符串 "Excel",m[2][0]表示字符 'E'。

i 是行号	m[i][0]	m[i][1]	m[i][2]	m[i][3]	m[i][4]	m[i][5]	m[i][6]
m[0]	O	f	f	i	c	e	\0
m[1]	A	c	c	e	s	s	\0
m[2]	E	x	c	e	l	\0	
m[3]	W	o	r	d	\0		

图 5-8　m[4][7]数组存储

注意：下面是错误的字符数组初始化。

```
char m[4] = {"China"};      //字符个数超过数组的长度
char m[4];m = "China";      //数组名是常量,表示数组在内存中的首地址,不能被赋值
```

5.3.2　字符数组元素的引用

字符数组引用的两种方式如下：

① 数组的整体引用,主要通过数组名(或指针)对字符串的整体操作。

② 数组元素引用,主要通过数组元素对字符数组(或字符串)中的字符逐个操作。

处理字符(串)时,输入/输出是字符数组的基本操作,下面介绍字符数组输入/输出的基本操作。

假设有如下定义：

```
char str[6];
```

1. 逐个数组元素的输入/输出

```
for(i = 0;i<6;i ++ )
    scanf(" % c",&str[i]);           //或 getchar(str[i]);或 cin>>str[i];
for(i = 0;i<6;i ++ )
    printf(" % c",str[i]);           //或 putchar(str[i]);或 cout<<str[i];
```

注意：用格式符"%c"输入或输出一个字符,输入时字符间不需加空格。str 中不是字符串,而是字符,必须输入 6 个字符。

2. 字符串整体输入/输出

```
scanf(" % s",str);                   //或 gets(str);或 cin>>str;
printf(" % s",str);                  //或 puts(str);或 cout<<str;
```

注意：用格式符"%s"输入或输出一个字符串;输入或输出项是字符数组名,不能是数组元素,不要加地址符 &;输入的字符串应短于数组的长度;空格、跳格符或回车符是字符串输入结束符。

字符串整体输入/输出也可以借助系统提供的字符串处理函数 gets 和 puts 来实现。

```
gets(str);
puts(str);
```

注意：gets(str)的作用是读入字符串到字符数组 str(系统自动添加 '\0'),其函数值是字符数组 str 的起始地址,回车符是字符串输入结束符;puts(str)的作用是输出字符数组 str 中的字符串。

3. 用字符串结束标志 '\0' 控制输出

```
cin>>str;                          //键盘输入字符串
for(i=0;str[i]!= '\0';i++)         //判断字符串是否结束('\0'是字符串结束标志)
    cout<<str[i];
```

5.3.3 字符数组程序举例

【例 5-19】 分析如下程序完成的功能和算法实现。

```
#include "iostream.h"
void main()
{     char s[]="360导航,新一代安全上网导航!";
      int i;
      for(i=0;s[i]!= '\0';i++)
          cout<<s[i];
      cout<<endl;
}
```

运行结果:

```
360导航,新一代安全上网导航!
```

分析:逐一输出字符串中的字符,直到遇到 '\0' 结束输出。

【例 5-20】 分析如下程序完成的功能和算法实现。

```
#include "iostream.h"
void main()
{     char s[20];
      cin>>s;                          //scanf("%s",s);
      cout<<s<<endl;                   //printf("%s\n",s);
}
```

输入:Visual C++

输出:Visual

思考:"cin>>s;"或"scanf("%s",s);",空格、跳格符或回车符是字符串输入结束符。如果用 gets(s)实现输入,能否输出 Visual C++整个字符串?

【例 5-21】 键盘输入一个字符串,计算该字符串的长度。

```
#include "iostream.h"
#include "stdio.h"
void main()
{     char s[80]="";
      int i=0,count=0;
      cout<<"输入字符串:"<<endl;;
```

```
    gets(s);                          //cin>>s;
    while(s[i]!= '\0')
    {   count++; i++; }
    cout<<"字符串："<<s<<"的长度为："<<count<<endl;
}
```

输入字符串：Visual C++ 6.0
字符串：Visual C++ 6.0 的长度为：13

提示：在 C/C++语言中，系统提供了很多字符串处理函数，其中函数 strlen(字符数组)就可以测试字符串的长度。可以将程序中的 while 循环用“count=strlen(s);”替换，但必须加 #include"string.h"。

【例 5-22】 将一个字符数组中的字符串复制到另一个字符数组中。

```
#include "iostream.h"
void main()
{   char s1[100]="2014 中国亚太自贸区倡议获 APEC 支持!",s2[100]="";
    int i;
    cout<<"复制之前："<<s1<<endl;
    for(i=0;s1[i]!= '\0';i++)
        s2[i]=s1[i];
    s2[i]='\0';
    cout<<"复制之后："<<s2<<endl;
}
```

复制之前：2014 中国亚太自贸区倡议获 APEC 支持!
复制之后：2014 中国亚太自贸区倡议获 APEC 支持!

分析：复制功能的循环可以用 strcpy(b,a)函数实现。

【例 5-23】 将一个字符串连接到另一个字符串的后面。

```
#include "iostream.h"
void main()
{   char s1[100]="依法治国,",s2[]="中华民族伟大复兴!";
    int i,j;
    for(i=0;s1[i]!= '\0';i++);           //确定字符串连接点
    for(j=0;s2[j]!= '\0';j++,i++)       //s2 字符串连接到 s1 字符串的后面
    s1[i]=s2[j];
    s1[i]='\0';
    cout<<"连接之后："<<s1<<endl;
}
```

连接之后：依法治国,中华民族伟大复兴!

提示：本题也可以通过 strcat(a,b)函数实现字符串连接。

【例 5-24】 分析如下程序完成的功能和算法实现。

```
#include "iostream.h"
void main()
{     char s1[30] = "中华民族伟大复兴,",s2[] = "每个中国人共同的梦想!",s[100];
      int i,j;
      for(i = 0;s1[i]! = '\0';i ++ )
           s[i] = s1[i];
      for(j = 0;s2[j]! = '\0';j ++ ,i ++ )
           s[i] = s2[j];
      s[i] = '\0';
      cout<<s<<endl;
}
```

运行结果：

```
中华民族伟大复兴,每个中国人共同的梦想!
```

分析：本程序也实现字符串的连接，但连接后的字符串放入字符 s 数组中。第 1 个循环完成，将 s1 数组中的字符串逐个字符地放入 s 字符数组中；第 2 个循环完成，将 s2 数组中的字符串逐个字符地放入 s 字符数组中字符串的后面，实现字符串的连接。

5.3.4 字符串处理函数

在 C/C++语言中，系统提供了很多字符串处理函数，使用时必须加 #include "string.h"。

1. strlen(str)

功能：求 str 所指向的字符串的长度。不包括字符串结束标志 '\0'。

说明：str 可为字符串常量、字符数组名或字符指针。

2. strlwr(str)

功能：将字符串中的大写字母转换成小写字母。

说明：str 为字符串常量、字符数组名或字符指针。

3. strupr(str)

功能：将字符串中的小写字母转换成大写字母。

说明：str 为字符串常量、字符数组名或字符指针。

4. strcpy(str1,str2)

功能：将 str2 所指的字符串复制到 str1 中。

说明：str1 和 str2 为字符数组名或字符指针，str2 可以是字符串常量，str1 要有足够大的空间。

5. strcat(str1,str2)

功能：将 str2 字符串内容连接到 str1 字符串内容的后面。

说明：str1要有足够大的空间。

6. strcmp(str1,str2)

功能：比较字符串str1和str2的大小。

说明：从左至右逐个字符进行比较ASCII码值，直到出现不相同字符或遇到'\0'为止。

- str1<str2表示返回－1；
- str1==str2表示返回0；
- str1>str2表示返回1。

【例5-25】 编写密码验证程序。

```
#include "iostream.h"
#include "string.h"
void main( )
{    char  password[16];
     while(1)
     {    cout<<"输入口令：";
          cin>>password;
          if(strcmp(password,"20150101"))
          {    cout<<"口令不正确!"<<endl;
               break;
          }
          else
          {    cout<<"口令正确!"<<endl;
               cout<<"祝贺您通过密码验证,欢迎使用本系统!"<<endl;
               break;
          }
     }
}
```

```
输入口令：20150101
口令正确!
祝贺您通过密码验证,欢迎使用本系统!
```

提示：上面函数与gets(str)、puts(str)等都是常用的字符串处理函数，希望同学熟练掌握。

5.3.5 C++的CString类

C语言没有专门的字符串类型，只能通过字符数组或字符指针来实现对字符串的存取，要通过调用函数才能实现对字符串的赋值、比较或复制等常规操作。对字符串的存取及有关操作，还可通过标准C++里的字符串类string，MFC中的CString类来实现。

1. 定义 CString 类对象

CString 类的定义在"afx.h"头文件中。当要使用 MFC 类库时，必须选择"工程"→"设置"命令，将"Microsoft Foundation Classes"设置为"Use MFC in a Static Library"。

CString 对象定义的一般形式如下：

```
CString 对象名;
CString 对象名="字符串常量";
CString 对象名("字符串常量");
CString 对象名('字符',int n);          //重复产生 n 个相同的字符
```

例如：

```
CString s1 = "Visual C++ 6.0";
CString s('x',6);                        //s 获得字符串"xxxxxx"
```

2. 输入/输出

在 C++中，通过 cout 可直接输出 CString 对象，但 cin 不识别 CString 对象，因此只能借助字符数组间接输入。

【例 5-26】 CString 类应用举例。

```
#include "iostream.h"
#include "afx.h"
void main()
{
        char s[100];
        CString st;
        cout<<"输入消息："<<endl;
        cin>>s;
        st = s;
        cout<<"输出消息："<<endl;
        cout<<st<<endl;
}
```

```
输入消息：
2013 年,中国月球车"玉兔"号成功登上月球表面!
输出消息：
2013 年,中国月球车"玉兔"号成功登上月球表面!
```

分析：字符数组赋值给 CString 对象 st，实现间接输入；通过 cout 直接输出对象 st。

3. 基本运算

假设有定义：

```
CString st1("嫦娥飞天   "),st2,st3("玉兔探月"),st4("China");
```

CString 对象运算符如表 5－1 所列。

表 5－1　CString 对象运算符

运算符	含　义	实　例	结　果
＝	赋值	st2＝"嫦娥飞天 "；	st2 的值为"嫦娥飞天 "
＋	字符串连接	st2＝st2＋st3	st2 的值为"嫦娥飞天 玉兔探月"
＋＝	字符串连接并赋值	st2＋＝st3	在 st2 相同初值的基础上效果同上
＞、＜、＝＝、＞＝、＜＝	关系运算	st1＝＝"玉兔探月" st1＜st3	false true
[]	取指定位置的字符，将 CString 对象看成数组	st4[0] st1[3]	'C' //第一个字符位置为 0 'n'

4. 成员函数

成员函数的一般形式如下：

函数值类型　CString 对象. 成员函数名(参数列表)

CString 对象成员函数及含义如表 5－2 所列。

表 5－2　CString 对象成员函数及含义

分　类	函数形式	含　义
取字符串	CString　Mid(int nFirst,int nCount) CString　Left(int　nCount) CString　Right(int　nCount)	取字符串中 nFirst 位置开始的 nCount 个字符 取字符串的左边 nCount 个字符 取字符串的右边 nCount 个字符
查看信息	int Find(TCHAR ch) int Find(LPCTSTR lpszSub)； int GetLength()；	返回指定字符在串中的位置 返回指定子字符串在串中的位置 返回字符串的字符数
字符串修改	void SetAt(int nIndex,TCHAR ch) int Insert(int nIndex, TCHAR ch) int Delete (int nIndex,int nCount＝1) int Replace(TCHAR chOld, TCHAR chNew) int　Replace (LPCTSTR　lpszOld,　LPCTSTR lpszNew)	用字符替换指定位置上的字符 将字符插入到指定位置，原位置的字符右移 从指定位置开始删除一个或多个字符 将新字符替换字符串中的老字符 同上，区别替换的是子字符串
转换字符串	void MakeUpper() void MakeLower() void MakeReverse() void Empty()	将字符串中的所有字符转换成大写 将字符串中的所有字符转换成小写 将字符串中各字符的顺序倒转 将字符串中的所有字符删除
格式化输出	viod Format(格式字符串，输出参数列表)；	构造一个输出的字符串

【例 5-27】 成员函数应用举例。

```
//取字符串
CString s("12345" );
```

则：s. Mid(2,2)的值为 34，s. Left(3)的值为 123。

```
//查看字符串信息
CString s ("ABCDEF");
```

则：s. Find('C')的值为 2，s. Find("BCD")的值为 1，s. GetLengh()的值为 6。

```
//字符串修改
CString s ("ABCDEF");
```

则：

```
s.SetAt(1, 'b'); cout<<s;                //输出 AbCDEF
s.Insert(1, 'b'); cout<<s;               //输出 AbBCDEF
s.Replace('g','k');cout<<s;              //输出 ABCDEF
s.Replace("BCD","bc");  cout<<s;         //输出 AbcEF
```

思考：如何删除字符串中任意子字符串？

```
//转换字符串
CString   s ("ABCabc");
```

则：

```
s. MakeUpper(); cout<<s;                 //输出:ABCABC
s. MakeReverse(); cout<<s;               //输出:cbaCBA
s. Empty();cout<<s;                      //输出:(空)
```

```
//格式化输出
CString s;
```

则：

```
s.Format("a1 = %d,a2 = %5.2f,a3 = %s",123,12.3,"abc");
cout<<s;                                 //输出:a1 = 123,a2 = 12.30,a3 = abc
```

【例 5-28】 输入 5 个句子，显示最长的句子及长度。

```
#include "stdio.h"
#include "iostream.h"
#include "afx.h"
void main()
{     CString str,maxstr;
      char s[80];
      int maxlen(0),len,i;
```

```
    cout<<"输入 5 条句子："<<endl;
    for(i = 1;i< = 5;i ++ )
    {     gets(s);
          str = s;
          len = st.GetLength();
          if (len>maxlen)
          {     maxlen = len;                  //找最长的句子长度
                maxstr = str;                  //找最长的句子
          }
    }
    cout<<endl;
    cout<<"最长的句子："<<maxstr<<endl;
    cout<<"句子的长度："<<maxlen<<endl;
}
```

```
输入 5 条句子：
中国
中国梦
中华民族
中华民族伟大复兴
嫦娥飞天玉兔探月
最长的句子：嫦娥飞天玉兔探月
句子的长度：17
```

分析：cin 不识别 CString 对象，因此通过 gets()函数获取数据。

本章小结

本章比较详细地介绍了一维数组、二维数组、字符数组的定义、初始化和引用，同时还介绍了常用的字符串处理函数和通过 CString 类实现对字符串的常规操作。

数组是一组具有相同数据类型的变量集合。数组与循环结构结合使用，可以有效地处理大批量数据，解决用简单变量无法（或较难）实现的问题，简化了算法，提高了效率。

习　题

1. 填空题

(1) 数组名代表____________，数组属于____________数据类型。

(2) 如有定义 char s[]="Program";s[7]中存放________。

(3) 键盘输入字符串时，“scanf("%s",str);”与“cin>>str;”或“gets(str);”

__________（是否等价）。

(4) 把输入的十进制长整型数以十六进制的形式输出。

```
#include "iostream.h"
void main()
{     char a[] = "0123456789ABCDEF";
      int b[50],c,i = 0,x = 16;
      long n;
      cin>>n;
      do { b[i] = n % x;
           i ++ ;
           n = __________;
      } while(n! = 0);
      for( -- i;i> = 0;i -- )
      { c = __________; cout<<a[c]; }
      cout<<"H"<<endl;
}
```

(5) 将一个字符串的内容颠倒过来。

```
#include "iostream.h"
#include "string.h"
void main()
{     char s[] = "ABCDEFG";
      int i,j,__________;
      for(i = 0,j = strlen(s)__________;i<j;i ++ ,j -- )
      { t = s[i];s[i] = s[j];s[j] = t;}
      cout<<s<<endl;
}
```

(6) 输入一个句子，统计单词数，单词间用空格分隔。

```
#include "iostream.h"
#include "stdio.h"
void main()
{     char s[80],x1,x2;
      int i,num;
      gets(s);
      for(i = 0,num = 0;__________;i ++ )
      {   x1 = s[i];
      if(i == 0) x2 = ' ';
      else x2 = s[i - 1];
      if( __________ ) num ++ ;
      }
```

```
        cout<<"单词数"<<num<<endl;
}
```

2. 选择题

(1) 以下能正确定义一维数组的选项是________。

A) int a[6]={0,1,2,3,4,5,6};　　B) char a[]={'P','r','o','g','r','a','m','\0'};

C) a={'P','r','o','g','r','a','m'}; D) int a[5]="0123";

(2) 下列描述错误的________。

A) 在 C 语言中,用一维数组存放字符串,并规定以 '\0' 作为字符串结束标志

B) 字符串中,'\0' 占用存储空间,计入字符串的实际长度

C) 表示字符串常量时不需人为在其末尾加入 '\0'

D) 在 C 语言中,字符串常量隐含处理成以 '\0' 结尾

(3)以下不能对二维数组进行正确初始化的是________。

A) int a[2][3]={0};　　B) int a[][3]={{1,2},{0}};

C) int a[2][3]={{1,2},{3,4},{5,6}}; D) int a[][3]={1,2,3,4,5,6};

(4) 有以下程序:

```
#include "iostream.h"
#include "string.h"
void main()
{       char s[] = {'P','r','o','g','r','a','m', '\0'};
        int i,j;
        i = sizeof(s);
        j = strlen(s);
        cout<<i<<","<<j<<endl;
}
```

程序输出结果为________。

A) 8,8　　B) 7,8　　C) 1,7　　D) 8,7

(5) 有以下程序:

```
#include "stdio.h"
void main()
{       char s[] = "program",t;
        int i,j = 0;
        for(i = 1;i<7;i ++ ) if(s[j]<s[i]) j = i;
        t = s[j];s[j] = s[7];s[7] = s[j];
        puts(s);
}
```

程序输出结果为________。

A) prog　　B) p　　C) proram　　D) program

(6) 有以下程序：

```
#include "iostream.h"
void main()
{     char s[20] = {8,14,35,12,226,68,23,54,651,224};
      int i = 0,n = 0;
      while(s[i])
      { if(s[i] % 2 == 0 || s[i] % 5 == 0) n++ ;i++ ;}
      cout<<n<<","<<i<<endl;
}
```

程序输出结果为________。

A) 7,8　　B) 8,8　　C) 7,10　　D) 8,10

(7) 有以下程序：

```
#include "iostream.h"
void main()
{     char s[60],c = 'a';
      int i = 0;
      cin>>s;
      while(s[i]!=  '\0')
      {   if(s[i] == c) s[i] = s[i] - 32;
          else if(s[i] == c - 32) s[i] = s[i] + 32;
          i++ ;}
      cout<<s<<endl;
}
```

输入：MAya program

程序输出结果为________。

A) MayA　　B) MayA progrAm　　C) maYA　　D) maYA program

(8) 有以下程序：

```
#include "iostream.h"
void main()
{     int m[3][3] = {1,2,3,4,5,6,7,8,9};
      int i = 0;
      while(i<3)
      { cout<<m[2 - i][i];i++ ;}
}
```

程序输出结果为________。

A) 159　　B) 753　　C) 357　　D) 591

(9) 有以下程序:

```
#include "stdio.h"
void main()
{     int m[3][2] = {0},i;
      for(i = 0;i<3;i ++ )
        scanf(" %d",m[i]);
           printf(" %d, %d, %d\n",m[0][0],m[0][1],m[1][0]);
}
```

输入:1 2 3

程序输出结果为________。

A) 1,0,0　　　B) 1,0,2　　　C) 1,2,0　　　D) 1,2,3

3. 阅读程序

(1) 分析程序执行,写出输出结果。

```
#include "iostream.h"
#include "afx.h"
void main()
{
     CString    st1(' ',30);                         //产生 30 个空
     CString    st2("ABCDEFGHIJKLMNOPQRS");
     for(int i = 1;i< = 10;i ++ )
         cout<<st1.Left(10 - i)<<st2.Left(2 * i - 1)<<endl;
}
```

(2) 分析程序执行,写出程序完成的功能。

```
#include "iostream.h"
#include "afx.h"
void main()
{   CString st1("The There Then The Thara ");
    cout<<"st1 = "<<st1<<endl;
    st1.Replace("The ","定冠词");
    cout<<"st1 = "<<st1<<endl;
}
```

(3) 分析程序执行,写出程序完成的功能。

```
#include "iostream.h"
#include "math.h"
#include "afx.h"
void main()
{   CString s,sl('-',55);
    int i;
    float x;
    cout<< "                              数学函数表"<<endl;
    cout<<sl<<endl;
```

```
    cout<<"i          x        sin(x)      cos(x)    sqr(i)     exp(x)  "<<endl;
    for(i = 10;i< = 180;i = i + 10)
      {    x = i * 3.14259 / 180;
           s.Format(" %3d %10.5lf %10.5lf %10.5lf %10.5lf %10.5lf\n",
              i,x,sin(x),cos(x),sqrt(x),exp(x));
           cout<<s;
      }
}
```

(4) 分析程序执行，写出程序完成的功能。

```
#include "iostream.h"
#include "afx.h"
void main()
{     CString s[4] = {"Fortran","C/c++ ","Pascal","Visual Basic"},t;
       int i,j,m;
       for(i = 0;i<3;i ++ )
    {     m = i;
          for (j = i + 1;j<4;j ++ )
              if (s[j]<s[m]) m = j;
                 t = s[i];s[i] = s[m]; s[m] = t;
    }
    for (i = 0;i<4;i ++ )
          cout<<i<<"  "<<s[i]<<endl;
}
```

4. 编写程序

(1) 将一个字符从字符串中删除(假定没有重复字符)。

(2) 将一维数组 a[100]中满足条件的数存放到一维数组 b[100]中。

(3) 将 5×5 矩阵中对角线元素变为 0。

(4) 输入 10 名学生的学号和 3 门课的成绩，计算每个人的总分和平均成绩(用二维数组)。

(5) 输出二维数组中的鞍点(某行最大且该列最小)。

(6) 将字符串中小写字母转换成大写字母输出。

(7) 自己设计奖学金发放处理逻辑，输出 n 名学生中获各类奖学金的获奖条件明细，统计各类奖学金发放人数、金额，获奖学金总人数和总金额。

条件：英语达到四级、六级；计算机达到国家二级、三级

奖学金：院级 B 类/100
院级 A 类/200
校级 B 类/500
校级 A 类/800

(8) 输入 10 个国家的名称，按字母顺序排列输出。

第6章　指　针

学习导读

主要内容

指针是C/C++语言有别于其他编程语言的最显著特点之一，是C/C++语言的精华。通过指针可以很方便地处理数组、字符串和函数之间的数据传递。本章主要介绍指针定义、指针与一维数组、指针与二维数组、指针与字符串等内容。

学习目标

- 理解指针与地址的关系；
- 熟练掌握指针的定义和应用；
- 熟练掌握通过指针引用数组；
- 熟练掌握通过指针实现函数之间的参数传递。

重点与难点

重点：通过指针引用数组、实现函数之间的参数传递。

难点：指针的灵活应用。

6.1　指针变量与地址

在C/C++语言中，定义某一变量，编译系统会根据其类型在内存中分配一定字节的存储单元，每个字节都有地址，变量存储单元第一个字节的地址是存储单元的地址（首地址），指针变量就存储该地址（或称指针变量指向变量）。指针变量与简单变量一样，必须先定义后使用，指针变量是一个指针，其值是所指变量的地址。指针就是地址，地址就是指针。

6.1.1　指针变量的定义

指针变量定义与前面介绍的变量定义基本相同，其一般形式如下：

类型 *指针变量名；

说明：

① 类型，C/C++语言支持的数据类型，说明此指针变量只能存放该类型变量的地址。

② 指针变量名，与变量命名规则相同，遵循标识符命名规则。

③ *表示定义的是指针变量,区别于一般变量的定义。

④ 指针变量只能存放另一变量的地址。

例如:

```
int x = 211,y = 985;
int * f, * p;                    //定义两个指针变量 f 和 p
f = &x;                          //指针 f 指向变量 x(指针变量 f 中存放变量 x 的地址 &a),
p = &y;                          //指针 p 指向变量 y
```

分析:定义了两个可以指向整型变量的指针变量 f 和 p,f 和 p 中只能存放整型变量 x 和 y 的地址 &x 和 &y,x 可以用 *f 表示,y 可以用 *p 表示,如图 6-1 所示。

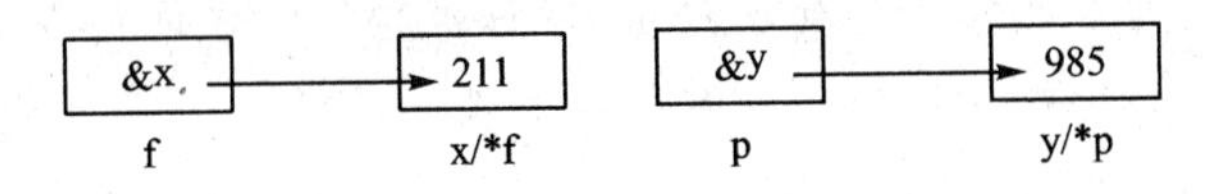

图 6-1 指针指向变量

指针变量的两个运算符:

① & 为取地址运算符。

② * 为指针运算符或间接引用运算符(取指针变量所指向变量的内容)。

6.1.2 指针变量的初始化

指针变量初始化,即在定义指针变量的同时,使其指向某个变量或数组。如果定义的指针没有初始化,则指针的指向是不确定的,一般设置为 NULL,不指向任何变量或数组。

正确的指针变量初始化:

```
int x = 211,y = 985;
int * f = &x, * p = &y;
```

错误的指针变量赋值:

```
int a, * f;
float b, * p;
 * f = 6;                        //指针变量 f 没有确定的指向
f = &b;                          //指针变量 f 只能指向整型变量
 * f = &a;                       //* f 是 int 型变量,&a 是整型变量的地址,不匹配
```

6.1.3 指针变量的引用

当指针变量定义且指向某变量后,引用变量主要有两种方式:

① 通过变量名直接引用变量(直接存取)。

② 通过指针变量间接引用所指的变量(间接存取)。

【例6-1】 阅读程序,写出运行结果,说明其中出现的*f的含义。

```
#include "iostream.h"
void main()
{     int x = 211,y = 985,z;
      int *f, *p, *q;
      f = &x; p = &y; q = &z;
      *q= *f + *p;
      cout<<"x = "<<x<<",y = "<<y<<",z = "<<z<<endl;
      ( *f) ++ ; ( *p) ++ ;
      z = x + y;
      cout<<"x = "<<x<<",y = "<<y<<",z = "<<z<<endl;
      cout<<" *f = "<< *f<<", *p = "<< *p<<", *q = "<< *q<<endl;
}
```

运行结果:

```
x = 211,y = 985,z = 1196
x = 212,y = 986,z = 1198
*f = 212, *p = 986, *q = 1198
```

分析:说明语句中的*f表示定义一个指针变量f,其他的*f表示指针变量f所指的变量x,即*f是变量x的另一种表示,出现x的地方均可以用*f代替。

*q= *f+ *p与z=x+y等价,(*f)++与x++等价,(*p)++与y++等价。

【例6-2】 使两个指针指向同一个变量(表示同一个变量),如图6-2所示。

方法1:

```
int x = 211;
int *f = &x, *p;
p = &x;
```

图6-2 两个指针指向同一变量

方法2:

```
int x = 211;
int *f = &x, *p;
p = f;
```

方法3:

```
int x = 211;
int *f, *p;
p = f = &x;
```

【例6-3】 键盘输入两名学生的“C/C++程序设计”考试成绩,比较并从高分到低分输出(用指针实现)。

算法 1:

```
#include "stdio.h"
void main()
{     int x,y,t;
      int *f, *p, *q;
      f = &x;p = &y;q = &t;
      printf(("输入 2 名学生的 C++ 成绩 :")
      scanf("%d,%d",f,p);              //f 代替 &x,p 代替 &y
      if(*f<*p)
      {     *q= *f; *f= *p; *p= *q;}
      printf("比较后排序:%d,%d\n", *f, *p);
}
```

```
输入 2 名学生的 C++ 成绩:76,92
比较后排序:92,76
```

算法 2:

```
#include "stdio.h"
void main()
{     int x,y;
      int *f, *p, *q;
      f = &x; p = &y;
      scanf("%d,%d",f,p);
      if(*f<*p)
      {    q=f;f=p;p=q;
      }
      printf("%d,%d\n", *f, *p);
}
```

分析:在算法 1 中,变量 x 和变量 y 的值有可能互相调换,而算法 2 中,变量 x 和变量 y 的值不发生改变,只是指向两个变量的指针指向有可能发生改变。

【例 6-4】 指向指针的指针,如图 6-3 所示。

```
#include "iostream.h"
void main()
{      int x=2015, *f, **p;
          f = &x;
          p = &f;
          cout<<"x = "<<x<<", *f = "<<*f<<", **p = "<<**p<<endl;
}
```

&f	→	&x	→	2015
p		f		x/*f/**p

图 6-3　指向指针的指针

运行结果：

```
x = 2015, * f = 2015, * * p = 2015
```

分析：程序中定义了2个指针f和p，p指向f（p中存放f的地址），f指向x（f中存放x的地址），变量x可以用*f表示，又可以用**p表示。

6.2　指针与数组

数组在内存中占连续的存储单元，每个数组元素所占存储单元都有地址，数组名代表数组的首地址（第一个元素的地址），指针就是地址（地址就是指针），指针变量存放变量的地址，因此通过指针可以很灵活地处理数组或数组元素。

6.2.1　指针与一维数组

在C/C++语言中提供3种方式引用数组元素：

① 下标方式：数组名[下标]，用下标引用数组中的不同元素。

② 地址方式：*（地址），用地址引用数组中的不同元素。

③ 指针方式：*指针变量名，用指针引用数组中的不同元素。

设有定义：

```
int x[6] = {1,2,3,4,5,6}, * f = x;
```

则如下的等价关系成立：

① f <=> x <=> &x[0]。

② f+i<=> &x[i]。

③ *(f+i)<=> *(x+i)<=> x[i]。

④ 指针可以作数组名用（指针可以带下标），即：f[i]<=>x[i]

说明：当指针指向连续存储单元时，能进行加或减一个整数的运算，但应保证运算后的地址值不超出原连续存储单元的地址范围；当两个指针指向同一个连续存储单元时，对这两个指针可以进行相减的运算，如f=&x[0]，p=&x[5]，p-f的结果为5。

【例6-5】 阅读程序，分析算法实现，如图6-4所示。

```
#include "iostream.h"
#include "iomanip.h"
void main()
{     int m[6] = {1,2,3,4,5,6};
      int * f = m;                  //或 int * f = &m[0];
      for(i = 0;i<6;i ++ )
          cout<<setw(3)<<m[i];
```

```
    cout<<endl;
    for(i = 0;i<6;i ++ )
        cout<<setw(3)<<f[i];          //指针可以带下标
    cout<<endl;
    for(i = 0;i<6;i ++ )
        cout<<setw(3)<< * f ++ ;
    cout<<endl;
    f = m;
    for(i = 0;i<6;i ++ ,f ++ )
        cout<<setw(3)<< * f;
    cout<<endl;
    f = m;
    for(i = 0;i<6;i ++ )
        cout<<setw(3)<< * (f + i);
    cout<<endl;
    for(f = m;f<m + 6;f ++ )
        cout<<setw(3)<< * f;
    cout<<endl;
}
```

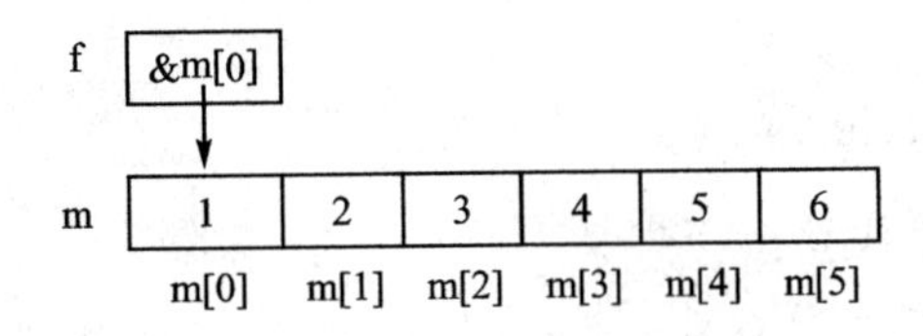

图 6-4　指针指向一维数组

运行结果：

```
1  2  3  4  5  6
1  2  3  4  5  6
1  2  3  4  5  6
1  2  3  4  5  6
1  2  3  4  5  6
1  2  3  4  5  6
```

思考：程序中的 6 个循环均实现了数组元素的输出。请思考其中第 1、2、5 个循环与其他 3 个循环有何区别(针对指针)？在程序中为何多次出现“f=m;”语句？

注意：

① f 与 m 的区别：

- f 是地址变量，而 x 是地址常量。
- f++、f--、f=f+3 是正确的，而 m++、m=m+3 是错误的。

② *f++与(*f)++区别：

- ＊f＋＋的＋＋运算符作用于指针变量。
- (＊f)＋＋的＋＋运算符作用于指针变量所指对象。

【例6-6】 设有如下定义：

```
int m[8] = {1,101,201,301,401,501,601,701}, * f = m + 2;
```

输出结果：

```
cout<< * f + + <<endl;                    //输出 201
cout<< * f<<endl;                         //输出 301
cout<<( * f) + + <<endl;                  //输出 301
cout<< * f<<endl;                         //输出 302
```

【例6-7】 阅读程序，分析下面代码实现的功能及过程。

```
#include "iostream.h"
#include "iomanip.h"
void main()
{
    int m[8] = {1,11,21,31,41,51,61,71}, * f, * p,t;
    f = &m[0]; p = &m[7];
    while(f<p)
    {
        t = * f; * f = * p; * p = t;
        f ++ ; p -- ;
    }
    for(i = 0;i<8;i ++ )
        cout<<setw(3)<<m[i];
    cout<<endl;
}
```

运行结果：

```
71 61 51 41 31 21 11  1
```

思考：请同学自行分析程序段实现过程。其中能否将变量t也定义成指针变量？

【例6-8】 阅读程序，写出程序结果。

```
#include "iostream.h"
#include "iomanip.h"
void main()
{
    int x[] = {11,12,13,14,15,16},y[] = {11,12,13,14,15,16},z[6],i;
    int * f = z, * p = y, * q = z;
    for(i = 0;i<6;i ++ )
```

```
        *q++ = *f++  +  *p++;
    for(q = z;q<z + 6;q++)
        cout<<setw(4)<<*q;
}
```

运行结果：

```
22 24 26 28 30 32
```

分析："*q++=*f++ + *p++;"等价于"*q=*f + *p; q++; f++; p++;"。

思考："for(q=z;q<z+6;q++)"能否修改为"for(q=z;q<q+6;q++)"？

6.2.2 指针与二维数组

二维数组在内存中按行被分配连续的存储单元，通过指针也可以实现对二维数组元素的操作。用指针引用二维数组元素有两种方式：指针变量引用，指针数组引用。

设有定义："int m[2][3];"，如图 6-5 所示。

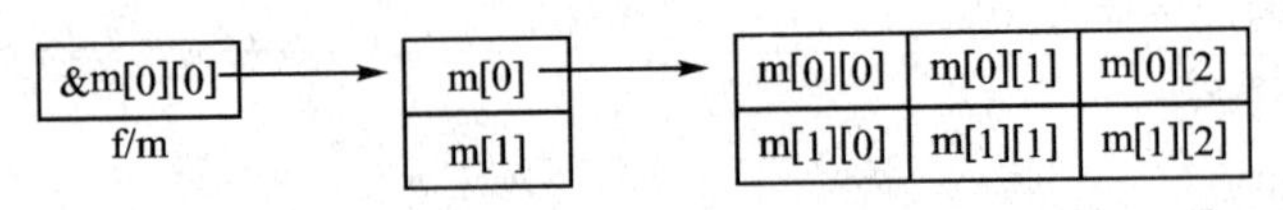

图 6-5 指针与二维数组

说明：

① 数组名 m 可以解释为指向 int 类型的二级指针常量，m 可以看成是由两个元素 m[0]、m[1]构成的一维数组。

② m[0]可看成是由 m[0][0]、m[0][1]、m[0][2]三个整型变量组成的一维数组，可将 m[0]解释为指向 int 类型的一级指针常量，m[1]具有 m[0]相同的性质。

1. 指针变量引用数组元素

【例 6-9】 如图 6-6 所示，通过 f 指针显示二维数组的各元素。

```
#include "iostream.h"
#include "iomanip.h"
void main()
{     int m[2][3] = {1,2,3,4,5,6}, * f = m
      [0];
      for(int i = 0;i<6;i++,f++)
      {     cout<<setw(3)<<*f;
            if((i + 1) % 3 == 0)
                cout<<endl;
      }
```

f	→	值	元素
f	→	1	m[0][0]
		2	m[0][1]
		3	m[0][2]
		4	m[1][0]
		5	m[1][1]
		6	m[1][2]

图 6-6 指针变量引用数组元素

```
}
```

运行结果：

```
1  2  3
4  5  6
```

注意：二级指针地址不能赋值给一级指针变量，“int m[2][3], * f=m;”是错误的。

2. 指针数组引用数组元素

指针数组的一般形式如下：

数据类型 *数组名[下标]

说明：数组中的每个元素都是指针。

设有定义：

```
int m[2][3], * f[2] = {m[0],m[1]};
```

如图 6－7 所示，要引用 m[i][j]元素，可以用指针数组来表示：“ * (f[i]+j)”或“ * (* (f+i)+j)”。

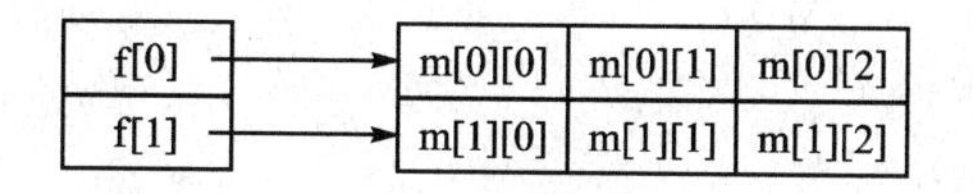

图 6－7　指针数组引用数组元素

注意：

指针数组名 f 与二维数组名 m 都是二级指针的概念，区别在于：m[i]是地址常量，f[i]是地址变量。

【例 6－10】 分行输出二维数组元素(通过指针)。

```
#include"iostream.h"
#include "iomanip.h"
void main()
{    int m[2][3] = {11,12,13,14,15,16},( * f)[3],i,j;
     f = m;
     for(i = 0;i<2;i ++ )
     {    for(j = 0;j<3;j ++ )
               cout<<setw(4)<<f[i][j];
          cout<<endl;
     }
}
```

运行结果：

```
11  12  13
14  15  16
```

int (*f)[3]与 int *f[3]的区别如下：

① “int (*f)[3];”定义的是行指针，要求 f 后面[]中的值与数组 m 的列数相等。f+1 表示下一行第 1 个元素 m[1][0]的地址。

② “int *f[3];”定义的是含有 3 个元素的指针数组，每个元素都是一个指针。

【例 6-11】 分行输出二维数组(指针数组引用数组元素)。

```
#include"iostream.h"
#include "iomanip.h"
void main()
{     int m[2][3] = {11,12,13,14,15,16}, *f[2] = {m[0],m[1]},i,j;
      for(i = 0;i<2;i ++ )
      {     for(j = 0;j<3;j ++ )
                 cout<<setw(4)<< *(f[i] + j);
            cout<<endl;
      }
}
```

运行结果：

```
11  12  13
14  15  16
```

6.3 指针与字符串

在 C/C++语言中，字符串存储在字符数组中，不仅可以通过字符数组处理字符串，也可以用指针处理字符串。

【例 6-12】 通过指针输出字符串。

```
#include"iostream.h"
void main()
{     char *f = "2014 APEC  北京";
      f+ = 5;                          //指针 f 移动，指向"A"字符。
      cout<< *f<<endl;                 //*f 表示指针 f 所指的字符"A"
      cout<<f<<endl;                   //指针 f 表示子串" APEC  北京"
}
```

运行结果：

```
A
```

```
APEC  北京
```

【例 6-13】 输入一字符串,用指针方式逐一显示字符,并求字符串长度。

```
#include "iostream.h"
#include "stdio.h"
void main()
{     char s[80], *f;
      cout<<"输入字符串："<<endl;
      gets(s);
      f = s;
      cout<<"输出字符串："<<endl;
      while(*f!='\0')
           cout<<*f++;
      cout<<"\n字符串长度: "<<f-s<<endl;
}
```

```
输入字符串：
   Visual C++ 6.0
输出字符串：
   Visual C++ 6.0
字符串长度：13
```

提示：程序中,gets(s)不能改写为 gets(f)。

思考：f－s 为何是字符串的长度？

【例 6-14】 通过指针实现字符串连接。

```
#include "iostream.h"
void main()
{     char s1[100] = "中国 2014  北京 APEC ",s2[] = "展国威!", *f, *p;
      f = s1; p = s2;
      while(*f!='\0')
           f++;
      while(*p!='\0')
      {     *f = *p; f++; p++;
      }
      *f = '\0';
      f = s1;
      cout<<"连接后的字符串：\n"<<f<<endl;
}
```

```
连接后的字符串：
   中国 2014  北京 APEC  展国威!
```

思考：程序中,输出之前的“f＝s1;”语句的作用是什么？如果去掉此语句,结果如何？又如何输出连接后的字符串？能否不用字符数组，直接定义指针初始化指向字符串？如果键盘输入字符串，程序如何修改？

【例 6-15】 定义字符指针数组，输出字符串。

```
#include "iostream.h"
void main()
{
    char * s[] = {"Office","Access","Excel","Word"};
    int i;
    for(i = 0;i<4;i ++ )
        cout<<s[i]<<endl;
}
```

运行结果：

```
Office
Access
Excel
Word
```

分析："char * s[]"定义指针数组，每个元素 s[i]均是字符指针并且指向字符串。字符串按实际长度存储，以 '\0' 表示每个字符串的结束，采用交换指针值的方法改变指针的指向，如图 6-8 所示。

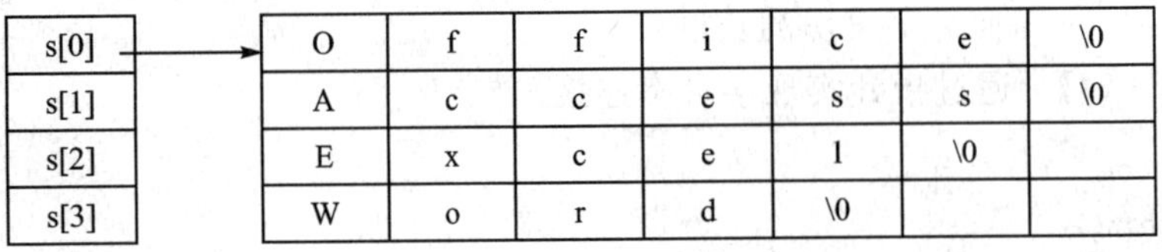

指针							
s[0] →	O	f	f	i	c	e	\0
s[1]	A	c	c	e	s	s	\0
s[2]	E	x	c	e	l	\0	
s[3]	W	o	r	d	\0		

图 6-8 字符指针数组与字符串

【例 6-16】 阅读分析下面程序，与例 6-15 程序进行比较。

```
#include "iostream.h"
void main()
{   char * s[] = {"Office","Access","Excel","Word"}, * * f = s;
    int i;
    for(i = 0;i<4;i ++ )
        cout<< * f ++ <<endl;
}
```

运行结果：

```
Office
Access
```

```
Excel
Word
```

分析：学生自己完成。

本章小结

指针就是地址，地址就是指针。指针变量存储变量或数组的地址，通过指针可以间接访问变量、数组或字符串。数组名是地址常量，不能自增或自减运算；指针变量则可以自增和自减运算。指针数组的每个元素均是指针，定义字符指针数组，可以处理多个字符串问题。

习　题

1. 填空题

(1) 数组名是＿＿＿＿＿＿常量，代表数组的＿＿＿＿＿＿。

(2) 如有“char ＊f＝"C＋＋程序设计";”指针变量 f 中存放＿＿＿＿＿＿。

(3) 如有“int a,＊f＝&a;＊f＝6;”中均含＊f，二者含义＿＿＿＿＿＿。

(4) 有指针 f，＊(f＋2)与＊f＋2 的含义＿＿＿＿＿＿。

(5) 有“int b[10],＊f＝b;”，若数组的首地址为 3000，则执行“f＋＝3;”后指针所指元素地址是＿＿＿＿＿＿。

(6) 变量和指针可以实现自增或自减运算，数组名 a＿＿＿＿＿＿实现 a＋＋或 a－－运算？

(7) 有如下定义和语句：

```
int x[3][2] = {1,2,3,4,5,6},( * p)[2];
p = x;
```

则＊(＊(p＋2)＋1)的值是＿＿＿＿＿＿。

(8) 从输入的 5 个字符串中找出最长的字符串。

```
#include"iostream.h"
#include"stdio.h"
#include"string.h"
void main()
{     char s[5][80], * p;
      int i;
      for(i = 0;i<5;i ++ )   gets(s[i]);
      p = s[0];
      for(i = 1;i<5;i ++ )
```

```
        if(strlen(p)<strlen(s[i])) ___________;
    cout<<"最长的字符串："<<p<<endl;
}
```

2. 选择题

(1) 下面程序段运行的结果是________。

```
char s[] = "CHINA", * p = s;
printf(" % d\n", * (p + 5);
```

A) 65　　B) 0　　C) 字符 'A' 的地址　　D) 字符 'A'

(2) 下面正确的是________。

A) char * p="boy";等价于 char * p; * p="boy";

B) char s[3]="boy";等价于 char s[]="boy";

C) char * p="boy";等价于 char * p; p="boy";

D) char a[4]="boy", b[4]="boy";等价于 char a[4]=b[4]="boy";

(3) 如有"int a[]={1,2,3,4,5}, * p=a,i;",其中 0≤i≤4,则对数组元素不正确引用的是________。

A) a[p-a]　　B) * (&a[i])　　C) p[i]　　D) a[5]

(4) 下面程序段的运行结果是________。

```
char * s = "china";
s = s + 2;
printf(" % d\n",s);
```

A) ina　　B) 字符 'i'　　C) 字符 'i' 的地址　　D) 无确定输出结果

(5) 下面不正确的是________。

A) char s[10]="boy" ;　　B) char s[10], * p=s;p= "boy";

C) char * p ; p="boy";　　D) char s[10], * p;p=s= "boy";

(6) 有定义："int x,y, * f, * p;",则下面错误的是________。

A)f=&x;　　B) p=&y;　　C) f=p;　　D) f=x;

(7) 有定义："int x=1,y, * p;",则下面正确的是________。

A) p=&y; scanf("%d",&p);　　B) p=&y; scanf("%d", * p);

C) scanf("%d",&y); * p=y;　　D) p=&y; * p=x;

(8) 有定义："int m[8], * p=m;",则 p+3 表示________。

A) 数组元素 m[3]的值　　B) 数组元素 m[3]的地址

C) 数组元素 m[4]的地址　　D) 数组元素 m[0]的值加上 3

(9) 有"int a[5][6];",则对数组元素的正确引用是________。

A) * (* (a+i)+j)　　B) (a+i)[j]　　C) * (a+i+j)　　D) * (a+i)+j

3. 分析程序,写出程序运行结果

(1) 程序如下：

```
#include"iostream.h"
void main()
{     char *f = "Microsoft Office2007", *p;
      p = f;
      f+ = 10;
      cout<< *p<<endl;
      cout<<f<<endl;
}
```

(2) 程序如下：

```
#include"iostream.h"
#include"iomanip.h"
void main()
{     int m[10] = {10,11,12},i;
      int *f = m, *p = &m[9];
      *(f+3) = 13; *(p-5) = *(f+3)+1;
      for(i = 5;i<10;i++)
          *(f+i) = 80+i;
      cout<< *(f+2)<<endl;
      cout<< *(&m[8])<<endl;
      for(i = 3;i<8;i++)
         cout<<setw(4)<< *(m+i)<<endl;
      cout<<"\n"<<p-m<<endl;
      cout<<"\n"<<p-f<<endl;
      while(p>&m[4])
         cout<< *p-- <<endl;
      cout<<p-m<<endl;
}
```

(3) 程序如下：

```
#include"iostream.h"
#include"string.h"
void main()
{     char *f1 = "boy",f2 = "BOY",s[80] =  "new";
      strcpy(s+2,strcat(f1,f2));
      cout<<s<<endl;
}
```

(4) 程序如下：

```
#include"iostream.h"
void main()
{     char s[] = "Microsoft", *p;
```

```
    p = s;
    while( *p!= 's')
    {  cout<<*p-32<<endl; p++ ;  }
}
```

(5) 程序如下：

```
#include"iostream.h"
void main()
{     int m[] = {101,202,303,404,505,606,707,808,909}, *f = &m[2], *p = f + 2;
      cout<<*f + *p<<endl;
}
```

(6) 程序如下：

```
#include"iostream.h"
void main()
{     int m[] = {101,202,303,404,505}, *f = m, **p = &f;
      cout<<*(f++)<<endl;
      cout<<**p<<endl;
}
```

4. 编写程序

(1) 输入 3 个数,比较输出最大值(用指针)。

(2) 利用指针变量和字符数组,将输入的一行字符串中所有的汉字删除。

(3) 将字符串中小写字母转换成大写字母输出(用指针)。

(4) 将键盘输入的数插入在一个有序数列中后仍然有序(用指针)。

(5) 在字符串中查找最小字符并输出(用指针)。

第7章　函　数

学习导读

主要内容

函数是模块化程序设计中实现特定功能的一段代码。程序设计时，不仅可以调用系统提供的标准库函数，也可以调用自己编写的函数。本章主要介绍函数的定义、调用、说明、参数传递、递归调用、函数参数缺省、函数重载、函数模板、变量的作用域和存储类别。

学习目标

- 熟练掌握函数的定义和应用；
- 熟练掌握函数的递归调用；
- 熟练掌握函数重载应用；
- 熟练掌握变量的作用域和存储类别。

重点与难点

重点：函数的定义、调用、参数传递、函数重载、函数模板。

难点：函数的递归调用和函数模板应用。

7.1　函数的定义、调用和原型说明

一个C/C++程序可由一个主函数和若干个其他函数构成，由主函数调用其他函数，其他函数之间也可以互相调用。函数具有代码重用、提高编写效率和利于程序维护等诸多优点。

7.1.1　函数引例

【例7-1】　键盘输入6名学生的“C++程序设计”考试成绩，比较输出最高成绩。

```
#include "iostream.h"
void main()
{     int s1,s2,s3,s4,s5,s6,s_max;
      cout<<"输入6名学生的C++成绩:"<<endl;
      cin>>s1>>s2>>s3>>s4>>s5>>s6;
      s_max = s1;
```

```
    if(s2>s_max) s_max = s2;
    if(s3>s_max) s_max = s3;
    if(s4>s_max) s_max = s4;
    if(s5>s_max) s_max = s5;
    if(s6>s_max) s_max = s6;
    cout<<"最高成绩:"<<s_max<<endl;;
}
```

分析：两个成绩的比较(算法比较简单)在程序中 5 次重复出现。如果将两个成绩的比较算法独立出来编写一个函数进行多次调用，代码修改如下：

```
#include "iostream.h"
int max(int x,int y)                    //定义求两个数最大值函数
{   int z;
    if(x>y)
        z = x;
    else
        z = y;
    return z;                           //返回函数值
}
void main()
{   int s1,s2,s3,s4,s5,s6,s_max;
    cout<<"输入 6 名学生的 C++ 成绩:"<<endl;
    cin>>s1>>s2>>s3>>s4>>s5>>s6;
    s_max = max(s1,s2);                 //函数调用
    s_max = max(s_max,s3);
    s_max = max(s_max,s4);
    s_max = max(s_max,s5);
    s_max = max(s_max,s6);
    cout<<"最高成绩:"<<s_max<<endl;
}
```

在一个程序或多个程序中，如果将多次进行相同计算处理操作编写一个函数(Function)进行调用，具有如下特点：

- 函数具有相对独立的功能；
- 函数之间通过参数(输入)和返回值(输出)进行联系；
- 代码重用，节省内存；
- 程序模块化，易于理解；
- 分工开发，提高效率；
- 利于程序维护。

从用户使用的角度，函数有两种：库函数和自定义函数。

(1) 库函数

由C/C++语言的编译系统提供,用户可以直接调用。库函数是预先定义好的,放在相应的头文件中。调用时,只需用#include命令把相应的头文件包含到程序中即可,用户无需自己定义。库函数只提供了最基本、通用的一些函数,不能完全满足实际应用中的所有需要,大部分函数还需要用户自己编写。

(2) 自定义函数

由用户根据实际需要自己设计编写,实现指定的功能。如例7-1中的max函数。

从函数的形式来看,函数可分为两类:无参函数和有参函数。

无论是无参函数还是有参函数,都完成特定的功能。有参函数通过参数进行函数间的数据传递,并且可以借助参数返回多个值(函数通过return一次只能返回一个函数值)。

7.1.2 函数定义

函数必须先定义后使用,其一般定义形式如下:

```
函数类型 函数名([类型 形式参数1,类型 形式参数2,…])
{ 函数体 }
```

说明:

① 函数类型是指函数返回值的数据类型,无返回值的函数其函数类型为void型。

② 形式参数可以为空,但圆括号不能省略。

③ 函数体中不允许再嵌套定义函数。

根据函数是否返回函数值,函数又分为非void型函数和void型函数:

(1) 非void型函数

函数体中必须有return语句,一般形式如下:

```
return 表达式;
```

或

```
return(表达式);
```

作用:用于返回函数值。return只能返回一个函数值,表达式值的类型与函数类型最好一致。

(2) void型函数

void(无类型或空类型),函数体中return语句可以不出现。若出现,则不允许带表达式。

【例7-2】 编写函数,返回两个数的最大值(改写例7-1中的max函数)。

```
int max(int x,int y)                    //带参数,定义求两个数最大值函数
{    return x>y? x:y;        }          //有函数返回值
```

【例 7-3】 编写函数,输出一行 n 个"*"。

```
void fun(int n)                         //带参数,无返回值,只输出一行 n 个"*"
{    int i;
     for(i = 1;i< = n;i ++ )
        cout<<" * ";
     cout<<endl;
}
```

【例 7-4】 编写函数,输出一行 40 个"*"。

```
void fun()                              //无参数,无返回值,只输出一行 40 个"*"
{    int i;
     for(i = 1;i< = 40;i ++ )
        cout<<" * ";
     cout<<endl;
}
```

【例 7-5】 编写函数,实现一维数组的每个元素加其下标。

```
void fun(int m[],n)                  //有参数,无返回值,但实参(元素)值发生变化
{    int i;
     for(i = 0;i<n;i ++ )
        m[i] = m[i] + i;
     }
```

注意: 上述几个例题,只是说明函数如何定义(有参数或无参数、有返回值或无返回值),要想实现函数功能,必须完善程序,编写其他函数调用执行这些函数。

7.1.3 函数调用

函数定义后,只有调用执行才能实现其功能。函数调用的一般形式如下:

函数名(实参 1,实参 2,…)

说明:

① 调用时函数名要一致。

② 实参与形参的个数、位置与类型必须一致。它可以是同类型的常量、变量或表达式。

③ 实参与形参可以同名,但占不同的存储单元。

④ 调用的形式可以是表达式,也可以是语句。

⑤ 函数定义中的形参只有当发生函数调用时,才被分配内存单元。

注意：数据的输入或输出一般在主函数或调用函数中完成。

【例7-6】 编写函数max，比较并返回两个整数的最大值。

```
#include "iostream.h"
int max(int x,int y)                    //函数定义，变量x、y作形参
{     int z
      if(x>y) z = x; else z = y;
      return z;
}
void main()
{
      int a,b,m;
      cout<<"输入2个数：";
      cin>>a>>b;
      m = max(a,b);                     //函数调用，变量a、b作实参
      cout<<"两个数的最大值："<<m<<endl;
}
```

max函数调用过程如图7-1所示。

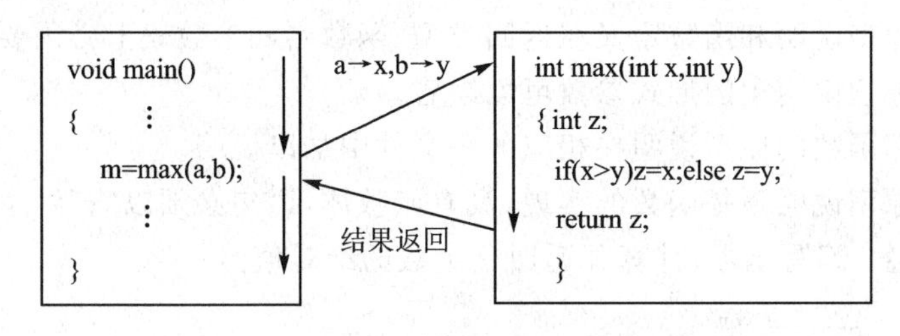

图7-1　函数调用过程

【例7-7】 完善程序编写，实现调用例7-3中的fun函数。

```
#include "iostream.h"
void fun(int n)                         //有参数，无函数值返回，只输出一行n个"*"
{     int i;
      for(i = 1;i< = n;i ++ )
          cout<<" * ";
      cout<<endl;
      }
      void main()
      {   int i;
          for(i = 1;i<6;i ++ )
          fun(i);                       //有参函数调用，实参i决定一行多少个"*"
}
```

运行结果：

```
*
**
***
****
*****
```

7.1.4 函数原型说明

函数一般遵循先定义后调用的原则,如果调用在前,定义在后,必须在调用之前进行函数原型说明,否则编译系统会指出函数未定义的错误信息。

函数原型说明的一般形式如下:

函数类型 函数名([类型 形式参数 1,类型 形式参数 2,…]);

或

函数类型 函数名([类型 1,类型 2,…]);

说明:

① 函数原型说明可以在调用该函数的函数体内出现,也可以在函数体外出现。

② 函数原型说明和函数定义在返回类型、函数名和参数表上必须要完全一致。

③ 函数原型说明中的形式参数可以缺省。

④ 标准库函数的原型说明在相应的头文件中加以说明。

⑤ 函数原型说明不是函数的实现,没有函数体,语句必须以";"结束。

【例 7-8】 编写函数,计算并返回一个数的绝对值。

```
#include "iostream.h"
void main()
{     int x,y;
      cout<<"输入一个数:"?;
      cin>>x;
      int absfun(int x);              //函数原型说明,或 int absfun(int);省略形式参数
      y = absfun(x);                  //函数调用
      cout<<x<<"的绝对值:"<<y<<endl;
}
int absfun(int x)                     //允许形参与实参同名,但占用不同的存储单元
{     return x>0? x: - x;    }
```

或

```
#include "iostream.h"
int absfun(int x);                    //函数原型说明,或 int absfun(int);省略形式参数
void main()
{     int x,y;
```

```
    cout<<"输入一个数："?;
    cin>>x;
    y = absfun(x);                    //函数调用
    cout<<x<<"的绝对值："<<y<<endl;
    }
int absfun(int x)
{   return x>0? x:-x;  }
```

```
输入一个数：-168
-168 的绝对值：168
```

注意：函数原型说明是说明语句，不是函数的实现，没有函数体，语句必须以“;”结束。

7.2 函数之间的参数传递

参数是调用函数与被调用函数之间交换数据的通道。在 C/C++语言中，参数传递主要有值传递和地址传递两种方式，参数可以是基本数据类型的变量、引用、数组名和指针等。

7.2.1 值传递

值传递就是实参传递给形参的值是单方向的值传递，参数是一般变量，形参的改变不会影响实参的值，被调用函数是通过 return 返回值影响调用函数。

【例 7-9】 结合输入数据和输出结果，分析下面函数之间的参数传递。

```
#include "iostream.h"
int fun(int a,int b)
{   a++ ; b++ ;
    return a + b;                     //返回函数值
}
void main()
{   int a,b,c;
    cout<<"输入 2 个数:";
    cin>>a>>b;
    c = fun(a,b);                     //函数调用
    cout<<"a = "<<a<<",b = "<<b<<endl;
    cout<<"c = "<<c<<endl;
}
```

```
输入 2 个数：211 985
a = 211,b = 985
c = 1198
```

分析：函数调用时，系统为形参 a 和 b 分配独立的存储单元（即使形参与实参同名），同时将实参 a 和 b 的值分别传递给形参 a 和 b，形参完成 a++和 b++操作，形参 a 和 b 分别变为 212 和 986，返回函数值为 212+986，函数调用结束，分配给形参 a 和 b 的存储单元被释放，实参 a 和 b 的值并没有因为形参的改变而受影响，因此，主函数中输出的 a 和 b 的值仍然为 211 和 985。

【例 7-10】 结合输入数据和输出结果，分析下面函数之间的参数传递。

```
#include "iostream.h"
void fun(int m,int n)
{    int t;
     t = m; m = n; n = t;
}
void main()
{   int m,n;
    cout<<"输入 2 个数：";
    cin>>m>>n;
    fun(m,n);                          //函数调用
    cout<<"m = "<<m<<",n = "<<n<<endl;
}
```

```
输入 2 个数：2014 2015
m = 2014,n = 2015
```

分析：请同学自行验证分析，为何没有实现实参 m 和 n 值的调换。

7.2.2 地址传递

单方向值传递的函数调用，其形参的变化不影响实参，并且是通过 return 返回一个函数值给调用函数，如果程序需要从被调用函数返回多个值或者希望形参的改变能影响实参的值，只能通过变量引用、数组名和指针等作为函数参数以传址的方式来实现。传址方式所传递的是变量的地址（形参和实参都是变量的地址），在被调用函数中，形参的改变影响实参的值，即操作形参就是操作实参。

1. 引用参数

引用参数就是形参是变量引用，形参与实参共享同一个存储单元，对形参的操作就是对实参的操作。形参是引用，实参必须是变量名。

【例 7-11】 分析下面函数之间的参数传递和运行结果。

```
#include "iostream.h"
void fun(int &m,int &n)                //形参是变量引用
{    int t;
     t = m;m = n;n = t;
}
```

```
void main()
{    int a,b;
     cout<<"输入 2 个数：";
     cin>>a>>b;
     cout<<"函数调用前：a = "<<a<<",b = "<<b<<endl;
     fun(a,b);                                          //函数调用
     cout<<"函数调用后：a = "<<a<<",b = "<<b<<endl;
}
```

```
输入 2 个数：2014 2015
函数调用前：a = 2014,b = 2015
函数调用后：a = 2015,b = 2014
```

分析：在例 7－10 中，并没有通过函数调用实现实参 m 和 n 值的调换，因为参数的传递是单方向值传递（虽然形参改变，但在函数调用结束时，分配给形参的存储单元被释放），没有影响实参的值。在本例中，形参是变量引用，引用的是实参的别名，形参 m 与实参 a 共享同一个存储单元，形参 n 与实参 b 共享同一个存储单元，形参 m 和 n 值的交换就是实参 a 和 b 的交换。

2. 指针参数

指针如果指向变量或数组，就可以用指针间接访问变量或数组（元素）。改变形参指针所指变量的值即改变实参的值。形参为指针变量，实参一定是地址（变量地址、数组名或指针）。

【例 7－12】 分析下面函数之间的参数传递和运行结果。

```
#include "iostream.h"
void fun(int *f,int *p)
{    int t;
     t = *f; *f = *p; *p = t;
}
void main()
{    int a,b;
     cout<<"输入 2 个数：";
     cin>>a>>b;
     cout<<"函数调用前：a = "<<a<<",b = "<<b<<endl;
     fun(&a,&b);                                        //函数调用，实参是变量的地址
     cout<<"函数调用后：a = "<<a<<",b = "<<b<<endl;
}
```

```
输入 2 个数：2014 2015
函数调用前：a = 2014,b = 2015
函数调用后：a = 2015,b = 2014
```

分析：通过函数调用，实现了变量 a 和变量 b 的值调换。将实参 b 的地址 &a 传给

指针形参 f,即形参指针 f 指向实参 a(实参 b 的地址 &b 传给指针形参 p,即形参指针 p 指向实参 b),*f 表示 a,*p 表示 b,*f 和 *p 值的调换即是变量 a 和 b 值的调换。

【例 7-13】 分析下面函数的调用及运行结果。

```
#include "iostream.h"
void add(int a,int b,int *c)
{     *c = a + b;
}
void main()
{     int x,y,z,m,n;
      cout<<"输入 3 个数：";
      cin>>x>>y>>z;
      add(x,y,&m);add(z,m,&n);                //函数调用
      cout<<"m = "<<m<<",n = "<<n<<endl;
}
```

```
输入 3 个数：11 12 13
m = 23,n = 36
```

分析：add(x,y,&m)函数调用时,将实参 m 的地址 &m 传给对应的形参指针变量 c,则此时 *c 表示 m,"*c=a+b;"相当于"m=a+b;",即 m=x+y=23。同理,add(z,m,&n)函数调用,相当"n=z+m;"即 n=36。

【例 7-14】 编写函数,将数组每个元素(值)加其下标。

```
#include "iostream.h"
#include "iomanip.h"
void fun(int *p,int n)                    //形参为指针
{     int i;
      for(i = 0;i<n;i ++ )
          p[i] = p[i] + i;                //指针可以带下标
}
void main()
{     int m[] = {11,22,33,44,55},i;
      fun(m,5);                           //实参为数组
      for(i = 0;i<5;i ++ )
      cout<<setw(3)<<m[i];
}
```

运行结果：

```
11 23 35 47 59
```

分析：调用函数 fun(m,5),将实参数组 x 的首地址传递给形参指针,形参指针指向数组元素 m[0],指针可以带下标,执行"p[i]=p[i]+i;",相当于执行"m[i]=

m[i]+i;”,如图 7-2 所示。

&m[0] →	11/11	m[0]
p	22/23	m[1]
	33/35	m[2]
	44/47	m[3]
	55/59	m[4]

图 7-2　形参指针指向数组

【例 7-15】　编写函数,将 n 个数按从小到大(递增)的顺序进行排序。

```
#include "iostream.h"
#include "iomanip.h"
void sort(int *p,int n) //形参为指针
{     int i,j,k,t;
      for (i=0;i<n-1;i++ )
      {    k=i;
           for(j=k+1;j<n;j+ + )
               if(p[k]>p[j]) k=j;
           t=p[i];p[i]=p[k];p[k]=t;
      }
}
void main()
{     int i,m[100],*f=m;
      cout<<"输入数据的个数(≤100):";
      cin>>n;
      cout<<"输入"<<n<<"个数据:";
      for(i=0;i<n;i++)
           cin>>m[i];
      cout<<"排序前:"<<endl;;
      for(i=0;i<n;i++)
      cout<<setw(4)<<m[i];
           cout<<endl;
      sort(f,8);                          //实参为指针
      cout<<"排序后:"<<endl;;
      for(i=0;i<n;i++)
           cout<<setw(4)<<m[i];
      cout<<endl;
}
```

```
输入数据的个数 n(≤100):7
输入 7 个数据:606 303 808 505 101 404 707
排序前:606 303 808 505 101 404 707
排序后:101 303 404 505 606 707 808
```

分析:在主函数中指针 f 指向数组 m,以指针 f 作实参,将数组 m 的首地址传递给形参指针 p,即形参指针 p 也指向数组 m,在 sort 函数中,通过 p 指针实现对 m 数组的排序。

3. 数组名作参数

形参为数组名,实参可以是数组(名)或指针变量。数组(名)作实参,是将数组的

首地址传递给形参数组,形参数组与实参数组共享同一连续存储单元,形参数组(元素)的改变,就是对应实参数组(元素)的变化。

【例 7-16】 用数组作形参,改写例 7-14 被调用的函数。

```
#include "iostream.h"
#include "iomanip.h"
void fun(int a[],int n)                    //形参为数组名
{     int i;
      for(i=0;i<n;i++)
          a[i]=a[i]+i;
}
void main()
{     int m[]={11,22,33,44,55},i;
      fun(m,5);                            //实参为数组
      for(i=0;i<5;i++)
      cout<<setw(3)<<m[i];
}
```

运行结果:

```
11 23 35 47 59
```

分析:函数调用前,数组 m 分配存储单元如图 7-3 所示。调用函数 fun(m,5),将实参数组 m 的首地址传递给形参数组 a,形参数组 a 与实参数组 m 共享相同的存储单元,如图 7-4 所示。对形参数组 a 元素的操作就是对实参数组 m 元素的操作,形参数组 a 元素的改变直接影响实参数组 m 元素的变化。

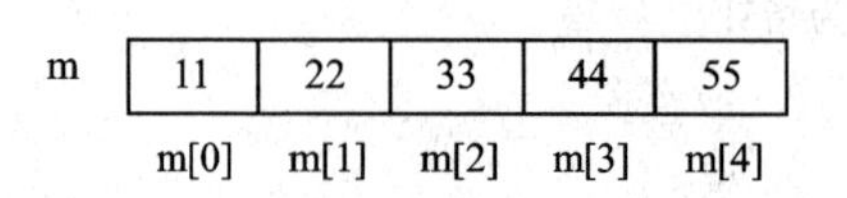

图 7-3 调用函数前数组 m[5]存储单元

a	a[0]	a[1]	a[2]	a[3]	a[4]
m/a	11	23	35	47	59
m	m[0]	m[1]	m[2]	m[3]	m[4]

图 7-4 调用函数后实参数组 m 和形参数组 a 共享存储单元

【例 7-17】 编写函数,找出一组数中的最大值和最小值。

```
#include "iostream.h"
int fun(int y[],int &max,int n)
{     int i,min;
      max=min=y[0];
      for(i=1;i<n;i++)
      {
          if(y[i]>max) max=y[i];
          if(y[i]<min) min=y[i];
      }
```

```
    return min;                        //返回最小值
}
void main()
{   int x[100], *f=x,n,i,max,min;
    cout<<"输入数据的个数(≤100):";
    cin>>n;
    cout<<"输入"<<n<<"个数据:";
    for(i=0;i<n;i++)
        cin>>x[i];
    min=fun(f,max,n);    //函数调用,最小值通过函数值返回,最大值通过参数返回
    cout<<"最大值:"<<max<<endl;
    cout<<"最小值:"<<min<<endl;
}
```

```
输入数据的个数 n(≤100):7
输入 7 个数据:606 303 808 505 101 404 707
最大值:808
最小值:101
```

分析:"min=fun(f,max,n);",将实参指针 f 的值(数组 x 首地址)传递给形参数组 y,y 数组与 x 数组共享连续存储单元,在 fun 函数中,找出 x 数组中 n 个数的最大值 max 和最小值 min,通过"return min;"返回最小值,最大值 max 则通过参数返回。

通过上面的例题应该明确:在函数之间进行参数传递时,形参与实参必须匹配,函数之间的参数传递方式如表 7-1 所列。

表 7-1　函数之间的参数传递方式

参　数	传值方式	传址方式				
实参	变量	变量	数组(名)	数组(名)	指针	指针
形参	变量	引用	数组(名)	指针	数组(名)	指针

下面再通过两个例题说明参数传递的匹配关系。

【例 7-18】　编写函数,将一个字符串连接到另一个字符串的后面。

```
#include "iostream.h"
void mystrcat(char *f, char *p)
{   while(*f++);
    f--;                               //确定字符串连接点
    while(*f++ = *p++);                //字符串 p 连接到字符串 f 的后面
}
void main()
{   char a[100] = " 2014  中国超级计算机“天河二号”再次夺冠!";
```

```
        char b[] = "并获得四连冠!";
        cout<<"连接前:"<<endl;
        cout<<a<<endl;
        cout<<b<<endl;
        cout<<"连接后:"<<endl;
        mystrcat(a,b);
        cout<<a<<endl;
}
```

```
连接前:
    2014 中国超级计算机“天河二号”再次夺冠!
    并获得四连冠!
连接后:
    2014  中国超级计算机“天河二号”再次夺冠! 并获得四连冠!
```

提示:本题 mystrcat 函数或改写如下,同学自己比较分析。

```
void mystrcat(char * f,char * p)
{       int i,j;
        for(i = 0;f[i]! = '\0';i ++ );              //确定字符串连接点
        for(j = 0;p[j]! = '\0';j ++ ,i ++ )         //字符串 p 连接到字符串 f 的后面
            f[i] = p[j];
        f[i] = '\0';
}
```

【例 7 - 19】 编写函数,计算并返回字符串的长度。

```
# include "iostream.h"
int mylen(char s[])
{       int i;
        for(i = 0;s[i]! = '\0';i ++ ) ;             //计算字符串长度
        return i;                                   //返回字符串的长度
}
void main()
{       char str[100] = "2014  中澳结束自由贸易协定谈判!";
        cout<<"字符串:"<<str<<endl;
        cout<<"字符串长度:"<<mylen(str)<<endl;
}
```

```
字符串:2014  中澳结束自由贸易协定谈判!
字符串长度:31
```

请同学自行分析算法的实现。

7.3　函数的递归调用(递归函数)

函数的递归调用就是函数直接或间接地调用自己。函数在函数体内部直接调用自己,称为直接递归(调用)。函数在函数体内通过调用其他函数实现自我调用,称为间接递归(调用)。本书前面介绍的函数调用均是非递归调用。下面通过递归调用最典型的例子 $n!$ 运算,了解一下递归函数的执行过程。

【例 7-20】　编写递归函数,计算 $n!$,分析函数的调用回归执行过程。

基本思路:由算式 $n!=n\times(n-1)!$,$(n-1)!=(n-1)(n-2)!$,…,$2!=2\times1!$,$1!=1$,可将 $n!$ 定义为

当 $n=1$ 时,$n!=1$;

当 $n>1$ 时,$n!=n(n-1)!$。

```
#include "iostream.h"
int fun(int n)
{     if(n == 1) return 1;
      return n * fun(n - 1);
}
void main()
{     int n;
      cout<<"输入 n: ";
      cin>>n;
      cout<<"输出: "<<n<<"! = "<<fun(n)<<endl;
}
```

```
输入 n: 5
输出: 5! = 120
```

递归函数 fun 的调用、回归执行过程如图 7-5 所示。

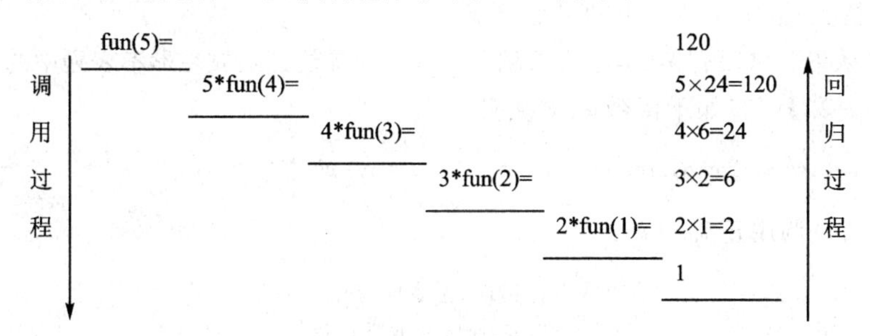

图 7-5　递归函数 $n!$ 的调用回归执行过程

【例 7-21】　编写递归函数,计算 x 的 y 次幂。

基本思路:算法类似 $n!$,x 的 y 次幂相当于 x 与 $y-1$ 个 x 相乘,x 的 $y-1$ 次幂

相当于 x 与 $y-2$ 个 x 相乘,依次类推逐步展开,最后 x 相当于 x 与 x 的 0 次幂(1)相乘。

```
#include "iostream.h"
int fun(int x,int y)
{    if(y == 0) return 1;
     return x * fun(x,y-1);
}
void main()
{    int x,y,z;
     cout<<"输入 x 和 y: ";
     cin>>x>>y;
     z = fun(x,y);
     cout<<"输出: ";
     cout<<x<<"的"<<y<<"次幂 = "<<z<<endl?;
}
```

```
输入 x 和 y: 2 6
2 的 6 次幂 = 64
```

7.4 函数参数缺省

C++允许在函数说明(函数原型)或函数定义中,为一个或多个参数指定缺省(默认)值,也就是说函数在定义时可以预先定义一个缺省的形参值。当函数调用时,对于缺省参数可以给出实参值,也可以不给出实参值。如果给出实参,则将实参值传给形参;如果没有给出实参,则形参用预先定义的缺省值。

函数参数缺省给函数调用带来方便性和灵活性,但定义应用时必须满足如下要求:

① 默认参数的说明必须出现在函数调用之前。若一个函数说明已给出参数的默认值,则在函数定义中不允许再设置。

② 默认参数可以有多个,但要求赋予默认值的参数必须放在形参表列中的最右端。

【例 7-22】 有如下函数原型说明。

```
void fun(int i, int j, int k, int m = 4,int n = 5);
```

分析函数调用正确与否:

```
fun(1,2);                       //错误,至少应有三个实参
fun(10,20,30);                  //正确,m、n 取默认值
fun(10,20,30,40);               //正确,m 取 40 、n 取默认值 5
fun(10,20,30, ,50);             //错误,只能从左至右匹配
```

【例 7-23】 分析函数的调用执行过程。

```
#include "iostream.h"
int fun(int x,int y = 10,int z = 20);
void main()
{
    cout<<"第 1 次函数调用："<<fun(100)<<endl;
    cout<<"第 2 次函数调用："<<fun(100,200)<<endl;
    cout<<"第 3 次函数调用："<<fun(100,200,300)<<endl;
}
int fun(int x,int y,int z)
{
    return x + y + z;
}
```

```
第 1 次函数调用：130
第 2 次函数调用：320
第 3 次函数调用：600
```

分析：函数 fun 第 1 次被调用时，形参值分别为 100、10、20；第 2 次被调用时，形参值分别为 100、200、20；第 3 次被调用时，形参值分别为 100、200、300。

7.5　函数重载

在 C 语言中，函数不能同名，但在 C++语言中允许在同一作用域内，对功能相似、参数类型不同或参数个数不同的一组函数赋予同一个函数名，这就是函数重载。重载使得函数的使用更加灵活、方便。它体现了 C++对多态性的支持，即一个名字，多个入口。

7.5.1　重载函数应满足的条件

重载函数应满足的条件如下：

① 重载函数之间或者参数类型不同，或者参数个数不同，或者两者都不同。

② 若只有返回值类型不同的函数（函数类型不同）是不能重载的。

③ 避免同时使用带默认值的重载函数，会引发调用的二义性。

7.5.2　匹配重载函数的规则

C++编译器按照以下规则匹配重载函数：

① 对于参数类型不同的重载函数，编译器根据函数参数的类型来确定应该调用哪个函数。首先调用实参与形参类型完全相同的函数，若参数类型没有相同的，则编译器会通过内部转换寻找类型互相匹配的函数调用。

② 对于参数个数不同的重载函数，编译器根据调用语句中实参的个数来确定应

该调用哪个函数

【例 7-24】 用重载函数求不同类型数据的绝对值。

```
#include<iostream.h>
int abs(int x)
{     return x>0? x: -x;     }
double abs(double x)
{     return x>0? x: -x;     }
long abs(long x)
{     return x>0? x: -x;     }
void main()
{
    int x1 = 1;
    double x2 = 2.5;
    long x3 = 3L;
    cout<<abs(x1)<<endl;
    cout<<abs(x2)<<endl;
    cout<<abs(x3)<<endl;
}
```

分析：C语言提供了实现同一类操作的不同名函数，如 abs、fabs、labs 三个函数都能实现求数据的绝对值功能，只是针对不同类型的数据对象。而 C++允许函数重载，用一个函数名实现不同类型数据对象的同一操作。

【例 7-25】 用重载函数求一组正整型数据的最大值。

```
#include<iostream.h>
int max(int x1,int x2)
{     return x1>x2? x1:x2;     }
int max(int x1,int x2,int x3)
{     int t = max(x1,x2);
      return max(t,x3);
}
int max(int x1,int x2,int x3,int x4)
{     int t1 = max(x1,x2);
      int t2 = max(t1,x3);
      return max(t2,x4);
}
void main()
{
     cout<<max(100,200)<<endl;
     cout<<max(100,200,300)<<endl;
     cout<<max(100,200,300,400)<<endl;
}
```

分析：编译器根据调用语句中实参的个数来确定应该调用哪个函数，它体现了C++对多态性的支持，一个名字，多个入口。

7.6　函数模板

使用函数重载需编写多个函数，而利用函数模板只需定义一个通用函数即可。

函数模板只是对函数的描述，只需编写一次，编译器不为其产生任何执行代码，只有当遇到函数调用时，编译器会自动将模板中的类型参数用实参的类型来替换，生成相应的重载函数——模板函数，来正确处理具体类型的函数调用。

定义函数模板的一般形式：

```
template<class 模板类型列表>
函数类型 函数名(类型参数列表)
{函数体 }
```

说明：

① template、class 是关键字，class 用来指定函数模板的类型参数。

② 模板类型列表，即用户定义的数据类型，通常用大写表示。

函数模板的正确形式如下：

① 可含有模板参数表中未给出的数据类型。

```
template<class T>
T fun(T x,int y)              //int 是模板参数表中未给出的数据类型
{…… }
```

② 模板中可带有多个参数。

```
template<class T1,T2,T3>  //模板中可带有多个参数
void fun(T1 x,T2 y,T3 z)
{…… }
```

函数模板的错误形式如下：

① 错误1。

```
template<class T>
void fun(int x,int y)         //必须至少有一个参数的类型为模板的类型参数
{…… }
```

② 错误2。

```
template<class T>
T fun(int x,int y)            //必须至少有一个参数的类型为模板的类型参数
{ T a,b;
```

```
……
}
```

③ 错误 3。

```
template<class T>
void fun(int x,int y)            //必须至少有一个参数的类型为模板的类型参数
{ T a,b;
……
}
```

④ 错误 4。

```
template<class T>
T fun(int x,int y)               //必须至少有一个参数的类型为模板的类型参数
{ …… }
```

【例 7-26】 定义一个通用的函数,实现例 7-24 中重载函数完成的功能。

```
#include<iostream.h>
template<class T>
T abs(T x)
{    return x>0? x: -x;    }
void main()
{
    int x1 = 1;
    double x2 = 2.5;
    long x3 = 3L;
    cout<<abs(x1)<<endl;
    cout<<abs(x2)<<endl;
    cout<<abs(x3)<<endl;
}
```

分析:函数调用时,编译器会自动将模板中的类型参数用实参的类型来替换,生成相应的重载函数——模板函数,来正确处理具体类型的函数调用。

【例 7-27】 定义一个通用函数,实现例 7-25 中重载函数完成的功能。

```
#include<iostream.h>
template<class T>
T max(T x1,T x2,T x3 = 0,T x4 = 0)
{    T t1 = x1>x2? x1:x2;
     T t2 = t1>x3? t1:x3;
     return t2>x4? t2:x4;
}
void main()
```

```
{
    cout<<"最大值="<<max(100,200)<<endl;
    cout<<"最大值="<<max(100,200,300)<<endl;
    cout<<"最大值="<<max(100,200,300,400)<<endl;
}
```

或

```
#include<iostream.h>
template<class TEMP>
TEMP max(TEMP x1,TEMP x2)
{
    return x1>x2? x1:x2;
}
template<class T>
T m(T x1,T x2,T x3=0,T x4=0)
{
    T t1=max(x1,x2);
    T t2=max(t1,x3);
    return max(t2,x4);
}
void main()
{
    cout<<"最大值="<<m(100,200)<<endl;
    cout<<"最大值="<<m(100,200,300)<<endl;
    cout<<"最大值="<<m(100,200,300,400)<<endl;
}
```

分析：两种方法中均定义了参数默认值；第二种方法中定义了 2 个函数模板，其中 max 函数模板被 m 函数模板多次调用。

7.7　变量的作用域和存储类别

变量的作用域是一个空间概念，由定义变量的位置来确定，根据变量定义的位置不同，可分为局部变量(内部变量)和全局变量(外部变量)。变量的生存期(变量值存在的时间)是一个时间概念，由变量的存储类别(静态存储和动态存储)决定，即变量在整个程序的运行过程都是存在的，或变量是在调用其所在的函数时才临时分配存储单元，而在函数调用结束后马上释放，变量不再存在。

7.7.1　局部变量和全局变量

变量可以定义在函数的内部、函数外部或复合语句内部。在函数或复合语句内部定义的变量，只在本函数或复合语句范围内有效，则称该变量为局部变量或内部变量。在函数外定义的变量则称为全局变量或外部变量，全局变量的作用域是从它的定义处开始到它所在的源文件结束。到目前为止,前面介绍的程序都是在函数内部定义变量,属于局部变量。

在一个函数中既可以使用本函数中定义的局部变量,又可以使用有效的全局变量。如果在同一个源文件中,全局变量与局部变量同名,则在局部变量的作用范围内,全局变量被"屏蔽",即它不起作用,此时局部变量是有效的。

【例 7-28】 分析程序输出结果及变量的作用域。

```
#include "iostream.h"
int x = 400,y = 200;                         //定义全局变量
void main()
{      int  x  = 100,z = 0;                  //定义函数内局部变量
       z = x + y;                            //z = 300
       cout<<"第 1 次输出:"<<z<<endl;
       {     int x = 200;y = 300;            //定义复合语句内局部变量
             z = x + y;                      //z = 500
             cout<<"第 2 次输出:"<<z<<endl;
       }
       cout<<"第 3 次输出:"<<x + y<<endl;     //x + y = 400
}
```

```
第 1 次输出:300
第 2 次输出:500
第 3 次输出:400
```

分析:在函数外定义的全局变量"x=400"在主函数中被屏蔽,"x=100"有效,而在复合语句中"x=100"又被屏蔽,"x=200"有效,因此会输出不同的"x+y"值。

7.7.2 变量的存储类别

1. 变量的存储类别

① 静态存储方式,静态存储方式是指在整个程序运行期间分配固定存储单元。

② 动态存储方式,动态存储方式是指当程序执行流程转到该函数时才开辟内存单元,执行结束后又立即释放。

在 C/C++语言中用关键字 auto 声明自动变量(函数中的形参、函数中定义的变量、复合语句中声明的变量),auto 也可以省略,函数中多数变量属于自动变量。例如:

```
auto int x,y,x;
```

2. 静态变量

在 C/C++语言中用关键字 static 声明静态变量(函数中的局部变量存储单元在调用结束后不释放,变量保留原值,再次调用时是在保留原值基础上进行操作),全局变量就是采用静态存储方式。

【例 7-29】 分析程序输出结果及变量的作用域。

```
#include"iostream.h"
int fun(int x)
{	static int y=1;				//定义静态存储变量
	y=y*x;
	return y;
}
void main()
{	int i;
	for(i=1;i<=4;i++)
	{
		cout<<i<<"!="<<fun(i)<<endl;
	}
}
```

运行结果：

```
1! =1
2! =2
3! =6
4! =24
```

分析："static int y=1;"定义静态存储变量 y，并在编译时赋初值 1 次，程序运行时已有初值，以后每次调用函数时不再重新赋初值，而只是保留上次函数调用结束时的值。

局部变量赋初值，不是在编译时进行的，而是在每次调用函数时进行，每调用一次函数就重新赋初值。

本章小结

在 C/C++语言中，程序是以函数的形式体现的。一个 C/C++程序是由多个函数构成的，必须有一个主函数，程序都是从主函数开始执行的。无论是系统提供的标准库函数，还是用户根据需要自己定义的函数，都完成特定的功能。

函数只有通过调用才能执行，函数间的数据传递分为传值方式、传址方式、全局变量传递和函数返回值。传值方式是单方向值传递，实参和形参各自占用独立的存储单元，形参的变化不影响实参；传址方式是将实参的地址传递给形参，它们共享同一组存储单元，形参的变化直接影响实参；全局变量实现了在多个函数中使用同一变量存储单元，变量的变化在这些函数中都起作用；return 只能返回一个函数值，返回函数值的类型由函数类型决定。

- 如果被调用函数处于调用函数之后，则必须在调用之前进行函数原型说明。

- 递归调用就是函数直接或间接调用自身。
- 重载函数是名字相同、参数有别、实现不同功能的函数，是一种多态的表现。
- 模板由编译器通过实际数据类型实例化，生成可执行代码。实例化的函数模板称为模板函数。

习　题

1. 简答题

(1) 文件包含#include "stdio.h"与#include<stdio.h>有何区别?

(2) 主函数 main()可以出现在 C/C++程序的任何位置吗?

(3) 函数原型说明起什么作用? 何时使用? 一般书写在程序中的什么位置?

(4) 在函数的定义中，对形参与实参有什么具体要求?

2. 填空题

(1) 函数功能：删除一维数组中所有相同的数，只保留一个。函数返回删除后数组中数据的个数。注：数组已经排序。

```
#include"iostream.h"
#include"iomanip.h"
int fun(int m[],int n)
{     int i,j=1;
      for(i=1;i<n;i++)
           if(m[j-1]________ m[i]) m[j++]=m[i];
      return ________;
}
void main()
{     int m[]={1,1,3,3,3,6,6,6,6,7,9,9,9},i,n=13;
      n=fun(m,n);
      for(i=0;i<n;i++)
      cout<<setw(3)<<m[i];
}
```

(2) 函数功能：将数组中最大元素下标存入 p 所指存储单元中。

```
#include"iostream.h"
void fun(int *m,int n,int *p)
{     int i;
      *p=0;
      for(i=0;i<n;i++)
      if(m[________]<m[i]) *p=i;
}
void main()
```

```
{       int m[] = {101,505,707,202,606,303,909,404,808},n;
        fun(m,9,________);
        cout<<"最大元素："<<m[n]<< ",下标为："<<n<<endl;
}
```

(3) 函数功能：求出指针 f 所指向地址的 n 个数中的最大值和最小值。

```
void fun(int *f,int n)
{       int *p;
        int kmax,kmin;
        kmax = kmin = ________;
        for(p = f;________;p ++ )
        {    if( *p>kmax) kmax = *p;
             if( *p<kmin kmin = *p;
        }
}
```

3. 选择题

(1) 有以下程序：

```
#include"iostream.h"
#include"iomanip.h"
int fun(int a,int b)
{       return a + b;   }
void main()
{       int x = 2,y = 5,z = 8;
        cout<<setw(3)<<fun((int)fun(x + z,y),x - z)<<endl;
}
```

输出结果为________。

A) 编译错误　　B) 9　　C) 21　　D) 9.0

(2) 有以下程序：

```
#include"iostream.h"
void fun(int *x,int y[])
{       y[0] = *x + 6;   }
void main()
{       int x,y[5];
        x = 0;y[0] = 3;
        fun(&x,y);
        cout<<y[0]<<endl;
}
```

输出结果为________。

A) 6　　B) 7　　C) 8　　D) 9

(3) 在 C/C++语言中,下面描述正确的是________。

A) 函数调用时,只能把实参的值传递给形参,反之不能

B) 函数可以递归调用又可以嵌套定义

C) 如果使用函数,函数必须有返回值

D) 函数必须有返回值,函数的返回值类型不定

(4) 有以下函数________。

```
char fun(char * f)
{     return f;  }
```

该函数的返回值是________。

A) 无确切的值　　　　B) f 中存放的地址值

C) 一个临时存储单元的地址　　　　D) f 自身的地址值

(5) 关于返回函数值语句 rerurn 描述错误的是________。

A) return 表达式;　　　　B) return (表达式);

C) 一个 return 语句可以返回多个值　　　　D) 一个 return 语句只能返回一个值

(6) 有函数首部: int fun(float m[8],int * f),则其函数声明语句正确的是________。

A) int fun(float m,int * f);　　　　B) int fun(float,int);

C) int fun(float * m,int f);　　　　D) int fun(float * ,int *);

(7) 函数调用时,若实参为变量,则以下叙述正确的是________。

A) 实参和对应的形参共用同一个存储单元

B) 形参不占用具体的存储单元

C) 同名的实参和形参占同一存储单元

D) 形参和实参分别占用不同的存储单元

4. 分析程序,写出运行结果

(1) 程序如下:

```
#include"iostream.h"
void fun(char * x,char y)
{     while( * x)
      {     if( * x == y) * x = y - 'a' + 'A'; x ++ ;  }
}
void main()
{     char s[80] = "abcddfefdbd",c = 'd' ;
      fun(s,c);
      cout<<s<<endl;
}
```

(2) 程序如下：

```
#include"iostream.h"
#define FUN(a,b,c) {c = a;a = b;b = c;      }
void main()
{      int x = 1,y = 2,z ;
       FUN(x,y,z);
       cout<<x<<","<<y<<endl;
}
```

(3) 程序如下：

```
#include"iostream.h"
int fun(int x)
{      int y = 0;
       static int z = 3;
       x = z ++ ,y ++ ;
       return x;
}
void main()
{      int x = 2,i,k ;
       for(i = 0;i<2;i ++ )
            k = fun(x ++ );
       cout<<k<<endl;
}
```

(4) 程序如下：

```
#include"iostream.h"
#define MAX(a,b) (a)>(b)? (a):(b)
void main()
{      int x = 100,y = 200,z ;
       z = MAX(x,y);
       cout<<z<<endl;
}
```

(5) 程序如下：

```
#include"iostream.h"
void fun(int n, int *p)
{      int x,y;
       if(n == 1 || n == 2)
            *p = 1;
       else
            {      fun(n - 1,&x);fun(n - 2,&y); *p = x + y;    }
```

```
}
void main()
{     int a;
      fun(6,&a);
      cout<<a<<endl;
}
```

(6) 程序如下：

```
#include"iostream.h"
int fun(int n)
{     switch(n)
      {     case 0:return 0;
            case 1:
            case 2:return 1;
      }
      return (fun(n-1)+fun(n-2));
}
void main()
{    cout<< fun(5)<<endl;     }
```

(7) 程序如下：

```
#include"iostream.h"
void f2(char x,char y)
{     cout<<x<<y;   }
char x='A',y='B';
void f1()
{     x='C'; y='D';      }
void main()
{     f1();
      cout<<x<<y;
      f2('E','F');
}
```

(8) 程序如下：

```
int fun(char *f)
{     char *p=f;
      while(*p++);
      p--;
      return (p-f);
}
```

(9) 程序如下：

```
#include"iostream.h"
void fun(char **f)
{     f++;
      cout<<*f<<endl;    }
void main()
{     char *s[]={ "January", "February", "March", "April", "May"};
      fun(s);
}
```

5. 编写程序

(1) 编写函数，实现数组 a 与数组 b 对应元素相加放入数组 c 中，在主函数输出数组 c。

(2) 随机产生 10 个 40～90(包括 40,90)之间的正整数：编写函数计算平均值，编写函数查找最大值。

(3) 用递归函数计算斐波那契数列 0、1、1、2、3、5、8、…的前 n 项。

(4) 编写函数，计算圆的周长和面积，周长通过函数返回主函数，面积由参数传递给主函数。

(5) 编写函数，将字符串中小写字母转换成大写字母，在主函数输出转换后的字符串。

(6) 定义一个通用函数，对 n 个数按递增排序。

(7) 定义一个通用函数，计算不同类型数组中 n 个元素之和。

(8) 自己设计奖学金发放处理逻辑，编写函数统计 n 名学生中各类奖学金发放人数、金额；获奖学金总人数和总金额。

条件：英语达到四级、六级；计算机达到国家二级、三级

奖学金：院级 B 类/100
　　　　院级 A 类/200
　　　　校级 B 类/500
　　　　校级 A 类/800

第 8 章　结构体和共用体

学习导读

主要内容

结构体和共用体是用户根据需要自己定义的数据类型，由多个不同基本数据类型构造而成，是一种复合的“构造”类型。构造类型具有与基本数据类型一样的作用，可以用来定义变量、数组、指针等。本章主要介绍结构体类型声明、结构体类型变量定义和引用、链表和共用体。

学习目标

- 熟练掌握结构体类型的声明、变量定义和应用；
- 熟练掌握链表的创建和应用；
- 掌握共用体特点和定义。

重点与难点

重点：结构体类型变量的应用、链表的创建和应用。

难点：链表的创建和应用。

8.1　结构体

把不同类型的数据组合在一个类型中，作为一个整体进行处理，称为结构体类型。结构的概念，为处理复杂的数据结构提供了手段，为函数间传递不同类型的参数提供了便利。

【例 8-1】 分析、描述学生的基本信息。

结构体和数组一样，属于构造数据类型。但数组只能简单描述数据类型相同的一组数据，如只能描述学生几门课的成绩。如果描述学生的基本信息：学号、姓名、性别、年龄、籍贯、入学成绩等，数组显得无能为力。因为其中学号、姓名、性别、籍贯是字符型，年龄和入学成绩是整型，数据类型各不相同。如果用不同类型的简单变量来描述这些数据项，又不能反映它们之间的内在联系。因此，在 C/C++语言中用结构体（相当于数据库中的记录）来描述诸如学生信息一类问题是最佳选择。

8.1.1　结构体类型声明（定义）

在 C/C++语言中，用结构体描述一个多属性的对象，必须先对结构体类型进行声明。结构体类型声明的一般形式如下：

```
struct [结构体名]
{       类型名1   成员名1;
        类型名2   成员名2;
          ⋮
        类型名n   成员名n;
};
```

说明：

① 结构体类型声明必须由关键字 struct 开头，是结构体类型的标志。

② 结构体名由用户命名，用于区分不同的结构体类型，声明时也可以没有结构体名。

③ 结构体成员类型任意，但不能是该结构自身类型。

【例 8-2】 声明结构体类型描述一个日期和一个学生。

日期结构体类型声明如下：

```
struct date
{     int year;
      int month;
      int day;};
```

或

```
struct date
{     int year, month, day; };
```

学生结构体类型声明如下：

```
struct student
{     char num[10],name[20];
      char sex[2];
      date birthday;
      float score;
};
```

分析：在上面 struct student 结构体类型中，成员 birthday 被定义为 date 类型。

8.1.2　结构体类型变量的定义

声明的结构体类型本身并不占用存储空间，只有定义结构体类型变量后，在其中存储具体数据，才能在程序中使用结构体类型数据。C/C++语言提供了以下 4 种方法定义结构体类型变量：

- 先声明结构体类型再定义结构体类型变量；
- 在声明结构体类型的同时定义结构体类型变量；

● 省略结构体类型名直接定义结构类型变量；
● 使用 typedef 声明一个结构体名，再用新类型名定义变量。

1. 先声明结构体类型再定义结构体类型变量

```
struct date
{     int year, month, day; };
struct student
{     int num;
      char name[20];
      char sex[2];
      date birthday;
      float score;
} ;
void main()
{     int x,y;
      struct s1,s2,s3;           //定义结构体类型变量 s1、s2、s3
      …
}
```

说明：声明结构体类型 student 后，在函数中定义 student 类型变量 s1、s2、s3，它们均包含 num、name[20]、sex[2]、birthday 和 score 五个成员。

2. 在声明结构体类型的同时定义结构体类型变量

```
struct student
{     int num;
      char name[20];
      char sex[2];
      date birthday;
      float score;
} s1,s2,s3;
```

说明：在声明结构体类型 student 的同时定义了 3 个 student 类型变量 s1、s2 和 s3，它们均包含 num、name[20]、sex[2]、birthday 和 score 等成员。

3. 省略结构体类型名直接定义结构类型变量

```
struct
{     int num ;
      char name[20] ;
      char sex[2];
      date birthday;
      float score;
} s[3];
```

说明：声明结构体类型时可以省略类型名，但不能再单独定义结构体类型变量。

本例中定义了含有 3 个元素的结构体类型数组，每个元素都是包含 num、name[20]、sex[2]、birthday 和 score 成员的结构体类型变量。

4. 使用 typedef 声明一个结构体名，再用新类型名定义变量

```
Typedef struct
{       int num;
        char name[20];
        char sex[2];
        date birthday;
        float score;
} ST
ST s[3], * f;
```

说明：ST 是一个具体的结构体类型名，它能够唯一标识这种结构体类型。如同使用 int 等基本类型一样，直接用它来定义变量（不能写 struct）。

8.1.3 结构体类型变量的引用

定义结构体类型变量后，一般不能把结构体类型变量作为一个整体进行操作（结构体类型变量作为函数参数除外），因此对结构体类型变量的引用通常是对其成员的访问。结构体类型变量的引用主要有以下 3 种形式：

- 结构体变量名 · 成员名；
- （* 指向结构体变量的指针）· 成员名；
- 指向结构体变量的指针－＞成员名。

说明：

① 后两种形式是通过指向结构体类型变量的指针引用结构体类型变量的成员。

② 如果成员本身又属于结构体类型，只能对最低级的成员进行引用。

【例 8－3】 定义描述学生的结构体 student，并对学生 stu 进行赋值和输出操作。

```
# include "iostream.h"
# include "string.h"
struct date                             //结构体 date 声明
{       int year;
        int month;
        int day;
};
struct student                          //结构体 student 声明
{       int num;                        //学号
        char name[20];                  //姓名
        char sex[2];                    //性别
        struct date birthday;           //出生 birthday 是结构体 date 类型
        int score;                      //成绩
```

```
};
void main()
{    struct student stu;              //定义结构体类型 student 变量 stu
     stu.num = 1001;                  //成员赋值
     strcpy(stu.name,"梦桐");
     strcpy(stu.sex,"女");
     stu.birthday.year = 1982;
     stu.birthday.month = 10;
     stu.birthday.day = 1;
     stu.score = 650;
     cout<<"学号:"<<stu.num<<",姓名:"<<stu.name<<",性别:"<<stu.sex
     <<endl;
     cout<<"出生:"<<stu.birthday.year<<" - "<<stu.birthday.month<<" - "
     <<stu.birthday.day<<endl;
     cout<<"成绩:"<<stu.score<<endl;
}
```

运行结果:

```
学号:1001,姓名:梦桐,性别:女
出生:1982 - 10 - 1
成绩:650
```

分析:由于 stu 成员 birthday 是结构体 date 类型,因此对其赋值为"stu.birthday.year=1982; stu.birthday.month=10; stu.birthday.day=1;"就是必须对最低级的成员进行赋值。

本题程序中,通过简单赋值语句实现对 stu 成员赋值。也可以像数组一样对结构体变量进行初始化赋值,主函数修改如下:

```
void main()
{    struct student stu = {1001,"梦桐","女",1982,10,1,650};
     cout<<"学号:"<<stu.num<<",姓名:"<<stu.name<<",性别:"<<stu.sex
     <<endl;
     cout<<"出生:"<<stu.birthday.year<<" - "<<stu.birthday.month<<" - "
     <<stu.birthday.day<<endl;
     cout<<"成绩:"<<stu.score<<endl;
}
```

如果通过键盘对结构体变量 stu 的成员赋值,主函数修改如下:

```
void main()
{    struct student stu;
     cin>>stu.num>>stu.name>>stu.sex;
     cin>>stu.birthday.year>>stu.birthday.month>>stu.birthday.day>>stu.
```

```
        score;
        cout<<"学号:"<<stu.num<<",姓名:"<<stu.name<<",性别:"<<stu.sex
        <<endl;
        cout<<"出生:"<<stu.birthday.year<<"-"<<stu.birthday.month<<"-"
        <<stu.birthday.day<<endl;
        cout<<"成绩:"<<stu.score<<endl;
}
```

【例 8-4】 键盘输入 5 名学生的学号、三门课的成绩，定义描述学生成绩的结构体 s_score，计算各学生的平均成绩并输出相应信息。

```
#include "iostream.h"
#include "iomanip.h"
#define N 3
struct s_score                              //学生成绩结构体声明
{       int num;                            //学号
        float s[N];                         //成绩
        float ave;                          //平均成绩
};
void main()
{       struct s_score stu[5];              //定义结构体类型 s_score 的 5 名学生数组
        int i,j; float sum;
        for(i=0;i<5;i++)                    //5 名学生
        {   cin>>stu[i].num;                //每名学生学号赋值
            sum=0;
            for(j=0;j<N;j++)                //每名学生 N 门课
            {   cin>>stu[i].s[j];           //键盘输入每名学生的 1 门课成绩
                sum=sum+stu[i].s[j];        //每名学生成绩累加
            }
            stu[i].ave=sum/N;               //计算每名学生平均成绩
        }
        for(i=0;i<5;i++)
        {   cout<<setw(8)<<stu[i].num;      //输出每名学生的学号
            for(j=0;j<N;j++)
                cout<<setw(4)<<stu[i].s[j];      //输出每名学生的成绩
            cout<<setw(8)<<stu[i].ave<<endl;     //输出每名学生的平均成绩
        }
}
```

说明：程序中定义的学生数组内存结构、键盘输入数据和运行结果如图 8-1 所示。

分析：如果将主函数中的“struct s_score stu[5];”修改为“struct s_score stu[5], *f;”，并且使“f=stu;”，则函数中的 stu[i].num 可以修改为(*f).num 或 f->num，它们是等价的，其他分量表示也可以做类似修改。

	num	s[0]	s[1]	s[2]	ave
stu[0]	10101	90	78	85	84.3
stu[1]	10102	88	90	82	86.7
stu[2]	10103	65	80	77	74.0
stu[3]	10104	100	89	93	94.0
stu[4]	10105	56	70	65	63.7

图 8-1 结构体类型数组

8.1.4 结构体类型用作函数参数

结构体也可以作为函数参数,实现函数间的数据传递主要有:

- 结构体类型变量的成员作实参;
- 结构体类型变量作实参;
- 结构体类型变量地址作实参;
- 结构体类型数组名作实参。

说明:

① 结构体类型变量的成员作实参,形参为相同类型变量、数组或指针。

② 结构体类型变量作实参,形参也为相同类型变量,它们之间的数据传递是单方向值传递,形参的改变不能影响实参的值。

③ 结构体类型变量地址作实参,形参为相同类型指针变量,通过形参指针访问结构体变量实参,从而影响结构体类型变量实参。

④ 结构体类型数组名作实参,形参为相同类型的数组或指针变量,通过形参可以改变实参数组。

【例 8-5】 编写函数,用结构体类型数组名作实参,实现例 8-2 的功能。

```
#include "iostream.h"
#include "iomanip.h"
#define N 3
struct s_score                              //结构体声明
{     int num;                              //学号
      float s[N];                           //成绩
      float ave;                            //平均成绩
};
void fun(struct s_score *f)                 //结构体类型指针变量作形参
{     struct s_score *p;
      int j;
      float sum;
      for(p=f;p<f+5;p++)
      {    scanf("%d",&p->num);
```

```
            sum = 0;
            for(j = 0;j<N;j + + )
            {   scanf(" % f",&p - >s[j]);
            sum = sum + p - >s[j];
            }
            p - >ave = sum/N;
        }
}
void main()
{       struct s_score stu[5];                    //定义结构体类型 s_score 的 5 名学生数组
        int i,j;
        float sum;
        fun(stu);                                 //结构体类型数组作实参
        for(i = 0;i<5;i ++ )
        {   cout<<setw(8)<<stu[i].num;            //输出每名学生的学号
            for(j = 0;j<N;j ++ )
                cout<<setw(4)<<stu[i].s[j];       //输出每名学生的成绩
            cout<<setw(4)<<stu[i].ave;            //输出每名学生的平均成绩
        }
}
```

分析：结构体类型数组名作实参,形参为相同类型的数组或指针变量,通过形参可以改变实参数组。

8.2　链　表

链表是一种常见的重要的数据结构,它是动态地进行存储单元分配的一种结构。相比数组用来存储相同类型的批量数据,并具有连续存储、存取速度快的优点,链表更适用于插入或删除操作频繁、存储空间需求不定的情形。

8.2.1　链表的概念和基本结构

链表是指用指针将结构体变量连在一起的数据结构。链表中的每个结构体变量称为链表上的一个结点。每个结点由两个域组成,一个域存放数据,其数据类型由应用问题决定;另一个域存放一个指向该链表中下一个结点的指针,即下一个结点的开始存储地址。链表结点结构类型定义如下所示:

```
struct CNode
{       int data;                                 //数据结点中的数据
        struct CNode * next;                      //指向下一个结点的指针
};
```

只有一个结点的链表称为空链表，非空链表结构如图 8-2 所示。

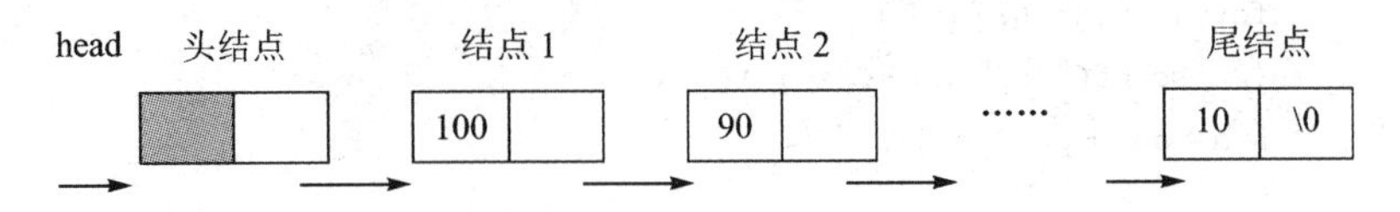

图 8-2　非空链表结构

链表中开头的结点称为头结点(数据域不存储数据)，最后一个结点称为尾结点(指针域为 NULL，不指向任何结点)，指向头结点的指针称为头指针 head。

链表特点：

- 所有结点为相同结构体类型；
- 至少一个成员为指针，该指针的基本类型与链表结点的类型相同。

需要解决的问题：

① 建立链表；

② 输出链表中各结点的值；

③ 在链表中插入一个结点；

④ 删除链表中的一个结点。

8.2.2　动态开辟和释放存储单元

动态开辟和释放存储单元就是在程序的执行过程中根据需要随时开辟新的存储单元，也可以根据需要随时释放这些存储单元，合理利用内存空间。

用动态方式开辟的存储单元没有名称，必须使指针指向分配的存储单元，通过指针对这些存储单元进行操作，若指针改变指向，则存储单元及数据将丢失。

1. C 语言中动态内存分配

在 C 程序开头包含"stdlib. h"头文件，就可以通过 3 个函数 malloc、calloc、realloc 实现动态开辟存储单元，free 函数实现动态分配存储单元的释放。

【例 8-6】　动态开辟和释放存储单元。

```
#include "stdio.h"
#include "stdlib.h"
void main()
{
    int *p = NULL;
    p = (int *)malloc(2);              //指针 p 指向动态分配 2 个字节的存储单元
    if(p! = NULL) *p = 211;            //存储单元赋值
    printf("第 1 次分配存储单元的值为：%d\n", *p);
    free(p);                           //释放为 p 动态分配的存储单元
    p = (int *)malloc(sizeof(int)); //sizeof(int)计算本系统中 int 类型所占内存字节数
    if(p! = NULL) *p = 985;            //存储单元赋值
```

```
    printf("第 2 次分配存储单元的值为：%d\n", *p);
    free(p);
}
```

运行结果：

```
第 1 次分配存储单元的值为：211
第 2 次分配存储单元的值为：985
```

分析：在程序中，第 1 次通过"p=(int *)malloc(2);"动态分配 2 个字节的存储单元，用来存放 int 值。第 2 次通过"p=(int *)malloc(sizeof(int));"动态分配 int 类型应占内存字节的存储单元，用来存放 int 值。如果不清楚系统中某种数据类型所占内存字节数，先由 sizeof(int)计算出本系统 int 类型所占内存字节数，然后通过"p=(int *)malloc(sizeof(int));"申请存储空间。free(p)释放动态分配的存储单元。

2. C++语言中动态内存分配

在 C 语言中，通过 malloc、calloc、realloc 和 free 实现动态内存分配，而在 C++语言中则主要使用 new 运算符和 delete 运算符实现动态内存分配，因为 new 和 delete 增加了面向对象的一些处理，使用起来更为方便和安全。

(1) new 运算符

new 运算符是动态内存分配运算符，该运算符可以根据指定的格式分配一块内存，并将指针返回，赋值给指针变量。

new 运算符的三种定义格式如下。

格式 1：

＜指针变量＞=new＜类型＞;

动态分配由类型确定大小的连续内存空间，并将内存首地址赋给指针变量。

格式 2：

＜指针变量＞=new＜类型＞(value);

该语句的作用是除完成格式 1 的功能外，还将 value 作为所分配内存空间的初始值。

格式 3：

＜指针变量＞=new＜类型＞[＜表达式＞];

该语句的作用是分配指定类型的数组空间，并将数组的首地址赋给指针变量。

(2) delete 运算符

delete 运算符用于释放由 new 申请的动态存储空间。

delete 运算符的定义格式如下。

格式 1：

delete<指针变量>；

该语句的作用是将指针变量所指的内存空间归还给系统。

格式 2：

delete[]<指针变量>；

该语句的作用是将指针变量所指的一维数组内存空间归还给系统。

【例 8-7】 用 new 运算符动态生成由 n 个元素组成的一维数组，输入 n 个值给一维数组，求出并输出一维数组的元素和，最后用 delete 运算符动态回收一维数组所占用的内存空间。

```
#include "stdio.h"
#include "iostream.h"
void main()
{
    int i, n, sum = 0;
    cout<<"输入数组长度 n：";
    cin>>n;
    int *p = new int[n];        //动态分配由 n 个整型元素组成的一维数组，首地址赋给 p
    cout<<"输入 n 个元素值：";
    for (i = 0; i<n; i++)
        cin>>p[i];              //给 n 个元素赋值
    for (i = 0; i<n; i++)
        sum+ = p[i];            //计算 n 个元素值
    cout<<"sum = "<<sum<<endl;
    delete [n] p;               //动态归还 p 所指一维数组内存空间
}
```

```
输入数组长度 n：5
输入 n 个元素值：1 2 3 4 5
sum = 15
```

8.2.3 动态链表

动态链表中的结点通常是由动态空间分配得到的，将动态开辟的存储单元按特定的方式链接在一起形成动态链表。

单向链表中，每个结点由两个域组成，一个域存放数据，另一个域存放一个指向该链表中下一个节点的指针。链表结点结构类型定义如下所示：

```
struct CNode
{    int data;                  //数据结点中的数据
```

```
    struct CNode * next;        //指向下一个结点的指针
};
Typedef struct CNode * LST;
```

单向链表的基本操作：

- 单链表的建立；
- 输出链表中各结点的值；
- 在链表中插入一个结点；
- 删除链表中的一个结点。

1. 建立单向链表

建立单向链表的主要步骤如下：

① 读取数据。

② 生成新结点。

③ 将数据存入结点的成员变量中。

④ 将新结点插入到链表中，重复上述操作直至结束。

函数实现如下：

```
typedef struct CNode
{    int data;
     struct CNode  * next;
}LST;
LST * create()
{    LST * head, * p, * q;
     int num;
     head = (LST * )malloc ( sizeof (LST) );      //开辟头结点，并用头指针 head 指向它
     q = head;                                    //使指针变量 q 也指向该头结点
     cin>>num;                                    //键盘输入第 1 个结点数据
     while (num! = - 1)
     {   p = (LST * )malloc(sizeof(LST));         //开辟新的结点，并使指针 p 指向它
         q - >next = p;                           //连接新结点和当前链表的最后结点
         p - >data = num;                         //将数据赋予新结点的 data 成员
         q = p;                                   //使 q 指向新链表的最后一个结点
         cin>>num;                                //键盘输入结点数据
     }
     q - >next = NULL;                            //链表的最后一个结点设为尾结点
     return head;                                 //返回链表头结点的地址
}
```

2. 输出链表中各结点的值

输出单向链表各结点数据域中的数据，只需利用一个工作指针 p，从头到尾依次指向链表中的每个结点，并输出该结点数据域中的数据，直到遇到链表结束标志为

止。如果是空链表,只输出提示信息并返回调用函数。

函数实现如下:

```
void print(LST * head)
{     LST * p = NULL;
      p = head->next;                          //使指针 p 指向链表中结点 1
      if(p == NULL)
          cout<<"空链表!";
      else
      do
          {   cout<<p->data;                   //输出 p 所指结点的 data 成员值
              p = p->next;                     //使 p 指向下一个结点
          } while(p! = NULL);
      cout<<endl;
}
```

3. 在链表中插入一个结点

在单向链表中插入结点,首先要确定插入位置。当插入结点插入指针 p 所指的结点之前称为"前插",否则称为"后插"。

"前插"函数实现如下:

```
void insert(LST * head,int num)
{     LST * p = NULL, * q = NULL, * s = NULL;
      s = (LST * )malloc(sizeof(LST));         //指针 s 去开辟需插入的结点
      s->data = num;                           //需插入的数值赋予新结点的 data 成员
      q = head;p = head->next;                 //q 指向头结点,p 指向结点 1
      while(p! = NULL)
          if(p->data< = num)                   //判断是否找到插入点
          {    q = q->next; p = p->next;       //q、p 都移到下一个结点
          }
      else     break;                          //找到插入点
      s->next = p; q->next = s;                //插入新结点
}
```

4. 删除链表中的一个结点

删除单向链表中某个结点,首先要确定待删除结点的前趋结点,然后将此前趋结点的指针域去指向待删结点的后续结点,最后释放被删结点所占存储单元即可。

函数实现如下:

```
int delete(LST * head,int num)
{     LST * p = NULL, * q = NULL;
      q = head;p = head->next;                 //q 指向头结点,p 指向结点 1
      while(p! = NULL)
```

```
        if(num! = p - >data)                  //判断是否找到需删结点
        {     q = q - >next;p = p - >next;     //q、p都移到下一个结点
        }
        else break;                            //找到被删除结点
    if(p == NULL) return 0;
    q - >next = p - >next;                     //删除结点
    free(p);                                   //释放被删除结点存储空间
    return 1;
}
```

8.3 共用体

共用体是与结构体类型类似的构造类型。共用体的类型说明和变量的定义方式与结构体完全相同。所不同的是,结构体中的成员各自占有自己的存储空间,而共用体变量中的所有成员占用同一个存储空间。实际上,共用体采用了覆盖技术,允许不同类型的数据互相覆盖(不同类型数据都从同一个起始地址开始存放,但所占字节数不同)。

8.3.1 共用体类型声明(定义)

共用体类型声明的一般形式如下:

```
union [共用体名]
{     类型名1   成员名1;
      类型名2   成员名2;
        ⋮
      类型名n   成员名n;
};
```

说明:

① union是关键字,是共用体类型的标志。

② 共用体名是可选项,在说明中可以不出现。

③ 共用体中成员可以是简单变量、数组、指针、结构体和共用体(结构体的成员也可以是共用体)。

例如:

```
union stu1
{     int num;
      float score;
      char sex;
```

```
};
```

8.3.2 共用体类型变量的定义

共用体类型变量的定义可以采用以下 4 种方式：

- 先声明共用体类型再定义共用体类型变量；
- 在声明共用体类型的同时定义共用体类型变量；
- 省略共用体类型名直接定义共用体类型变量；
- 使用 typedef 声明一个共用体名，再用新类型名定义变量。

说明：

① 共用体变量在定义的同时只能用第一个成员的类型值进行初始化。

② 共用体变量定义，在形式上与结构体非常一致，但又有本质区别：结构体变量所占内存字节数等于其所有成员所占字节数之和，因为结构体中各成员分别占有独立的存储空间；共用体变量中的所有成员共享一段公共存储区，所以共用体变量所占内存字节数等于其成员中占用空间最长的字节数，而且所有变量成员的首地址相同，变量的地址就是其成员的地址。

如有以下结构体变量与共用体变量定义，它们存储结构的区别如图 8－3 和图 8－4所示。

```
struct stu1
{     int num;
      float score;
      char sex;
}s1;

union stu2
{     int num;
      float score;
      char sex;
}s2;
```

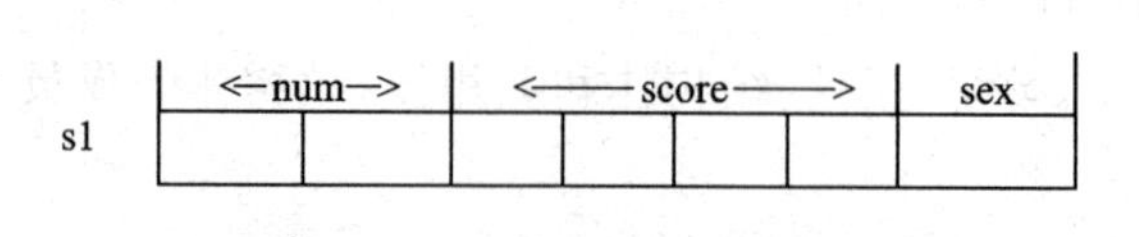

图 8－3 结构体变量空间结构

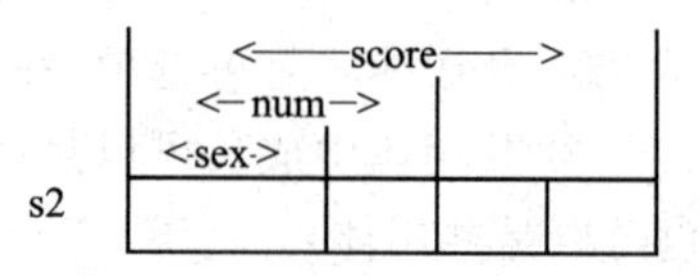

图 8－4 共用体变量空间结构

8.3.3 共用体类型变量的引用

共用体变量中成员的引用方式与结构体完全相同，有如下 3 种形式：

● 共用体变量名·成员名；

● (*指向共用体变量的指针)·成员名；

● 指向共用体变量的指针－>成员名。

说明：由于采用覆盖技术，当访问共用体成员时，起作用的是最近一次存入的成员变量的值，原有成员变量的值将被覆盖。

【例 8-8】 分析下面程序的执行结果。

```
#include "iostream.h"
union un1
{     int a;char b[2];
};
void main()
{     union un1 x;                            //定义共用体类型 un1 变量 x
      x.a = 5;                                //成员赋值
      x.b[0] = 65;                            //或 x.b[0] = 'A'
      x.b[1] = 97;                            //或 x.b[1] = 'a'
      cout<<"x.a = "<<x.a<<endl;
      cout<<"x.b = "<<x.b<<endl;
}
```

运行结果：

```
x.a = 24897
x.b = Aa
```

分析：int 类型变量 a 和字符数组 b 共用两个字节的存储单元，b[0]位于低字节，b[1]位于高字节。首先 x.a＝5，然后再被 b 数组值覆盖（x.a＝x.b[1]*256＋x.b[0]＝24897）。

本章小结

本章比较详细地介绍了结构体、共用体等数据类型，重点介绍了动态单向链表。

结构体类型是构造类型，由多个不同基本数据类型成员构成，由用户根据需要自己定义，应用与基本数据类型相同。编译系统不对结构体数据类型分配内存空间，只有定义了该类型的变量、数组、指针后才分配内存空间。可以用 4 种方式定义结构体变量（结构体类型变量的内存空间是各成员所占字节之和），结构体变量不能整体引用，只能引用其中的成员。引用结构体中的成员有 3 种形式，只能对最低级成员进行引用操作。

链表是用指针将结构体变量连接在一起的数据结构。链表中的每个结构体变量称为链表上的一个结点。动态链表中的结点通常是由动态空间分配得到的，每个结点之间可以是不连续的。

共用体是与结构体类似的构造类型。虽然共用体的类型说明和变量的定义方式与结构体完全相同,但二者变量的空间存储结构有着本质区别:结构体中的成员各自占有自己的存储空间,而共用体采用了覆盖技术,允许不同类型的数据互相覆盖,不同类型数据都从同一个起始地址开始存放,即共用体变量中的所有成员占用同一个存储空间(共用体类型变量的内存空间是各成员中占用空间最长的字节数)。

习　题

1. 简答题

(1) 为何引入构造类型?

(2) 结构体类型变量有几种定义方式?

(3) 结构体变量成员有几种引用形式?

(4) 类型和变量有何区别?

(5) 结构体变量的内存空间有多少字节?

(6) 如何理解动态空间存储分配?

(7) 动态链表中结点有何特点?

(8) 共用体变量成员有几种引用形式?

(9) 共用体变量的内存空间有多少字节?

(10) 结构体变量与共用体变量空间存储结构有何区别?

2. 填空题

(1) 有定义:"struct s {int x;chat y;double z;} *p;"用 malloc 函数动态申请一个由 p 指向的此类型大小的空间,其定义语句为________________。

(2) 函数的功能:将指针 p2 指向的线性链表链接到指针 p1 所指向链表的末端。

```
struct node{ int a; struct node *next; };
conn(struct node *p1,struct node *p2)
{      if(p1->next == NULL) p1->next = p2;
       else conn( ________,p2);
}
```

(3) 有定义:

```
struct man{ char name[8];int age; };
struct man st[8] = { "ABC",21. "DEF",23. "GHI",22. "JKL",20.};
```

根据上述定义,能输出字母 D 的语句________________。

(4) 有定义:"struct date{ int y,m,d;} today;"则执行"printf("%d\n",sizeof(struct date));"输出________。

(5) 有如下定义：

```
union un
{     int i;
      char j;
};
struct str
{     int x;
      float y;
      union un z;
} k;
```

则 sizeof(k)的值为________。

3. 选择题

(1) 有说明语句："struct stu{ int xh;float s1;float s2; } stutype;"。下面叙述不正确的是________。

A) struct 是结构体类型的关键字　　B) struct stu 是定义的结构体类型

C) xh、s1、s2 是结构体成员名　　D) stutype 是定义的结构体类型名

(2) 有说明语句："typedef struct { int xh;float s1;float s2; } STU;"。下面叙述正确的是________。

A) STU 是结构体变量名　　B) STU 是结构体类型名

C) typedef struct 是结构体类型　　D) struct 是结构体类型名

(3) 有以下程序：

```
#include "iostream.h"
union un
{     int i;
      char s[2];
} a;
void main()
{     a.s[0] = 13;
      a.s[1] = 0;
      cout<<a.i<<endl;
}
```

程序的输出结果是________。

A) 13　　B) 14　　C) 208　　D) 209

(4) 有说明语句："union un1{ char x;int y;double z; } s;"。下面叙述错误的是________。

A) s 的每个成员的起始地址都相同

B) 变量 s 所占内存字节数与成员 z 占字节数相同

C) s 可以作为函数的实参

D) s. y=20;

(5) 有定义:

```
struct s
{ int x,y; };
struct s m[3] = {{1,2},{3,4},{5,6}};
struct s *p = m;
```

下面引用错误的是________。

A) (p++)->x; B) m[0]. x; C) (*p). x; D) p=&m. x

4. 分析程序,写出运行结果

(1) 程序如下:

```
#include "iostream.h"
union un1{ struct {int a,b,c;} u;int d;};
void main()
{    union un1 x;
     x.u.a = 1; x.u.b = 2; x.u.c = 3;
     x.d = 97;
     cout<<"x.u.a = "<<x.u.a<<endl;
     cout<<"x.u.b = "<<x.u.b<<endl;
     cout<<"x.u.c = "<<x.u.c<<endl;
     cout<<"x.d = "<<x.d<<endl;
}
```

(2) 程序如下:

```
#include "iostream.h"
union un1{union {int a,b,c;} u; int d;};
void main()
{    union un1 x;
     x.u.a = 1; x.u.b = 2; x.u.c = 3;
     x.d = 97;
     cout<<"x.u.a = "<<x.u.a<<endl;
     cout<<"x.u.b = "<<x.u.b<<endl;
     cout<<"x.u.c = "<<x.u.c<<endl;
     cout<<"x.d = "<<x.d<<endl;
}
```

(3) 程序如下:

```
#include "iostream.h"
struct str
```

```
{    int x;
     char y;
} ;
fun(stru str n)
{    n.x = 15;      n.y = 'b';      }
void main()
{    struct str m = {13, 'a'};
     fun(m);.
     cout<<m.x<<","<<m.y<<endl;
   }
```

5. 编写程序

(1) 有 n 名学生,其成员包括学号、姓名、成绩,要求输出成绩最高的学生信息。

(2) 编写主函数,实现调用 creat(建立链表)、print(输出链表)、insert(在链表中插入结点)、delete(删除链表中某一结点)功能。

(3) 自己设计奖学金发放处理逻辑,定义结构体描述学生获奖条件信息,统计 n 名学生中各类奖学金发放人数、金额;获奖学金总人数和总金额。

条件:英语达到四级、六级;计算机达到国家二级、三级

奖学金:院级 B 类/100
　　　　院级 A 类/200
　　　　校级 B 类/500
　　　　校级 A 类/800

第 9 章　面向对象的程序设计

学习导读

主要内容

当传统的结构化程序设计越来越难以满足日益复杂的软件开发和维护的需求时，面向对象程序设计的技术应运而生。本章主要介绍面向对象程序设计的基本概念、特点、类和对象的定义、继承和派生、多态性等内容。

学习目标

- 掌握类和派生类的定义和构造方法；
- 掌握对象的声明和使用方法；
- 了解不同访问权限的成员的访问方式；
- 掌握面向对象程序设计编程的基本方法；
- 熟悉不同继承方式下派生类对基类成员的访问控制；
- 掌握运算符重载的使用；
- 掌握通过虚函数实现多态性的方法。

重点与难点

重点：类的定义、派生类的定义、实现多态性的方法。

难点：继承、派生和多态性应用。

9.1　面向对象程序设计的概述

在前 8 章中介绍的面向过程的程序设计方法是用函数来实现对数据的操作，且往往把描述某一事物的数据与处理数据的函数分开。这种方法的缺点是：当描述事物的数据结构发生变化时，处理这些数据结构的函数必须重新设计和调试，即

- 重点：如何实现细节过程，将数据与函数分开；
- 形式：主模块＋若干个子模块(main()＋子函数)；
- 特点：自顶向下，逐步求精——功能分解；
- 缺点：效率低，程序的可重用性差。

面向对象的思想如下：

- 目的：实现软件设计的产业化；
- 观点：自然界是由实体(对象)所组成，每种对象都有各自的属性和行为，不同对象之间的相互作用和联系构成了不同的系统；

- 程序设计方法：使用面向对象的观点来描述模仿并处理现实问题；
- 要求：高度概括、分类、抽象；
- 特点：支持抽象、封装、继承和多态性。

9.1.1　面向对象的基本概念

1. 对　象

现实世界的实体，每个对象都有所属的类。

通俗地，对象就是现实世界中某个实际存在的事物，它可以是有形的（如一辆汽车），也可以是无形的（如一项计划）。对象是构成世界的一个独立单位，万物皆对象。每个对象都具有静态特征和动态特征。

在面向对象的方法中，对象是系统中用来描述客观事物的一个实体，是构成系统的基本单位。一个对象由一组属性和对这组属性进行操作的一组服务构成。其中属性是用来描述对象静态特征的一个数据项，服务是用来描述对象动态特征的一个操作序列。

描述对象的 4 个主要元素：

① 对象的名称：对对象的命名，如“学生”。

② 属性：用来描述对象的状态特征，如“学生”对象的属性有姓名、出生日期、性别、体重、爱好等。

③ 操作：即对象的行为，分为两类，一类是在对象接收外界消息触发后引起的自身操作，这种操作的结果是修改了对象自身的状态；另一类是对象施加于其他对象的操作，这是指对象将自己产生的输出作为消息向外发送。

④ 接口：主要指对外接口，用来定义对象与外界的关系和通信方式。接口是指对象受理外部消息所指定的操作的名称集合。

2. 类

对一组对象共同具有的属性和行为的抽象，具有封装和隐藏性，还具有继承性。

类是具有相同属性、状态和操作的对象的集合，是对对象的抽象。在面向对象的方法中，可以由类产生出实例。实例就是由类建立起来的具体对象，如把“学生”作为一个类，那么“张三”就是学生类的一个实例。

类具有层次性，可以由一个类派生出多个子类，如“羊”是一个类，它可以派生出“山羊”、“绵羊”等多个子类。子类具有父类所有的数据和方法。同时，子类也可以扩展自身的方法。

3. 消　息

向某对象请求服务的一种表达方式，是对象与外界、对象与其他对象之间联系的工具。

消息是对象之间进行通信的一种数据结构。对象之间是通过传递消息来进行联系的。消息用来请求对象执行某一处理或提供某些信息的要求，控制流和数据流统一包含在消息中。某一对象在执行相应的处理时,如果需要,它可以通过传递消息请求其他对象完成某些处理工作或提供某些信息;其他对象在执行所要求的处理活动时,同样可以通过传递消息与别的对象联系。因此,程序的执行是靠对象间传递消息来连接的。

4. 方　法

类似于过程的实体,是对某对象接收消息后所采取的操作的描述。

9.1.2 面向对象程序设计的特点

面向对象的程序设计具有以下特点:

(1) 抽　象

抽象是人类认识问题的最基本手段之一。面向对象方法中的抽象,是指对具体问题(对象)进行概括,提取一类对象的公共性质并加以描述的过程。

- 先注意问题的本质及描述,其次是实现过程或细节。
- 数据抽象:描述某类对象的属性或状态(对象相互区别的物理量)。
- 代码抽象:描述某类对象的共有的行为特征或具有的功能。
- 抽象的实现:通过类的声明。

抽象就是忽略一个主题中与当前目标无关的那些方面,以便更充分地注意与当前目标有关的方面。抽象并不打算了解全部问题,而只是选择其中的一部分,暂时不用部分细节。比如,要设计一个学生成绩管理系统,考察学生这个对象时,我们只关心他们的班级、学号和成绩等,而不用去关心他的身高、体重这些信息。

(2) 封装性

将抽象出的数据成员、代码成员相结合,将它们视为一个整体。

- 目的:是增强安全性和简化编程,使用者不必了解具体的实现细节,而只需要通过外部接口,以特定的访问权限,来使用类的成员。
- 实现封装:类声明中的{}。

C++语言中,通过类和对象实现对数据的封装,使得程序的修改维护更方便。是 OOP 的基础。

封装即信息隐藏。把对象的属性和服务结合成一个独立的系统单位,并尽可能隐藏对象的内部细节。封装是面向对象方法的一个重要原则。它有两方面的含义:一方面是把对象的全部属性和服务结合在一起,形成一个不可分割的独立单位;另一方面是尽可能隐藏对象的内部细节,对外形成一个边界,只保留有限的接口与外界联系。封装的信息隐藏作用反映事物的相对独立性,当站在对象以外的角度观察一个对象时,只需注意"做什么",不必关心"怎么做"。

封装的原则在软件上的反映是要求对象以外的部分不能随意存取对象内部的数据(属性),从而有效地避免了外部错误对它的影响,使软件错误能够局部化,因而大

大减少了查错和排错的难度。而且，由于对象只通过少量的服务接口对外提供服务，所以对象内部的修改对外部的修改也很小。

(3) 继承性

连接类与类的层次模型，利用现有类派生出新类的过程称为类继承，支持代码重用、提供了无限重复利用程序资源的途径、节省程序开发的时间和资源，是 OOP 的关键。

继承性允许程序员在保持原有类特性的基础上，进行更具体的说明。

实现：声明派生类。

继承是指能够直接获取已有的性质和特征，而不必重复定义它们。继承体现了一种共享机制，意味着在子类中不必重新定义在它的父类中已经定义过的结构、操作和约束，它能够自动、隐含地拥有在其父类中的所用属性。

继承的意义在于它简化了人们对事物的认识和描述，极大程度地减少了程序设计和程序实现中的重复性。比如说，所有的 Windows 应用程序都有一个窗口，它们可以看作都是从一个窗口类派生出来的。但是有的应用程序用于文字处理，有的应用程序用于绘图，这是由于派生出了不同的子类，各个子类添加了不同的特性。

(4) 多态性

发出同样的消息被不同类型的对象接收时导致完全不同的行为，是 OOP 的重要补充。

- 多态：同一名称，不同的功能实现方式；
- 目的：达到行为标识统一，减少程序中标识符的个数；
- 实现：重载函数和虚函数。

对象的多态性是指在父类中定义的结构、操作和约束被子类继承之后，可以具有不同的数据类型和表现出不同的行为。多态性机制不仅增加了面向对象软件系统的灵活性，进一步减少了信息的冗余，还显著提高了软件的可重用性和可扩充性。

9.2　类和对象

类和对象的概念是面向对象的基础，是实现数据抽象和封装的工具。人们把现实中的物体进行归类、抽象，并找出其中的共性，便形成了类。而对象则是类的一个具体实例。类和对象包括数据成员和成员函数。本节主要介绍类的定义、对象的定义、构造函数、析构函数、常对象和常成员、静态成员、友元函数、类模板及应用等内容。

9.2.1　类的定义

类是一种复杂的数据类型，它是将不同类型的数据和与这些数据相关的运算封装在一起的集合体，类的结构是用来确定一类对象的行为，而这些行为是通过类的内部数据结构和相关的操作来确定的。

类定义的一般格式如下：

```
class 类名
{public:
        <成员函数或数据成员的说明>;
 private:
        <成员函数或数据成员的说明>;
 protected:
        <成员函数或数据成员的说明>;
};
<各成员函数的实现>
```

说明：

① class 是类定义的关键字。

② 类定义包括说明部分和实现部分。若成员函数在说明部分已定义，则实现部分可省略。

③ 访问权限修饰符：public(公有)、private(私有)和 protected(保护)，默认为 private。

④ 公有成员通常为成员函数(一些操作)，它提供给用户一些接口，以实现某些功能，可在程序中直接引用；私有成员通常是数据成员，用来描述该类的属性，用户无法直接访问，只有通过本类的公有成员函数或友元函数来间接访问。

⑤ 类体中不允许对数据成员初始化，只能通过成员函数来实现。

⑥ 自身类的对象不可以作为自己的成员。

```
class B
{    private:
     int year = 2004, month = 1, day = 1;
     B b;
      ⋮
};
```

【例 9-1】 定义一个日期类 CDate。

```
class CDate                                  //类定义
{    private:
          int year,month,day;                //数据成员，年、月、日
     public:
          void print() ;                     //成员函数说明，输出日期
        void set(int y,int m,int d)    ;     //成员函数说明，设置日期
 };
```

```
void CDate::print()                              //成员函数实现
{
    cout<<year<<"年"<<month<<"月"<<day<<"日"<<endl;
}
void CDate::set(int y,int m,int d)              //成员函数实现
{     year = y; month = m;day = d;     }
void main()
{     CDate date;                                //定义类对象
     date.set(2014,12,31);                       //对象调用成员函数
     cout<<"今天是："
     date.print();                               //对象调用成员函数
}
```

运行结果：

今天是：2014 年 12 月 31 日

分析：该程序的功能是对一个日期的属性进行设置并输出。上述定义的 CDate 类实际上相当于一种新的数据类型，包含了数据和对数据的操作。类体内仅声明了两个成员函数，而将其具体实现放到了类体外（实现了接口和实现方法的分离）。在类体外定义成员函数时，要指明该成员函数所属的类，其中"::"称为作用域运算符，位于类名和成员函数之间。CDate 类将日期的属性（年、月、日）和操作（print、set）封装在一起，其成员描述如表 9 - 1 所列。

表 9 - 1　CDate 类成员构成

数据成员		成员函数	
名　称	含　义	名　称	功　能
year	日期的年值	set	设置数据成员值
month	日期的月值	print	输出数据成员值
day	日期的日值		

【例 9 - 2】　定义一个圆类 Circle。

```
class Circle                                          //类定义
{     private:
         double x,y,r;                                 //数据成员,圆心坐标和半径
     public:
         void print()                                  //成员函数定义,内联函数
         {     cout<<"圆心:("<<x<<","<<y<<")"<<endl;
               cout<<"半径:"<<r<<endl;
         }
         void set(double x1,double y1,double r1)      //成员函数定义,内联函数
         {      x = x1; y = y1; r = r1;      }
```

```
};
```

分析：上述定义的Circle类实际上也相当于一种新的数据类型，包含了数据和对数据的操作，类体内定义（实现）了两个成员函数。Circle类将圆的属性（圆心坐标和半径）和操作（print、set）封装在一起，其成员描述如表9-2所列。

表9-2　Circle类成员构成

数据成员		成员函数	
名　称	含　义	名　称	功　能
x	圆心坐标 x 值	set	设置数据成员值
y	圆心坐标 y 值	print	输出数据成员值
r	圆半径		

说明：

在类中说明原型，可以在类外给出函数体实现，并在函数名前使用类名加以限定。也可以直接在类中给出函数体，形成内联成员函数：

① 为了提高运行时的效率，对于较简单的函数可以声明为内联形式。

② 内联函数体中不要有复杂结构（如循环语句和 switch 语句）。

③ 在类中声明内联成员函数的方式：

- 将函数体放在类的声明中，如例9-2；
- 使用 inline 关键字。

【例9-3】　使用内联成员函数定义例9-2中的圆类Circle。

```
class Circle                                        //类定义
{     private:
          double x,y,r;                             //数据成员,圆心坐标和半径
      public:
          void print();                             //成员函数原型说明
          void set(double x1,double y1,double r1);  //成员函数原型说明
};
inline void Circle::print()                         //内联成员函数
{
    cout<<"圆心:("<<x<<","<<y<<")"<<endl;
    cout<<"半径:"<<r<<endl;
}
inline void Circle::set(double x1,double y1,double r1)  //内联成员函数
{      x = x1; y = y1; r = r1;      }
```

【例9-4】　定义一个学生类CStudent。

```
#include "iostream.h"
class CStudent                                      //类定义
```

```
{     private:
        char num[11] ;
        char name[20] ;
        char sex ;
        int age ;
      public:
        int score ;                                    //数据成员成绩定义为public
        void print()                                   //成员函数定义
        {
              cout<<num<<" "<<name<<" "<<sex<<" "<<age<<" "<<
score<<endl;
        }
        void set(char * nu,char * na,char se,int a)    //成员函数定义
        {
              strcpy(num,nu);
              strcpy(name,na);
              sex = se;
              age = a;
        }
};
```

分析：该程序的功能是对一个学生的属性进行设置并输出。CStudent 类将学生的属性(学号、姓名、性别、年龄、成绩)和操作(printstudent、setstudent)封装在一起，但学生成绩 score 以 public 方式定义，其成员描述如表 9－3 所列。

表 9－3　CStudent 类成员构成

数据成员		成员函数	
名　称	含　义	名　称	功　能
num	学号	set	设置数据成员值
name	姓名	print	输出数据成员值
sex	性别		
age	年龄		
score	成绩(public)		

9.2.2　对象的定义

类名仅提供一种类型定义，只有在定义属于类的变量后，系统才会为其预留空间，这种变量称为对象，它是类的实例。

对象定义的一般格式如下：

类名 对象名表;

例如，假设 CDate 是一个已定义过的类，则可定义：

```
CDate d1, *p, d[5];
```

其中：d1 是 CDate 类的对象，*p 是指向 CDate 类对象的指针，d[5]是对象数组。

对象成员的引用方式与结构成员引用相同。

1. 一般对象成员的引用

数据成员：

对象名.成员名

成员函数：

对象名.成员名(参数表)

2. 指向对象指针的成员的引用

数据成员：

对象指针名->成员名
(*对象指针名).成员名

成员函数：

对象指针名->成员名(参数表)
(*对象指针名).成员名(参数表)

说明：上述两种对象成员的引用方式是在类外访问 public 属性成员；类中成员互访，直接使用成员名。

【例 9-5】 完善例 9-2，定义类 Circle 对象，实现类成员赋值和输出。

```
#include "iostream.h"
class Circle                          //类定义
{    private:
         double x,y,r;                //数据成员，圆心坐标和半径
     public:
         void print()                 //成员函数定义
         {    cout<<"圆心:("<<x<<","<<y<<")"<<endl;
              cout<<"半径:"<<r<<endl;
         }
         void set(double x1,double y1,double r1)
         {    x=x1; y=y1; r=r1;}};
void main()
{    Circle c;                        //定义圆类对象 c
     c.set(0,0,4);                    //对象调用成员函数实现赋值
     c.print();                       //对象调用成员函数，输出圆心坐标和半径
```

```
}
```

分析：学生参照语句注释，分析总结程序执行过程。

【例 9 - 6】 完善例 9 - 4，定义类 CStudent 对象，实现赋值学生信息和输出学生信息。

```
#include "iostream.h"
#include "string.h"
class CStudent                                  //类定义
{     private:
          char num[11] ;
          char name[20] ;
          char sex ;
          int age ;
      public:
          int score ;                           //数据成员成绩定义为 public
          void print()                          //成员函数定义
          {
              cout<<"学生信息："
              cout<<num<<" "<<name<<" "<<sex<<" "<<age<<" "<<
              score<<endl;
          }
          void set(char * nu,char * na,char se,int a) //成员函数定义
          {
              strcpy(num,nu);
              strcpy(name,na);
              sex = se;
              age = a;
          }
};
void main()
{     CStudent stu1,stu2,stu3, * p ;            //定义类对象,3 个学生
      stu1.set("2012040802088","MengTong",'F',20);   //对象调用成员函数赋值
      stu1.score = 100;                         //对象成员赋值
      stu1.print();                             //对象调用成员函数输出
      p = &stu2;
      p->set("2012040802099","LiXiuPing",'M',22);  //指向对象的指针的成员引用
      p->score = 98;                            //指向对象的指针的成员引用
      p->print();                               //指向对象的指针的成员引用
      p = &stu3
      p->set("2012040802066"," DuanDuan",'M',21);  //指向对象的指针的成员引用
      p->score = 96;                            //指向对象的指针的成员引用
```

```
    p->print();                          //指向对象的指针的成员引用
}
```

运行结果：

```
学生信息：2012040802088   MengTong  F   20   100
学生信息：2012040802099   LiXiuPing  M   22   98
学生信息：2012040802066   DuanDuan  M   21   96
```

分析：上述赋值可以修改为如下形式吗？上机验证一下。

```
stu1.num = "2012040802088";
stu1.name = "MengTong";
stu1.sex = 'F';
stu1.age = 20;
```

9.2.3 构造函数

对象在使用时，只有调用类的构造函数才能实现初始化，即在对象被创建时，用构造函数为类对象分配内存空间，使用给定的值将对象(数据成员)初始化。

1. 构造函数的特点

① 是成员函数，可写在类体内，亦可写在类体外。

② 函数名同类名，不能指定函数类型，可以带参数。

③ 可重载，即可定义多个参数个数不同的函数。

④ 在创建对象时由系统自动调用，程序中不能直接调用。

注意：定义多个对象时，构造函数按对象定义次序被调用。

【例 9-7】 用构造函数改写 Circle 类定义。

```
#include "iostream.h"
class Circle
{    private:
          double x,y,r;
     public:
          void print()
          {    cout<<"圆心:("<<x<<","<<y<<")"<<endl;
          cout<<"半径:"<<r<<endl;
          }
          Circle(double x1,double y1,double r1)     //构造函数、同类名
          {     x = x1;y = y1; r = r1;          }
};
void main()
{    Circle c (0,0,4);      //定义的同时初始化对象;省略对赋初值成员函数的额外调用
     c.print();
```

```
}
```

分析："Circle c (0,0,4);"可以修改为"Circle c; c. Circle(0,0,4);"吗？

2. 缺省构造函数

缺省构造函数的一般形式如下：

<类名>::<缺省构造函数名>( ) {　　}

说明：

① 若没有定义任何构造函数，系统会自动生成上述无参的缺省构造函数。否则，如果需要，必须显示定义缺省构造函数。

② 若定义一个静态对象而没有指明初始化时，编译器会按缺省构造函数对对象的所有数据成员都初始化为 0 或空。

【例 9-8】 定义一个矩形类 Rectangle，具有计算一个矩形的面积、两个矩形的面积之和，以及输出面积等功能 。

```
#include "iostream.h"
class Rectangle
{    private:
        int length,width,s,s1;
     public:
        void print()
        {
            cout<<"矩形长："<<length<<","<<"矩形宽："<<width<<endl;
        }
        Rectangle() { }                                //缺省构造函数
        Rectangle(int length1,int width1)
        {     length = length1; width = width1;     }
        void area()
        {     s1 = length * width;     }
        void addarea(Rectangle r1, Rectangle r2)
        {     s = (r1.length * r1.width) + (r2.length * r2.width);  }
        void disp1()
        {     cout<<"一个矩形面积:"<<s1<<endl;     }
        void disp()
        {     cout<<"两个矩形面积之和:"<<s<<endl;     }
};
void main()
{
     Rectangle r1(4,5),r2(6,8),r3;                     //r3 没有初始化
     r1.print(); r1.area(); r1.disp1();
     r2.print(); r2.area(); r2.disp1();
```

```
    r3.addarea(r1,r2);
    r3.disp();
}
```

分析：类中缺省构造函数“Rectangle() { }”可以省略吗？作用是什么？

3. 复制初始化构造函数

复制初始化构造函数的一般形式如下：

<类名>::<初始化构造函数名>(引用参数)

说明：

① 用于用已知对象初始化被创建的同类对象。

② 只有一个参数，且是对某个对象的引用。

③ 常用体函数的形参及返回值。

④ 如果类中未说明复制初始化构造函数，编译系统会自动生成一个缺省的复制初始化构造函数，将已知对象的全部数据成员的值复制给正在创建的对象。

⑤ 初始化构造函数名：类名。

⑥ 引用参数：类名 & 对象名。

【例 9-9】 复制初始化构造函数举例，复制一个已存在的圆。

```
#include "iostream.h"
class Circle
{    private:
         double x,y,r;
     public:
         void print()
         {
             cout<<"圆心:("<<x<<","<<y<<")"<<endl;
             cout<<"半径:"<<r<<endl;
         }
         Circle(double x1,double y1,double r1)
         {    x=x1; y=y1; r=r1;    }
         Circle( Circle &c)                  //复制初始化构造函数(引用作参数)
         {    x=c.x; y=c.y; r=c.r;   }
};
void main()
{    Circle c1(0,0,2),c2(c1);                //已知对象作初值
     c1.print();
     c2.print();
}
```

运行结果：

圆心:(0,0)
半径:2
圆心:(0,0)
半径:2

分析:该类定义了两个构造函数,第一个是普通的构造函数,为创建对象 c1 而定义的;第二个是复制初始化构造函数,为创建对象 c2 而定义。

【例 9-10】 复制构造函数举例,复制一个点。

```
#include "iostream.h"
class Point
{     private:
          int x,y;
      public:
          Point(int x1 = 0,int y1 = 0)
          {     x = x1; y = y1;     }
          Point( Point &p)                      //复制初始化构造函数(引用作参数)
          {     x = p.x; y = p.y;   }
          int getx() {       return x;   }
          int gety() {       return y;       }
};
void fun1(Point p)                              //形参为类对象
{     cout<<"点坐标:("<<p.getx()<<","<<p.gety()<<")"<<endl;     }
Point fun2()                                    //函数的返回值是类对象
{     Point p1(0,2);     return p1;       }
void main()
{     Point p1(0,1);
      Point p2(p1);                             //已知对象作初值,调用复制构造函数
      cout<<"点坐标:("<<p2.getx()<<","<<p2.gety()<<")"<<endl;
      fun1(p1);                                 //调用复制构造函数
      Point p4;                                 //构造函数
      p4 = fun2();
      cout<<"点坐标:("<<p4.getx()<<","<<p4.gety()<<")"<<endl;
}
```

运行结果:

点坐标:(0,1)
点坐标:(0,1)
点坐标:(0,2)

分析:当用类的一个对象去初始化该类的另一个对象时,系统自动调用它实现复制赋值;若函数的形参为类对象,调用函数时,实参赋值给形参,系统自动调用复制构造函数;当函数的返回值是类对象时,系统自动调用复制构造函数。

9.2.4 析构函数

析构函数完成对象被删除前的一些清理工作。析构函数的功能与构造函数相反,它是在对象删除前将对象占有的全部资源释放掉,并交还给系统,以便于其他程序使用。

1. 析构函数的特点

① 是成员函数,可写在类体内,亦可写在类体外。

② 函数名同类名,前面多个字符“~”,不指定类型,无参。

③ 不可重载,即一个类只能定义一个析构函数。

④ 可被调用,也可由系统调用。系统自动调用情况如下:

- 若一个对象被定义在函数体内,则当该函数结束时,该对象的析构函数被自动调用。
- 当一个对象是使用 new 运算符被动态创建的,在使用 delete 释放时,析构函数将会被自动调用。

【例 9-11】 重新定义例 9-6 CStudent 类,在类中自己编写构造函数和析构函数,对象创建和删除时系统自动调用。

```
#include "iostream.h"
#include "string.h"
class CStudent                              //类定义
{   private:
        char * num ;
        char * name ;
        char sex ;
        int age ;
    public:
        int score ;                         //数据成员成绩定义为 public
        CStudent() ;                        //构造函数声明
        ~CStudent() ;                       //析构函数声明
};
CStudent::CStudent ()                       //构造函数定义
{
    num = new char(11) ;
    name =  new char(20) ;
    strcpy(num,"2012040802088") ;
    strcpy(name,"MengTong") ;
    sex = 'F' ;
    age = 20 ;
    score = 100 ;
}
```

```
CStudent::~ CStudent()                    //析构函数中实现输出(未设专门输出函数)
{
    cout<<"学生信息:"
    cout<<num<<" "<<na      me<<" "<<sex<<" "<<age<<" "<<score<<endl;
    delete [] num ;                       //释放内存空间
    delete [] name ;
}
void main()
{
    CStudent stu ;                        //定义类对象
}
```

运行结果:

```
学生信息:2012040802088   MengTong   F   20   100
```

分析:在程序中,构造函数将初始化所有的数据成员,并申请内存空间。创建对象时,系统将自动调用构造函数并进行初始化;程序结束时,对象将被删除,这时将自动调用析构函数,释放前面所申请的空间。类中没有提供专门对数据成员进行输出的成员函数,而是通过析构函数来完成输出操作。程序中并没有显示调用该析构函数,而是在主函数结束之前,释放对象 stu 时由系统自动调用。

2. 缺省析构函数

缺省析构函数的一般形式如下:

<类名>::~<缺省构造函数名>( ) { }

说明:

① 若类中没有定义任何析构函数,系统会自动生成无参的缺省析构。

② 缺省析构函数也是一个空函数,不做任何工作。

9.2.5　常对象和常成员

在前面介绍的程序设计中,常量是不可以改变的,变量和函数形参如果不允许修改,可用关键字 const 加以修饰。例如:

```
const double PI = 3.1415926;
void fun(int a,const int b);
```

与此相同,可以根据需要将类的对象、成员定义为常对象和常成员,以保护对象和成员不被修改。例如:

```
const Test t(15,30);                      //定义常对象
```

```
void print() const;                              //常成员函数原型说明
void Test::print() const                         //常成员函数定义
{    cout<<a<<","<<b<<endl;    }
```

1. 常对象

定义常对象的一般形式如下：

const 类名 对象名(初始值)；

或

类名 const 对象名(初始值)；

说明：

① 常对象的数据成员值在对象的整个生存期内不能被改变。

② 常对象必须在定义时进行初始化。

③ 只有常成员函数可以操作常对象。

④ 非常对象既可以调用非常成员函数，也可以调用常成员函数。

2. 常数据成员

使用 const 说明的数据成员称为常数据成员。

定义常数据成员的一般形式如下：

const 数据类型 数据成员名；

或

数据类型 const 数据成员名；

说明：常数据成员的初始化只能通过构造函数的初始化列表进行，并且此后不能被更改。

3. 常成员函数

常成员函数的一般形式如下：

类型说明 函数名(参数表) const

说明：

① 不修改对象数据成员的成员函数才能声明为 const 函数。

② 构造函数和析构函数不能声明为 const。

③ 只有常成员函数可以操作常对象。

④ 常成员函数不能调用该类中没有 const 修饰的非常成员函数。

【例 9-12】 常成员函数、常对象程序举例。

```
#include "iostream.h"
class Cdate
{    private:
```

```
        int year,month,day ;
    public:
        Cdate  () {    }
        Cdate  (int y,int m,int d)
        {     year = y; month = m; day = d;   }
        void setdate(int y,int m,int d)          //setdate 函数可声明为 const 吗?
        {     year = y; month = m; day = d;   }
        void print() const                       //不修改数据成员,定义为常成员函数
        {     cout<<"日期:"<<year<<"-"<<month<<"-"<<day<<endl;   }
        int getyear() const
        {     return year;          }
        int getmonth() const
        {     return month;      }
        int getday() const
        {     return day;           }
};
void main()
{     Cdate d1;
      const Cdate d2(2013,12,31);                //定义 t2 为常对象
      d1.setdate(2013,12,30);
      d1.print();
     //d2.setdate(2014,1,30);                    //前面的注释符可去掉吗?
      d2.print();
}
```

运行结果:

```
日期:2013-12-30
日期:2013-12-31
```

分析:程序中两次出现 const 关键字。其中,d2 是一个常对象,而 print、getyear、getmonth、getday 是常成员函数。如果将主函数中的注释语句"//d2.setdate(2014,1,30);"修改为有效语句,则会出现错误。因为 setdate 不是常成员函数,C++规定,只有常成员函数可以操作常对象。

在应用中,一般声明为常成员函数的主要有:

① 在类中其功能只是为了获得数据成员的值(如本例中的 getyear、getmonth、getday)。

② 在类中其功能只是为了输出数据成员的值(如本例中的 print)。

本例中的 setdate 函数的功能是设置对象的数据成员的值,具有修改对象的功能,一般不应该声明为常成员函数。

【例 9-13】 常数据成员程序举例。

```
#include<iostream.h>
class A
{    private:
         const int a;                          //定义常数据成员
         int b;
         int c;
     public:
         A(int i);
         void print()
         {    cout<<a<<","<<b<<","<<c<<endl;  }
};
A::A(int i):a(i),b(a) {c = a + b;}            //用初始化列表方式对数据成员赋初值
void main()
{        A a1(10),a2(20);
         a1.print();
         a2.print();
}
```

运行结果：

```
10,10,20
20,20,40
```

分析：建立对象 a、b 和 c，并以 10 和 20 作为初值，分别调用构造函数，通过构造函数的初始化列表给对象的常数据成员和非常数据成员赋初值。

9.2.6 静态成员

静态成员的提出是为了解决数据共享的问题，它比全局变量在实现数据共享时更为安全，是实现同类多个对象数据共享的好方法。在类中，分为静态数据成员和静态函数。

1. 静态数据成员

- 是类的成员，被所有对象所共享，在内存中只存储一次；
- 定义或说明时前面加关键字 static；
- 初始化在类外进行，不加 static 和访问权限修饰符。

静态变量声明的一般格式如下：

static 数据类型 数据成员 ；

静态变量初始化的一般格式如下：

数据类型 类名::静态数据成员＝值 ；

下面通过程序了解静态数据成员的声明、初始化的位置和限定及具有类对象共

享的属性。

【例 9－14】 静态数据成员程序举例。

```
#include<iostream.h>
class Tc
{       private:
            int i ;
            static int n ;                          //静态变量声明
        public:
            Tc( )
            {     i = 0; i ++ ; n ++ ;     }
          void display()
          {     cout<<i<<","<<n;     }
};
int Tc::n = 0 ;                                     //静态变量初始化
void main()
{
    Tc A,B;              //创建 A 时,n 的值由 0 变为 1;创建 B 时,n 的值由 1 变为 2;
    A.display();
    B.display();
}
```

运行结果：

```
1,2
1,2
```

分析：本程序利用静态数据成员 n 对对象个数进行了维护，该成员在构造函数 Tc 中进行了 n＋＋操作，因为其静态特性，则在创建对象 A 时，n 的值由 0 变为 1，创建对象 B 时，n 的值由 1 变为 2，从而达到了数据共享的目的。

2. 静态成员函数

静态成员函数是类的成员函数，而非对象的成员，具有类的属性。

静态成员函数声明的一般格式如下：

```
static  数据类型 静态成员函数(参数表) ;
```

调用形式：

```
类名::静态成员函数名(参数表)
```

或

```
对象.静态成员函数名(参数表)
```

静态成员函数的特点如下：

● 静态函数在类体外定义时，不能再写 static；

● 对静态数据成员,直接引用;

● 对非静态数据成员,通过对象引用(通过函数参数得到对象)。

【例 9-15】 静态成员函数程序举例。

```
#include<iostream.h>
class Tc
{     private:
          int a;
          static int b;                          //静态变量声明
      public:
          Tc(int x)
          {      a = x; b += x;        }
          static void display(Tc z)
          {     cout<<z.a<<"," ;                 //非静态数据成员的引用
              cout<<b<<endl ;                    //静态数据成员的引用
          }
};
int Tc::b = 1;
void main()
{     Tc x(2),y(3) ;
      Tc::display(x) ;                           //静态成员函数的调用
      Tc::display(y) ;
      x.display(x) ;                             //静态成员函数的调用
      x.display(y) ;
}
```

运行结果:

```
2,6
3,6
2,6
3,6
```

分析:上面通过程序介绍了解了程序中静态成员函数的调用方式,以及静态成员函数中静态数据成员和非静态数据成员的引用方式。

9.2.7 友元函数

面向对象程序设计的价值之一在于类的封装性和数据的隐藏性。但数据的封装和隐藏在应用上有时会带来不方便。友元是 C++提供的一种破坏数据封装和数据隐藏的机制。通过将一个模块声明为另一个模块的友元,一个模块能够引用到另一个模块中本来是被隐藏的信息。在 C++中,可以使用友元函数和友元类来实现。

1. 友元函数

友元函数的作用：增加灵活性，使程序员可以在封装和快速性方面做合理选择。

使用友元函数提高了程序的执行效率，但破坏了类的封装性和数据的隐藏性。为了确保数据的完整性，及数据封装与隐藏的原则，建议尽量不使用或少使用友元。

友元函数的特点：

- 为非成员函数，在类体内说明，在类体外实现，实现时前面不能加类名；
- 友元函数可访问类中私有成员；
- 说明时前面加关键字 friend 标识，但实现时不允许使用该关键字。

【例 9-16】 使用友元函数计算两个点之间的距离。

```
#include<iostream.h>
#include<math.h>
class Cpoint
{     private:
      int X,Y;
      public:
         Cpoint(int x, int y)
         {     X = x;   Y = y;     }
         void print();
         friend double dist(Cpoint &a,Cpoint &b);    //友元函数说明
};
void Cpoint::print()
{     cout<<"点坐标：("<<X<<","<<Y<<")"<<endl  ;     }
double dist(Cpoint &a,Cpoint &b)                  //友元函数实现,前面不能加 friend
{
      int dx = a.X - b.X;
      int dy = a.Y - b.Y;
      return sqrt(dx * dx + dy * dy);
}
void main()
{     Cpoint p1(3,4),p2(6,8);
      p1.print();
      p2.print();
      double d = dist(p1,p2);            //友元不是成员函数不需对象表示,可直接调用
      cout<<"两点之间的距离："<<d<<endl;
}
```

运行结果：

```
点坐标：(3,4)
点坐标：(6,8)
两点之间的距离：5
```

分析：本程序中，定义了一个 dist 友元函数。虽然声明在类体内，但在类体外实现(不加类名标识)。虽然不属于类的成员函数，但却可以像成员函数那样访问私有成员 X 和 Y，某些情况下提高了程序的执行效率。

提示：一个类的友元函数可以是一个全局函数，也可以是另一个类的成员函数。如类 A 的成员函数 f 是类 B 的友元函数，则 A::f 可以访问 B 类中的全部成员。但要注意，友元关系是单向的，即 B 类中的成员函数不能访问 A 类中的成员，除非也将 B 类中成员函数定义为 A 类的友元函数。

2. 友元类

当一个类中的全部成员函数都是另一个类的友元函数时，友元函数的说明可以简化为将一个类说明成另一个类的友元类(friend class)，则此类的所有成员都能访问对方类的私有成员。

在程序中，友元类通常设计为一种对数据操作或类之间传递消息的辅助类。

友元类声明的一般形式：

friend 友元类名 ;

说明：将友元类名在另一个类中使用 friend 修饰说明。

【例 9-17】 使用友元类程序举例。

```
class A
{      friend class B;                          //B类为A类的友元类
       private:
           int a;
       public:
           void print()
           {      cout<<"A::print 被调用："<<a<<endl;          }
};
class B
{      private:
           A x;
       public:
           void set(int i);
           void print();
};
void B::set(int i)
{      x.a = i;          }                      //使用类A的成员变量a
void B::print()
{      x.print();      }
void main()
{      B y;
       y.set(5);
```

```
    y.print();
}
```

运行结果：

```
A::print 被调用：5
```

分析：

本程序中，类 B 是类 A 的友元类，所以可以在 B 类的成员函数中使用类 A 的私有成员变量 a。

9.2.8　类模板及应用

使用类模板可以为类声明一种模式，使得类中的某些数据成员、某些成员函数的参数、某些成员函数的返回值，能取任意类型(包括系统预定义的和用户自定义的)。

定义类模板的一般形式如下：

```
template<class 模板类型表>
class 类名
{ 类声明体 };
```

说明：

① template、class 是关键字，class 用来指定类模板的类型参数。

② 模板类型表，即用户定义的数据类型，通常用大写表示。

【例 9-18】　定义类模板，实现对任意类型数据进行存取。

```
#include<iostream.h>
#include<stdlib.h>
struct Student                      //结构体 Student
{
        int id;                     //学号
        float gpa;                  //平均分
};
template<class T>                   //类模板的关键字
class Store                         //存储类型
{   private:
          T item;                   //用于存放任意类型的数据
          int haveValue;            //用于标记 item 是否已被存入内容
    public:
          Store(void);              //缺省形式(无形参)的构造函数
          T GetElem(void);          //提取数据函数
          void PutElem(T x);        //存入数据函数
};
//缺省形式构造函数的实现
```

```
template<class T>
Store<T>::Store(void): haveValue(0) {}
template<class T>                       //提取数据函数的实现
T Store<T>::GetElem(void)
{    if (haveValue == 0)                //如果试图提取未初始化的数据,则终止程序
     {    cout << "No item present!" << endl;
          exit(1);
     }
     return item;                       //返回 item 中存放的数据
}
template<class T>                       //存入数据函数的实现
void Store<T>::PutElem(T x)
{   haveValue ++ ;
                                        //将 haveValue 置为 TRUE,表示 item 中已存入数值
     item = x;                          //将 x 值存入 item
}
void main(void)
{    Student g = {1000, 23};
     Store<int> S1, S2; //
     Store<Student> S3;
     Store<double> D;
     S1.PutElem(3);
     S2.PutElem( - 7);
     cout << S1.GetElem() << "  " << S2.GetElem() << endl;
     S3.PutElem(g);
     cout << "The student id is " << S3.GetElem().id << endl;
     cout << "Retrieving object D  " ;
     cout << D.GetElem() << endl;         //输出对象 D 的数据成员
}
```

运行结果：

```
3   - 7
The student id is 1000
Retrieving object D  No item present!
```

分析：由于 D 未经初始化，所以在执行函数 D.GetElem()时容易出错。

9.3 继承和派生

代码重用是面向对象程序设计的思想追求目标之一，而继承和派生正是代码重用的实现机制。

在 C++语言中,保持已有类的特性而构造新类的过程称为继承。在已有类的基础上新增自己的特性而产生新类的过程称为派生。

继承的目的：实现代码重用。

派生的目的：当新的问题出现,原有程序无法解决(或不能完全解决)时,需要对原有程序进行改造。

9.3.1　基类和派生类

在继承关系中,被继承的类称为基类或父类,通过继承关系新建的类称为派生类或子类。在 C++中,一个派生类可以从一个基类派生,也可以从多个基类派生。从一个基类派生的继承称为单继承;从多个基类派生的继承称为多继承。

如图 9－1 所示为经济与管理学院组成人员的继承关系,其中,学院组成人员分为教职工和学生,即教职工类和学生类是从学院组成人员类派生出来的,而教师、行政人员和教务又是从教职工类派生出来的新类,本科生和研究生则是从学生类派生出的新类。在上述继承关系中,每个派生类只有一个基类,因而都是单继承关系。院长既是教师,又是行政管理人员,因而院长类是从两个类派生而来的,是多继承关系。

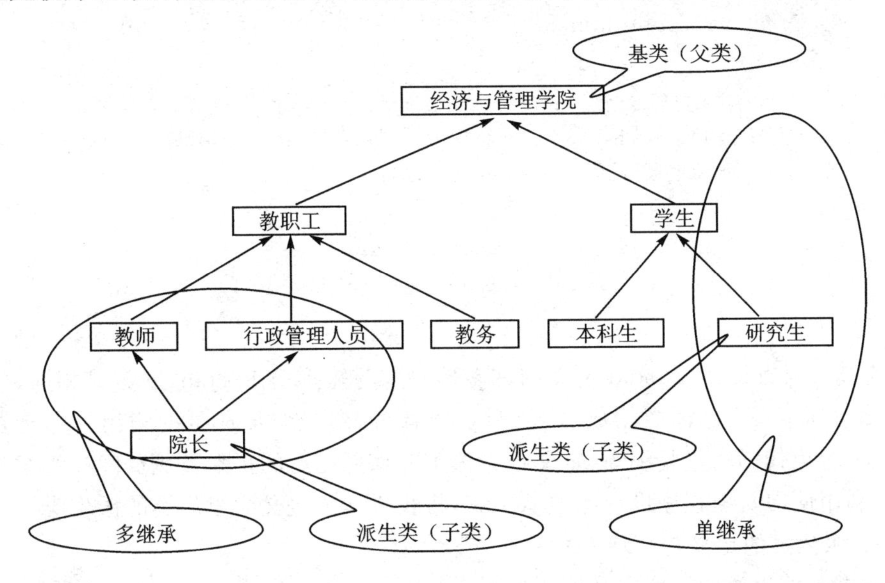

图 9－1　经济与管理学院组成人员的继承关系

派生类不完全等同于基类,派生类可以添加自己特有的特性,即可以为派生类增加新的数据成员和成员函数。

派生类还可以重新定义基类中不满足派生类要求的特性,即可以重新定义基类中的成员函数。

在继承关系中,基类的接口是派生类接口的子集,派生类支持基类所有的公有成员函数。

9.3.2 单继承

从一个基类派生的继承称为单继承，下面只讨论这种单继承的关系。

比较下面矩形类和长方体类的定义：

```
#include "iostream.h"
class Rectangle                    //矩形类定义
{     private:
          int length,width;
      public:
          void print()
          {     cout<<"长："<<length<<","<<"宽："<<width<<endl;     }
          void set(int length1,int width1)
          {     length = length1; width = width1;     }
};
class Cuboid                       //长方体类定义
{     private:
          int length,width,high;
      public:
          void print()
          {   cout<<"长："<<length<<","<<"宽："<<width<<endl;
              cout<<"高："<<high<<endl;
          }
          Void set(int length1,int width1,int high1)
          {     length = length1; width = width1; high = high1;   }
};
```

分析：长方体类 Cuboid 定义的许多信息都与矩形类 Rectangle 定义相同，只是该类中增加了一个新的数据成员 high（长方体的高）及对该成员的输出。那是否可以考虑，避免代码的重复编写，定义长方体类时使用已有的矩形类成员呢？答案是肯定的，利用面向对象程序设计的继承机制，将长方体类定义为矩形类的派生类。

1. 派生类的定义与继承方式

单继承派生类的一般定义格式如下：

```
class 派生类名：继承方式 基类名
{ 派生类新定义成员 };
```

说明：

① 继承方式有 3 种：public（公有继承）、private（私有继承）和 protected（保护继承）。

② 如果不显示给出继承方式，则默认为私有继承。

③ 在派生过程中，派生类同样可以作为新的基类继续派生。

④ 继承关系不允许出现循环。即在派生过程中不允许出现 A 类派生 B 类，B 类派生 C 类，C 类又派生 A 类。

public、private 和 protected 是 3 种常用的继承方式，继承方式的不同决定了派生类对基类成员的访问权限不同，如表 9－4 所列。

表 9－4　派生类的继承关系

基　类	私有成员（private）	公有成员（public）	保护成员（protected）
私有成员（private）	不可访问的成员	私有成员	私有成员
公有成员（public）	不可访问的成员	公有成员	保护成员
保护成员（protected）	不可访问的成员	保护成员	保护成员

不同继承方式的影响主要体现在：派生类成员对基类成员的访问控制，派生类对象对基类成员的访问控制。派生类的继承关系如下：

① 在公有继承中，只有基类的公有成员才能被派生类对象访问，而基类的公有成员和保护成员均可以被派生类的成员函数访问。

② 在私有继承中，基类中的所有成员都不能被派生类对象访问，但基类的公有成员和保护成员均可以被派生类的成员函数访问，且成为派生类的私有成员，无法继续被继承。

③ 在保护继承中，基类中的所有成员都不能被派生类对象访问，但基类的公有成员和保护成员均可以被派生类的成员函数访问，且成为派生类的保护成员，并可继续向下继承。

【例 9－19】　利用矩形类派生出长方体类。

```
#include "iostream.h"
class Rectangle                              //矩形类定义
{     private:
          int length,width;
      public:
          void print()
          {     cout<<"长："<<length<<","<<"宽："<<width<<endl;          }
          void set(int length1,int width1)
          {      length = length1; width = width1;      }
};
class Cuboid : public Rectangle              //从矩形类派生长方体类
{     private:
          int high;                          //只定义一个新成员(Rectangle 中没有)
      public:
          void print()
          {
              Rectangle:print();      //调用 Rectangle 类成员函数输出 Rectangle 类成员
```

```
            cout<<"高："<<high<<endl;
        }
        void set(int length1,int width1,int high1)
        {
            Rectangle::set(length1,width1);   //调用基类同名成员函数设置数据成员
            high = high1;
        }
};
void main()
{
    Cuboid p;
    p.set(3,4,5);
    p.print();
}
```

运行结果：

```
长：3,宽：4
高：5
```

分析：在派生类长方体类 Cuboid 中可以访问基类 Rectangle 中的成员函数 print 和 set。那基类 Rectangle 中的私有数据成员是否能被派生类成员函数所访问呢？答案是否定的。请同学自己分析。

【例 9-20】 修改完善例 9-19 中矩形类和长方体类，使长方体类具有计算长方体体积的功能。

分析：若要在派生类 Cuboid 中再增加一个成员函数 volume，用于计算长方体的体积，则该成员函数能否写成下面的形式实现呢？

```
int Cuboid::volume()
{    return length * width * high;  }
```

答案是否定的，因为 length、width 是 Rectangle 类的私有成员，所以不能被派生类直接访问。那么如何在派生类中使用基类中的私有成员呢？下面的代码很好地解决了这个问题。

```
#include "iostream.h"
class Rectangle                                   //矩形类定义
{    private:
        int length,width;
    public:
        void print()
        {    cout<<"长："<<length<<","<<"宽："<<width<<endl;        }
        void set(int length1,int width1)
```

```
        {    length = length1; width = width1;    }
        int getl()
        {    return length ;    }
        int getw()
        {    return width ;    }
};
class Cuboid : public Rectangle
{    private:
        int high;                    //只定义一个新成员(Rectangle 中没有)
    public:
        void print()
        {
            Rectangle:print();
                                    //调用 Rectangle 类成员函数输出 Rectangle 类成员
            cout<<"高: "<<high<<endl;
        }
        void set(int length1,int width1,int high1)
        {
            Rectangle:set(length1,width1);  //调用基类同名成员函数设置数据成员
            high = high1;
        }
        int volume()
        {
            int L = getl();          //派生类可访问基类公有成员,获取基类私有成员
            int W = getw();          //派生类可访问基类公有成员,获取基类私有成员
            return L * W * high;
        }
};
Void main()
{
    Cuboid p;
    p.set(3,4,5);
    p.print();
    cout<<"长方体的体积 = "<<p.volume();
}
```

运行结果:

```
长: 3,宽: 4
高: 5
长方体的体积 = 60
```

分析: getl、getw 两个函数的返回值分别为矩形的长和宽,为派生类 Cuboid 能

使用长和宽提供了接口。即通过派生类访问基类公有成员，获取基类私有成员。

【例 9-21】 分析下面类之间的继承关系。

```
#include<iostream.h>
class A
{     private:
          int x1;
      protected:
          int y1;
      public:
          int z1;
          void f1()
          {
              cout<<"类 A::f1()被调用:"<<endl;
              cout<<"访问类 A 数据成员"<<"x1 = "<<x1<<",y1 = "<<y1<<",z1
              = "<<z1<<endl;
          }
          void fa() {     cout<<"类 A::fa()被调用!"<<endl;   }
          a1()     {   x1 = 10;y1 = 11;z1 = 12;   }
};
class B:public A
{     private:
          int x2;
      protected:
          int y2;
      public:
          int z2;
          void f2()
          {
              cout<<"类 B::f2()被调用:"<<endl;
              cout<<"访问类 B 数据成员"<<"x2 = "<<x2<<",y2 = "<<y2<<",z2
              = "<<z2<<endl;
              cout<<"访问类 A 保护/公有数据成员"<<"y1 = "<<y1<<",z1 = "<<
              z1<<endl;
              A::fa();          //派生类成员函数访问基类公有成员
          }
          void fb() {   cout<<"类 B::fb()被调用!"<<endl;   }
          b1()     {   x2 = 20;y2 = 21,z2 = 22;   }
};
class C:public B
{     private:
          int x3;
```

```
    protected:
        int y3;
    public:
        int z3;
        void f3()
        {
            cout<<"类 C::f3()被调用:"<<endl;
            cout<<"访问类 C 数据成员"<<"x3 = "<<x3<<",y3 = "<<y3<<",z3
            = "<<z3<<endl;
            cout<<"访问类 B 保护/公有数据成员"<<"y2 = "<<y2<<",z2 = "<<
            z2<<endl;
            cout<<"访问类 A 保护/公有数据成员"<<"y1 = "<<y1<<",z1 = "<<
            z1<<endl;
            B::fb();            //派生类成员函数访问基类公有成员
            A::fa();            //派生类成员函数访问基类公有成员
        }
        void fc() {  cout<<"类 C::fc()被调用!"<<endl;  }
        c1()    {  x3 = 30;y3 = 31;z3 = 32;  }
};
void main()
{
    A a;                        //定义基类对象
    a.a1(); a.f1();
    B b;                        //定义派生类对象
    b.b1(); b.f2();
    C c;                        //定义派生类对象
    c.c1(); c.f3();
    c.fb();                     //派生类对象访问基类公有成员函数
    c.fa();
}
```

运行结果:

```
类 A::f1()被调用:
访问类 A 数据成员 x1 = 10,y1 = 11,z1 = 12

类 B::f2()被调用:
访问类 B 数据成员 x2 = 20,y2 = 21,z2 = 22
访问类 A 保护/公有数据成员 y1 = 11,z1 = 12
类 A::fa()被调用!

类 C::f3()被调用:
访问类 C 数据成员 x3 = 30,y3 = 31,z3 = 32
```

```
访问类B保护/公有数据成员 y2 = 21,z2 = 22
访问类A保护/公有数据成员 y1 = 11,z1 = 12
类B::fb()被调用!
类A::fa()被调用!

类B::fb()被调用!
类A::fa()被调用!
```

分析：在公有继承中，只有基类的公有成员才能被派生类对象访问，而基类的公有成员和保护成员均可以被派生类的成员函数访问。

2. 派生类的构造函数和析构函数

派生类的构造函数除了对自己的数据成员初始化外，还负责调用基类构造函数使基类的数据成员得以初始化，当对象被删除时，派生类的析构函数被执行，同时基类的析构函数也将被调用。

派生类构造函数的一般定义格式如下：

```
派生类名(派生类构造函数总参数表):基类构造函数(参数表)
{<派生类中数据成员初始化>};
```

说明：

① 若基类中有缺省的构造函数或没定义的构造函数，则在派生类构造函数的定义中可省略对基类构造函数的调用，而隐式调用缺省构造函数。

② 若基类构造函数中，只有有参的构造函数，则在派生类构造函数中必须调用基类构造函数，提供将参数传递给基类构造函数的途径。

③ 派生类构造函数的调用顺序为先基类，后派生类。

④ 派生类析构函数的执行顺序为先派生类，后基类。

【例9-22】 分析派生类和基类构造函数、析构函数的调用顺序。

```
#include<iostream.h>
class Animal
{
    public:
        Animal()
        {    cout<<" Animal构造函数被调用!"<<endl;  }
        ~Animal()
        {    cout<<" Animal析构函数被调用!"<<endl;  }
};
class Giraffe:public Animal
{
    public:
        Giraffe ()
```

```
        {    cout<<" Giraffe 构造函数被调用!"<<endl;  }
        ~Giraffe ()
        {    cout<<" Giraffe 析构函数被调用!"<<endl;  }
};
Void main()
{
    Giraffe g ;
}
```

运行结果：

```
Animal 构造函数被调用!
Giraffe 构造函数被调用!
Giraffe 析构函数被调用!
Animal 析构函数被调用!
```

分析：在派生类构造函数 Giraffe 调用前，自动调用基类构造函数 Animal；在派生类析构函数～Giraffe()调用后，自动调用基类析构函数～Animal()。

【例 9－23】 利用构造函数重写例 9－19(由矩形类派生长方体类)。

```
#include "iostream.h"
class Rectangle                     //矩形类定义
{    private:
        int length,width;
    public:
        void print()
        {    cout<<"长："<<length<<","<<"宽："<<width<<endl;    }
        Rectangle     (int length1,int width1)
        {    length = length1; width = width1;    }
};
class Cuboid : public Rectangle   //从矩形类派生长方体类
{    private:
        int high;                   //只定义一个新成员(Rectangle 中没有)
    public:
        void print()
        {
            Rectangle:print();//调用 Rectangle 类成员函数输出 Rectangle 类成员
            cout<<"高："<<high<<endl;
        }
        //派生类构造函数中调用基类构造函数
        Cuboid (int length1,int width1,int high1) : Rectangle (length1, width1)
        {
            high = high1;
```

```
        }
};
Void main()
{
    Cuboid p(3,4,5);
    p.print();
}
```

运行结果：

```
长：3,宽：4
高：5
```

分析：在基类构造函数中，若只有有参的构造函数 Rectangle(int length1,int width1)，则派生类构造函数中必须调用基类构造函数，提供将参数传递给基类构造函数的途径。

9.4 多态性

所谓多态性是指发出同样的消息被不同类型的对象接收时导致完全不同的行为。这里所说的消息主要是指对类的成员函数的调用，而不同的行为是指不同的实现。利用多态性，用户只需发送一般形式的消息，而将所有的实现留给接收消息的对象。对象根据接收的消息而做出相应的操作。在C++的类层次结构中，基类和派生类可以有同名函数，但所定义的操作却不同。只要指定类的对象，就能借助动态联编机制，调用相应的函数。

9.4.1 多态性类型

C++中有两种多态性，即静态多态性和动态多态性。函数重载和运算符重载属于静态多态性，而建立在虚函数的概念和方法上的多态性则是一种动态的多态性。

1. 函数重载

函数重载就是赋给同一个函数名多个含义，即在相同作用域内以同一名字定义几个不同实现的函数。重载函数定义要求参数个数或者参数类型不同，而与函数返回值类型无关。在C++类中，普通成员函数和构造函数均可以重载。函数重载为用户程序设计提供了很大的灵活性。

2. 运算符重载

所谓运算符重载就是赋予已有的运算符多重含义，通过重新定义运算符使它能够用于特定类的对象以完成特定的功能。

在C++等面向对象的程序设计语言中，运算符重载可以完成两个对象的复杂操作。运算符重载是通过运算符重载函数来完成的。当编译器遇到重载运算符，自

动调用运算符的重载函数完成两个复数对象的相应操作。

3. 基于虚函数的多态性

虚函数就是在基类中被关键字 virtual 说明，并在派生类中重新定义的函数。它是一种非静态的成员函数，反映了基类和派生类成员函数之间的一种特殊关系，它是实现多态性的工具。

9.4.2 联　编

多态从实现的角度来讲可以划分为两类：编译时的多态和运行时的多态。在编译时或程序运行过程中确定主调函数与被调函数连接关系（或确定同名操作的具体对象）的过程称为联编。

按照联编所在的阶段，联编分为静态联编和动态联编。

1. 静态联编

联编工作在编译时完成，用对象名或者类名来限定要调用的函数，称为静态联编。即使在有类层次的应用程序中，如果基类不声明任何虚函数，则联编仍是静态的。

2. 动态联编

在编译阶段，系统还无法解决联编问题，只有当程序运行时，才根据具体对象来确定调用哪个函数，称为动态联编。对于虚函数而言，则是在运行阶段进行了参数传递后才决定调用哪个类中的同名函数的联编是动态的。

9.4.3 运算符重载

运算符重载用同一个运算符完成不同的运算操作，其实质就是函数重载。运算符重载属于静态联编。

1. 运算符重载的必要性

C＋＋中预定义的运算符其运算对象只能是基本数据类型，而不适用于用户自定义类型（如类）。

2. 运算符重载的实现机制

- 在实现过程中，先把指定的运算表达式转化为对运算符函数的调用，运算对象转化为运算符函数的实参，然后根据实参的类型确定需要调用的函数，这个过程是在编译过程中完成的。
- 编译系统对重载运算符的选择，遵循函数重载的选择原则。

3. 运算符重载的规则和限制

- 可以重载 C＋＋中除下列运算符外的所有运算符：“.”、“.＊”、“::”、“?:”。
- 只能重载 C＋＋语言中已有的运算符，不可臆造新的。
- 不改变原运算符的优先级和结合性。
- 不能改变操作数个数。

● 经重载的运算符，其操作数中至少应该有一个是自定义类型。

4. 运算符重载的形式

运算符重载的形式包括：重载为类的成员函数，重载为类的友元函数。

(1) 重载为类的成员函数

格式：

类名 operator 运算符(参数表)

程序中的表达形式：

c1 运算符 c2

编译程序的解释形式：

c1 operator 运算符(c2)　　　　//隐含了指向 c1 的 this 指针

(2) 重载为类的友元函数

格式：

friend 类名 operator 运算符(参数表)

程序中的表达形式：

c1 运算符 c2

编译程序的解释形式：

operator 运算符(c1,c2)

说明：

① 重载为类成员函数时，参数个数=原操作数个数-1(后置++、--除外)。

② 重载为友元函数时，参数个数=原操作数个数，且至少应该有一个自定义类型的形参。

5. this 指针

① 无需定义而隐含于每个类的成员函数中。

② 指向正在被某个成员函数操作的对象。

③ 可以用 * this 来标识调用该成员函数的对象。

④ 通常情况下，程序中并不显式地使用 this 指针。

【例 9-24】 重载"+"运算，用以实现两个字符串的连接。

```
#include "iostream.h"
#include "string.h"
#include "stdio.h"
class Str
{    private:
```

```
        char * s;
        int len;
    public:
        Str() {    }
        Str(char * s1)
        {     len = strlen(s1);
              s = new char[len];
              strcpy(s,s1);
        }
        void print()
        {   cout<<s<<endl;    }
        Str operator + (Str s1)                     //对加法运算符进行重载
        {    return(strcat(s,s1.s));  }             //返回连接后的串对象
};
void main()
{
    char str1[100],str2[100];
    gets(str1);
    gets(str2);
    Str s1(str1),s2(str2),s3;
    s3 = s1 + s2;                                   //s3 = s1.operator + (s2)
    s3.print();
}
```

运行程序,输入:

中华民族伟大复兴!
中国梦,我的梦!

输出结果:

中华民族伟大复兴! 中国梦,我的梦!

分析:程序中重载了"+"运算,作用于两个自定义的字符串类,用于实现两个字符串的连接,使得字符串的连接操作看起来更直观。

如果将本例中的加法运算符重载为友元函数,其形式如下:

```
friend Str operator + (Str s1,Str s2)
{ return(strcat(s1.s,s2.s)); }
```

【例 9-25】 定义复数类 complex 和运算符重载函数,完成复数的基本运算。

分析:将"+"、"-"运算重载为复数类的成员函数,实部和虚部分别相加减,两个操作数都是复数类的对象。

```
#include<iostream.h>
```

```
class complex                                              //复数类声明
{    public:
        complex(double r = 0.0,double i = 0.0){real = r;imag = i;}      //构造函数
        complex operator + (complex c2);                   //"+"重载为成员函数
        complex operator - (complex c2);                   //"-"重载为成员函数
        void display();                                    //输出复数
     private:
        double real;                                       //复数实部
        double imag;                                       //复数虚部
};
complex complex::operator + (complex c2)                   //重载函数实现
{
    complex c;
    c.real = c2.real + real;
    c.imag = c2.imag + imag;
    return complex(c.real,c.imag);
}
complex complex::operator - (complex c2)                   //重载函数实现
{
    complex c;
    c.real = c2.real - real;
    c.imag = c2.imag - imag;
    return complex(c.real,c.imag);
}
void complex::display()
{    cout<<"("<<real<<","<<imag<<")"<<endl;      }
void main()
{    complex c1(1,2),c2(3,6),c3;                           //声明复数类的对象
     cout<<"c1 = "; c1.display();
     cout<<"c2 = "; c2.display();
     c3 = c1 + c2;                                         //使用重载运算符完成复数加法
     cout<<"c3 = c1 + c2 = ";
     c3.display();
     c3 = c1 - c2;                                         //使用重载运算符完成复数减法
     cout<<"c3 = c1 - c2 = ";
     c3.display();
}
```

运行结果：

```
c1 = (1,2)
c2 = (3,6)
c3 = c1 + c2 = (4,8)
```

```
c3 = c1 - c2 = (2, - 4)
```

上面主要介绍了双目运算符重载函数的应用，下面通过自增运算符重载了解单目运算符重载函数的应用。

(1) 前置单目运算符 U

如果要重载 U 为类成员函数，并使之能够实现表达式 U oprd，其中 oprd 为 A 类对象，则 U 应被重载为 A 类的成员函数，无形参。

经重载后，表达式 U oprd 相当于 oprd. operator U()。

(2) 后置单目运算符 ＋＋和－－

如果要重载 ＋＋或－－为类成员函数，并使之能够实现表达式 oprd＋＋或 oprd－－，其中 oprd 为 A 类对象，则＋＋或－－应被重载为 A 类的成员函数，且具有一个 int 类型形参。

经重载后，表达式 oprd＋＋相当于 oprd. operator ＋＋(0)。

【例 9－26】 定义时钟类 Clock，运算符前置＋＋和后置＋＋重载为时钟类的成员函数，操作数是时钟类的对象，实现时间增加 1 s。

```
#include<iostream.h>
class Clock                                    //时钟类声明
{    public:
        Clock(int NewH = 0, int NewM = 0, int NewS = 0)
        {    Hour = NewH;Minute = NewM;Second = NewS; }
        void ShowTime()
        {    cout<<Hour<<":"<<Minute<<":"<<Second<<endl; }
        void operator ++ ();                   //前置单目运算符重载
        void operator ++ (int);                //后置单目运算符重载
    private:                                   //私有数据成员
        int Hour, Minute, Second;
};
void Clock::operator ++ ()                     //前置单目运算符重载函数
{
    Second ++ ;
    if(Second> = 60)
    {    Second = Second - 60;
         Minute ++ ;
         if(Minute> = 60)
         {
             Minute = Minute - 60;
             Hour ++ ;
             Hour = Hour % 24;
         }
    }
```

```
    cout<<" ++ Clock: ";
}
void Clock::operator ++ (int)                    //后置单目运算符重载
{
    Second ++ ;
    if(Second> = 60)
    {
        Second = Second - 60;
        Minute ++ ;
        if(Minute> = 60)
        {
            Minute = Minute - 60;
            Hour ++ ;
            Hour = Hour % 24;
        }
    }
    cout<<"Clock ++ : ";
}
void main()
{
    Clock myClock(23,59,59);
    cout<<"First time output:";
    myClock.ShowTime();
    myClock ++ ;
    myClock.ShowTime();
    ++ myClock;
    myClock.ShowTime();
}
```

运行结果：

```
First time output:23:59:59
Clock ++ : 0:0:0
++ Clock: 0:0:1
```

分析：学生自己分析程序的执行过程。

9.4.4 虚函数

虚函数就是在基类中被关键字 virtual 说明，并在派生类中重新定义的非静态的成员函数。虚函数是动态联编的基础。

虚函数的一般形式如下：

virtual 类型说明符 函数名(参数表)

说明：

① 虚函数声明只能出现在类定义的函数原型声明中，而不能在成员函数的函数体实现的时候声明。

② 派生类中的虚函数应与基类中的虚函数具有相同的名称、参数个数及参数类型。

③ 可以只将基类中的成员函数显式地说明为虚函数，而派生类中的同名函数也隐含为虚函数。

④ 构造函数不能是虚函数，析构函数可以是虚函数。

虚函数的本质：不是重载声明而是覆盖。

虚函数的调用方式：通过基类指针或引用，执行时会根据指针指向的对象的类，决定调用哪个函数。

实现动态联编的条件：

① 基类中有说明的虚函数。

② 调用虚函数操作的只能是对象指针或对象引用，否则仍为静态联编。

【例 9-27】 静态联编应用举例。

```
#include "iostream.h"
class Point
{
    private:
        int x,y;
    public:
        Point (int x1,int y1)     {x = x1;y = y1;}
        double Area() const { return 0.0;}
};
class Circle:public Point
{
    private:
        int r;
    public:
          Circle(int x1,int y1,int r1):Point(x1,y1) {r = r1;}
         double Area() const { return r * r * 3.14;}
};
void f1(Point &p)                          //形参为基类对象的引用
{      cout<<"形参为基类对象的引用,圆的面积为:"<<p.Area()<<endl?;      }
void f2(Point * p)                         //形参为基类指针
{      cout<<"形参为基类指针,圆的面积为:"<<p->Area()<<endl?;        }
void f3(Point p)                           //形参为基类对象
{      cout<<"形参为基类对象,圆的面积为:"<<p.Area()<<endl?;      }
void main()
```

```
{     Circle c1(1,2,3),c2(4,5,6),c3(7,8,9)?;
      f1(c1);                                //实参为派生类对象
      f2(&c2);                               //实参为派生类对象的地址
      f3(c1);                                //实参为派生类对象
}
```

运行结果：

```
形参为基类对象的引用,圆的面积为:0
形参为基类指针,圆的面积为:0
形参为基类对象,圆的面积为:0
```

分析：主函数调用函数 f1、f2 和 f3，这 3 个函数又分别通过基类对象的引用、基类的指针和基类对象来操作成员函数 Area()，而 Area()在基类 Point 和派生类 Circle 中都有定义的，到底程序执行时调用的是哪个类中的成员函数 Area()呢？

程序输出的结果回答了这个问题。对普通成员函数 Area()，无论通过形参对应的是哪个类的对象，操作的仍然是基类的成员函数 Area()。

输出圆的面积均为 0，其原因在于对普通成员函数的调用在编译阶段就决定了(用对象名或者类名来限定要调用的函数)，这就是所谓的静态联编。

【例 9-28】 虚函数动态联编应用举例。

```
#include "iostream.h"
class Point
{
    private:
        int x,y;
    public:
        Point (int x1,int y1)     {x = x1;y = y1;}
        virtual double Area() const { return 0.0;}
};
class Circle:public Point
{
    private:
        int r;
    public:
          Circle(int x1,int y1,int r1):Point(x1,y1) {r = r1;}
         virtual double Area() const { return r * r * 3.14;}
};
void f1(Point &p)                           //形参为基类对象的引用
{      cout<<"形参为基类对象的引用,圆的面积为:"<<p.Area()<<endl?;      }
void f2(Point * p)                          //形参为基类指针
{      cout<<"形参为基类指针,圆的面积为:"<<p->Area()<<endl?;          }
void f3(Point p)                            //形参为基类对象
```

```
{      cout<<"形参为基类对象,圆的面积为:"<<p.Area()<<endl?;      }
void main()
{    Circle c1(1,2,3),c2(1,2,3),c3(1,2,3)?;
     f1(c1);                                        //实参为派生类对象
     f2(&c2);                                       //实参为派生类对象的地址
     f3(c1);                                        //实参为派生类对象
}
```

运行结果:

```
形参为基类对象的引用,圆的面积为:28.26
形参为基类指针,圆的面积为:28.26
形参为基类对象,圆的面积为:0
```

分析:程序与上例比较,调用关系没变,只是加了 virtual,使基类中 Area()和派生类中的 Area()都定义为虚函数,但程序运行输出结果却发生了变化。

主函数调用函数 f1、f2,输出圆面积发生了变化且结果一致,而调用 f3 输出圆面积仍然为 0。分析原因,当虚函数操作的是对象的引用或指向对象的指针时,虚函数调用采取动态联编;而当虚函数操作的是普通对象时,该虚函数调用采取静态联编。

9.4.5 抽象类

抽象类为抽象和设计的目的而建立,是一种包含有纯虚函数的特殊类,通过抽象类可以实现多态性。

1. 纯虚函数

纯虚函数是一种没有函数体的特殊虚函数。当在基类中不能对虚函数给出有意义的实现,而将其说明为纯虚函数,它的实现留给派生类去做。

纯虚函数的一般格式如下:

```
virtual  类型  函数名(参数表) = 0 ;
```

2. 抽象类

抽象类是带有纯虚函数的特殊类,主要作用是将有关的子类组织在一个继承层次结构中,由它来为它的子类提供一个公共的根。

说明:

- 只能用作其他类的基类,不能建立抽象类对象。
- 可说明抽象类指针和引用,指向其派生类,进而实现多态性。
- 不能用作参数类型、函数返回类型或强制转换的类型。

【例 9-29】 抽象类应用举例。

```
#include<iostream.h>
#include<math.h>
```

```
class base                                //抽象类定义
{    protected:
        int x,y;
    public:
        virtual void setx(int i,int j = 0)
        { x = i; y = j;}
        virtual void disp() = 0;          //纯虚函数
};
class square: public base                 //平方类派生
{    public:
        void disp()
        { cout<<x<<"的平方为:"<<x * x<<endl; }
};
class cube: public base                   //立方类派生
{    public:
        void disp()
        { cout<<x<<"的立方为:"<<x * x * x<<endl; }
};
class chpow: public base                  //幂类派生
{    public:
        void disp()
        { cout<<x<<"的"<<y<<"次幂为:"<<pow(x,y);<<endl?; }
};
void main()
{    base * ptr;                          //抽象类指针
     square B;                            //派生类
     cube C;                              //派生类
     chpow D;                             //派生类
     ptr = &B;                            //抽象类指针指向派生类对象 B
     ptr->setx(5);
     ptr->disp();
     ptr = &C;                            //抽象类指针指向派生类对象 C
     ptr->setx(5);
     ptr->disp();
     ptr = &D;                            //抽象类指针指向派生类对象 D
     ptr->setx(2,5);
     ptr->disp();
}
```

运行结果：

```
5 的平方为:25
5 的立方为:125
```

2 的 5 次幂为:32

分析：抽象类指针指向不同的派生类对象 B、C、D，实现多态性。

本章小结

本章比较详细地介绍了面向对象程序设计中的基本概念、特点、类和对象的定义、对象成员的引用和面向对象程序设计的相关知识的应用。

类和对象构成了面向对象程序设计的核心。对象是类的实例，类是实现数据封装和抽象的工具。

继承和派生是代码重用的实现机制。

多态：同样的消息被不同类型的对象接收时导致完全不同的行为，是对类的特定成员函数的再抽象。

运算符重载：对已有的运算符赋予多重含义，使用已有运算符对用户自定义类型(比如类)进行运算操作。

联编：程序自身彼此关联的过程称为联编，联编确定程序中的操作调用与执行该操作的代码间的关系。静态联编工作出现在编译阶段，动态联编工作在程序运行时执行。虚函数是动态联编的基础。

纯虚函数：在基类中说明的虚函数，它在该基类中可以不给出函数体，要求各派生类根据实际需要编写自己的函数体。

抽象类：带有纯虚函数的类是抽象类。抽象类的主要作用是通过它为一个类族建立一个公共的接口，使它们能够更有效地发挥多态特性。

习　题

1. 判断题

(1) 友元函数(构造函数、析构函数)是成员函数。

(2) 一个类中只能定义一个析构函数。

(3) 静态数据成员在类体外初始化。

(4) 友元的作用是加强类的封装性。

(5) 一个派生类可以作为另一个派生类的基类。

(6) 在公有继承中，基类的公有成员将成为其派生类的公有成员。

(7) 析构函数可以重载。

(8) 运算符重载可以改变运算数的个数。

(9) 在公有继承中，派生类成员函数不可以访问基类中的私有成员。

(10) 含有纯虚函数的类称为抽象类。

2. 阅读程序

(1) 分析程序实现的功能和程序执行的流程。

```
#include<iostream.h>
#include<conio.h>
class count
{
int num;
public:
    count();
    ~count();
    void process();
};
count::count()
{ num = 0;}
count::~count()          //析构函数中输出处理结果(未设专门输出函数)
{cout<<"字符个数:"<<num<<endl;}
void count::process()
{
    while(cin.get()!= '\n')
    num ++ ;
    cout<<endl;
}
void main()
{     count c;
      cout<<"输入一个句子:" ;
      c.process();
}
```

(2) 用下面程序段修改例 9-25 中的 complex 类:将+、-(双目)重载为复数类的友元函数,两个操作数都是复数类的对象。

```
#include<iostream.h>
class complex                                            //复数类声明
{
public:
    complex(double r = 0.0,double i = 0.0) { real = r; imag = i; }     //构造函数
    friend complex operator + (complex c1,complex c2);  //运算符+重载为友元函数
    friend complex operator - (complex c1,complex c2);  //运算符-重载为友元函数
    void display();                                      //显示复数的值
private:
    double real;
    double imag;
```

```
};
complex operator +(complex c1,complex c2)      //运算符重载友元函数实现
{     return complex(c2.real + c1.real, c2.imag + c1.imag);     }
complex operator -(complex c1,complex c2)      //运算符重载友元函数实现
{     return complex(c1.real - c2.real, c1.imag - c2.imag);     }
⋮
```

(3) 自增运算符重载(使用 this 指针)。

```
#include "iostream.h"
class A
{private:
    int x;
public:
    A(int x1)     { x = x1;}
    void print()
    { cout<<x<<endl; }
    A operator ++ ()
    {     x++ ;
          return( *this) ;                          //返回调用成员函数的对象自身
    }
};
void main()
{ A a(5);
( ++a).print();                                     //等价于两条语句: ++a ; a.print() ;
}
```

(4) 虚函数应用,写出运行结果。

```
#include "iostream.h"
class Animal
{ public:
    void character()
    {cout<<"动物特征:不同.\n";}
    virtual food()
    {cout<<"动物食物:不同.\n";}
};
class Giraffe:public Animal
{ public:
    void character()
    { cout<<"长颈鹿特征:长颈.\n";}
    virtual food()
    { cout<<"长颈鹿食物:树叶.\n";}
};
```

```
class Elephant:public Animal
{ public:
    void character()
    { cout<<"大象特征:长鼻子.\n";}
    virtual food()
    { cout<<"大象食物:草.\n";}
};
void f(Animal *p)                                    //形参数基类指针
{     p->character();
      p->food();
}
void main()
{     Giraffe g;
      f(&g);                                         //实参为派生类对象的地址
      Elephant e;
      f(&e);                                         //实参为派生类对象的地址
}
```

若将程序的相应部分修改为如下两种形式,再观察运行结果。

```
void f(Animal &p)                                    //形参为基类对象的引用
{     p.character();
      p.food();
}
void main()
{     Giraffe g;
      f(g);                                          //实参为派生类对象
      Elephant e;
      f(e);                                          //实参为派生类对象
}
```

或

```
void f(Animal p)                                     //形参为基类对象
{     p.character();
      p.food();
}
void main()
{     Giraffe g;
      f(g);                                          //实参为派生类对象
      Elephant e;
      f(e);                                          //实参为派生类对象
}
```

通过程序运行，验证：只有当虚函数操作的是指向对象的指针或是对象的引用时，对该虚函数调用采取的才是动态联编。

（5）虚函数应用，写出运行结果。

```
#include<iostream.h>
class B0
{ public:
    virtual void display()
    {cout<<"B0::display()"<<endl;}
};
class B1: public B0
{ public:
    void display()
    {  cout<<"B1::display()"<<endl;  }
};
class D1: public B1
{ public:
    void display()
    {  cout<<"D1::display()"<<endl;  }
};
void fun(B0 *ptr)                              //普通函数
{    ptr->display();     }
void main()
{    B0 b0,  *p;                               //声明基类对象和指针
     B1 b1;                                    //声明派生类对象
     D1 d1;                                    //声明派生类对象
     p=&b0;
     fun(p);                                   //调用基类 B0 函数成员
     p=&b1;
     fun(p);                                   //调用派生类 B1 函数成员
     p=&d1;
     fun(p);                                   //调用派生类 D1 函数成员
}
```

（6）抽象类应用。

```
#include<iostream.h>
class B0                                       //抽象基类 B0 声明
{ public:
    virtual void display( ) = 0;               //纯虚函数成员
};
class B1: public B0
{ public:
```

```
    void display(){cout<<"B1::display()"<<endl;}    //虚成员函数
};
class D1: public B1
{ public:
    void display(){cout<<"D1::display()"<<endl;}    //虚成员函数
};
void fun(B0 *ptr)                                   //普通函数
{
    ptr->display();
}
void main()
{     B0 *p;                                        //声明抽象基类指针
      B1 b1;                                        //声明派生类对象
      D1 d1;                                        //声明派生类对象
      p=&b1;
      fun(p);                                       //调用派生类B1函数成员
      p=&d1;
      fun(p);                                       //调用派生类D1函数成员
}
```

3. 编写程序

(1) 定义一个树类 tree,具有特征描述及输出功能。

(2) 继承树类 tree,派生一个柳树类,实现特征描述及输出功能。

(3) 定义一个楼房类,具有特征参数设置、计算总面积、总费用的功能。

第10章　文　件

学习导读

主要内容

存储在磁盘上的文件具有长期保留，随时读/写的优点，为编写数据读取和处理的程序带来很大的帮助。本章主要介绍了C/C＋＋文件的概念和文件的基本操作方法等内容。

学习目标

- 掌握文本文件和二进制文件的概念；
- 熟练掌握文件的打开和关闭方式；
- 掌握顺序文件的读/写方式；
- 了解随机文件位置指针的定位方式。

重点与难点

重点：文件的基本操作方法。

难点：在不同的情况下，灵活应用文件的读/写方式完成对数据的存储和读取。

10.1　C中的文件

10.1.1　文件概述

文件是程序设计中的一个非常重要的概念。概括地说，文件是指存储在外部介质(如磁盘)上数据的集合。如果想对某个文件进行读取或写入操作，需要先找到该文件所在的文件夹才能对它进行访问，文件在访问时会被调入到内存中。

C语言把文件看成是由字符顺序排列组成，根据数据的组成形式，文件可分为文本文件和二进制文件。文本文件是把每个字符的ASCII码存储到文件中，二进制文件是把数据在内存中的二进制形式原样存储到文件中。例如，定义为int类型的整数123456，在文本文件中存放会占6字节，因为每个字符占1个字节，即按照'1'、'2'、'3'、'4'、'5'、'6'的ASCII码进行存储，如图10－1所示；若在二进制文件中存放，会占4字节，因为int类型的数据在内存中占4字节，如图10－2所示。

对于文本文件来说，数据的存储量较大，并且需要花费内存中存储的二进制形式和文件的ASCII码之间的相互转换时间，但是便于对字符进行逐个操作；对于二进制文件来说，数据存储量小，节省空间和转换时间，但是不能直接输出字符形式，用记

00110001	00110010	00110011	00110100	00110101	00110110
'1'	'2'	'3'	'4'	'5'	'6'
(ASCII码49)	(ASCII码50)	(ASCII码51)	(ASCII码52)	(ASCII码53)	(ASCII码54)

二进制表示

图 10-1　整数 123456 在文本文件中存储

00000000	00000001	11100010	01000000

图 10-2　整数 123456 在二进制文件中存储

事本打开时不能直接显示，也不能通过键盘更改二进制数据。二进制文件常用于存放程序的中间结果，有待后续程序读取。

ANSI C 标准采用缓冲文件系统对文件进行处理。系统在内存区中为每个正在使用的文件开辟一个缓冲区，从内存向磁盘写文件需要先将数据送到缓冲区中，待缓冲区满了才一起写进文件里。若从磁盘向内存读文件，则一次从磁盘读入一批数据存入缓冲区，再逐个将数据由缓冲区送到程序的变量中。缓冲区文件系统的文件处理过程如图 10-3 所示。

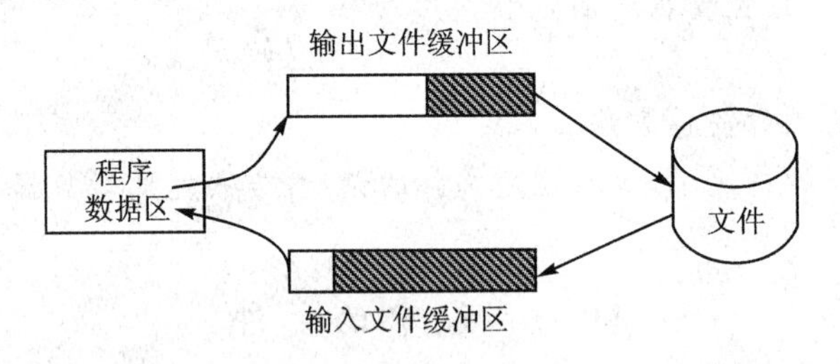

图 10-3　缓冲区文件系统的文件处理过程

在编程处理实际问题的时候，经常遇到反复处理大量数据信息的要求。为避免重复劳动、增大修改程序的难度，可以采用文件存储的方式。将需要处理的信息存储在文本文件或二进制文件中，需要时从文件中读取，修改后可再次存储到文件中供下次使用。文件存储在磁盘中，具有长期保留，随时读/写的优点。

10.1.2　文件类型指针

在缓冲文件系统中，为每个被使用的文件在内存中开辟一个区域，用来存放文件的有关信息，如文件的当前读/写位置、文件缓冲区大小与位置等，这些信息保存在一个结构体变量中。文件结构体类型在“stdio.h”头文件中被定义。

```
typedef struct
{
    short level;                    //缓冲区“满”或“空”的程度
    unsigned flags;                 //文件状态标志
    char fd;                        //文件描述符
```

```
    unsigned char hold;                         //如无缓冲区则不读取字符
    short bsize;                                //缓冲区的大小
    unsigned char *buffer;                      //数据缓冲区的位置
    unsigned char *curp;                        //当前活动的指针
    unsigned istemp;                            //临时文件指示器
    short token;                                //用于有效性检查
}FILE;
```

由结构体类型 FILE 可定义指针类型的变量来访问文件。例如：

```
FILE   *fp;
```

fp 指向某文件的结构体变量，称为文件指针。通过文件指针找到结构体变量中的描述信息，就可对它所指的文件进行各种操作。每个文件指针只能指向一个文件，若想访问多个文件，需要定义多个文件指针。

10.1.3　文件的基本操作

对文件的操作一般分为 3 个步骤：打开文件、读/写文件、关闭文件。在 C 语言中，文件操作都是由库函数来完成的，这些库函数包含在“stdio. h”头文件中。

1. 文件的打开

在对文件读/写之前，需要将文件进行打开操作。C 语言，用 fopen()函数来实现打开文件。fopen 函数的原型为：

```
FILE *fopen(char *filename, char *mode);
```

说明：

① 参数 filename 表示需要打开的文件名，可以包含文件所在的路径，实参为用双引号括起来的字符串。

② 参数 mode 表示打开文件的方式，实参也是字符串类型，如表 10－1 所列。

③ 函数的返回值是一个文件指针，即使一个文件指针指向被打开的文件，将该指针与文件建立联系，此后对文件的操作都由该指针来执行。

可以看出，想要打开一个文件，需要提供准备访问的文件名字、打开文件的方式和文件指针这 3 个信息。

表 10－1　文件打开方式

功　能	打开方式		说　明
	文本文件	二进制文件	
读信息	"r"	"rb"	打开一个已存在的文件，否则出错
写信息	"w"	"wb"	指定文件不存在时，建立新文件； 指定文件存在时，删除原文件，重新建立

续表 10-1

功　能	打开方式		说　明
	文本文件	二进制文件	
追加信息	"a"	"ab"	指定文件不存在时，建立新文件； 指定文件存在时，在尾部添加新信息
读写信息	"r+"	"rb+"	更换读/写操作时不必关闭文件，但要求打开的文件必须存在，否则出错
读写信息	"w+"	"wb+"	建立文件后先执行写操作，之后才可以从文件开始位置读信息
读写信息	"a+"	"ab+"	指定文件存在时，可从文件开始位置读取文件内的信息，也可以在文件尾部添加新的信息

文件的打开操作如下：

```
FILE   *fp1;
fp1 = fopen("data.txt","r");
```

说明：表示以读方式打开当前目录下的 data.txt 文本文件，并使 fp1 指向该文件。

```
FILE   *fp2;
fp2 = fopen("d:\\CProgram\\ ex.txt  ","wb");
```

说明：表示以写方式打开 D 盘下 CProgram 文件夹中的 ex.txt 二进制文件，并使 fp2 指向该文件。

如果打开文件操作失败，即出现磁盘故障，以读方式打开一个不存在的文件，或是磁盘满了无法建立新文件等原因，fopen 函数将返回一个空指针 NULL(NULL 在 stdio.h 头文件中定义为 0)。常用以下方法来避免文件打开失败后继续操作的情况。

```
if ((fp = fopen("file.txt","rb")) == NULL)
{      printf("Can't open the file! \n");
       exit(0);
}
```

说明：检查打开的操作是否失败，如果 fp 得到空指针，则输出提示后，执行 exit 函数终止正在执行的程序，exit 函数在 stdlib.h 中声明；若成功打开文件，则继续执行 if 之后的语句。

2. 文件的关闭

当读/写完文件之后，需要将文件关闭，即使文件指针与磁盘文件脱离关系，此后不能再通过该指针对原文件进行操作。关闭文件使用 fcolse 函数，原型为

```
int fclose(FILE * fp);
```

说明：参数 fp 为文件指针，若关闭成功，函数返回值为 0；否则返回 EOF(EOF 在 stdio.h 头文件中定义为－1)。

例如：

```
fclose(fp);
```

关闭指针 fp 所指的文件。

提示：文件读取操作完成后，关闭文件是一项重要的操作。因为向文件中写数据时，先将数据送到缓冲区中，待缓冲区满了才一起写进文件里，若缓冲区未满而结束程序的话，会丢失缓冲区中的数据，若使用 fclose 函数关闭文件则可以将缓冲区中剩余的数据写入文件后才释放文件指针，避免了丢失数据的问题。

3. 文件的读/写

写文件：将数据从内存输出到磁盘文件。

读文件：从已建立的数据文件中将所要的数据输入到内存。

读/写文件方式：

- 顺序读/写方式；
- 随机读/写方式。

文件的读/写操作将在下面详细介绍。

10.1.4　顺序文件的读/写

在文件打开操作之后，就可以对其进行读/写了。顺序读/写，是指按照数据流的先后顺序对文件进行读/写操作，每读/写一次后，文件指针自动指向下一个读/写位置。在读/写文件结束后，需要执行关闭文件操作。

1. 单个字符的读(fgetc)/写(fputc)函数

(1) fgetc 函数

原　型：int　fgetc(FILE　* fp)

功　能：从 fp 所指向的文件中读一个字符。

参　数：需要执行读操作的文件指针。

返回值：若读文件成功，则返回得到字符的 ASCII 码，否则如果遇到文件结束符，返回一个文件结束标志 EOF(－1)。

说明：

① 从指定文件中用 fgetc 函数读字符，文件必须是以读或读/写方式打开的。

② 读取完一个字符后，文件内部指向当前读/写位置的位置指针自动后移 1 个字节，为下次文件操作做准备。

(2) fputc 函数

原　型：int　fputc(int ch, FILE * fp)

功　能：向 fp 所指向的文件中写一个字符。

返回值：若写文件成功，则返回写入字符 ch 的 ASCII 码；若失败，则返回 EOF (−1)。

参　数：ch 表示需要写的字符，实参可以是字符常量也可以是字符变量，fp 表示需要执行写操作的文件指针。

说明：

① 用 fputc 函数向指定文件中写字符，文件必须是以写、追加或读/写方式打开的。

② 若想保留原始文件内容，在文件尾部继续添加字符的话，需要用追加方式打开文件。

③ 每写入一个字符，文件内部位置指针向后移动 1 个字节，为下次文件操作做准备。

掌握了基本的单个字符读/写函数之后，可以编写一些简单的文件处理程序。

【例 10-1】 从键盘输入字符串，将其中的大写字母转换为小写字母后存储到文件 string.txt 中，直到输入 # 为止。

```
#include<stdio.h>
#include<stdlib.h>
void main()
{     FILE *fp;
      char ch;
      if ((fp = fopen("string.txt","w")) == NULL)          //将文件以写方式打开
      {   printf("文件不能打开! \n");
          exit(0);
      }
      ch = getchar();                                      //读取第一个字符
      while(ch! = '#')
      {     if(ch> = 'A' && ch< = 'Z')
              ch+ = 32;                                    //大写字符转换为小写字母
          fputc(ch,fp);                                    //将转换后的字符写入文件
          ch = getchar();                                  //读取下一个字符
      }
      fclose(fp);
}
```

运行结果：

```
THIS IS A TEST FILE PROGRAM
this is a test file program!
2015-01-01
```

```
#
```

在当前目录下 string. txt 文本文件中的内容改变如下：

```
this is a test file program
this is a test file program!
2015 - 01 - 01
```

分析：首先以写方式打开当前目录下的文件 string. txt，从键盘读入一个字符赋值给 ch，若 ch 不为 '#' 时执行循环，将 ch 中存的大写字母转换为小写字母，由于大小写字母的 ASCII 码相差 32，所以转换代码为“ch+=32;”，也可以写成“ch=ch+'a'-'A';”，非大写字母不会处理，接着把 ch 写入文件中，再读取下一个字符为再次循环判断做准备，最后关闭文件。fputc 函数可以将空格、回车等特殊字符写入文件中。

【例 10 - 2】 将一个文件中的内容复制到另一个文件中。

```
#include<stdio.h>
#include<stdlib.h>
void main()
{     FILE *fpin, *fpout;
      char infile[20],outfile[20];
      char ch;
      printf("请输入源文件名称:\n");
      scanf("%s",infile);
      printf("请输入目标文件名称:\n");
      scanf("%s",outfile);
      if ((fpin = fopen(infile,"r")) == NULL)
      {     printf("文件不能打开! \n");
           exit(0);
      }
      if ((fpout = fopen(outfile,"w")) == NULL)
      {     printf("文件不能打开! \n");
           exit(0);
      }
      while((ch = fgetc(fpin))! = EOF)
           fputc(ch,fpout);
      fclose(fpin);
      fclose(fpout);
}
```

运行结果：

```
请输入源文件名称:
ex1.txt
```

```
请输入目标文件名称：
d:\new.txt
```

分析：该程序的文件名由键盘输入，赋值给字符数组 infile 和 outfile，在 fopen 函数中用数组名作为第一个参数，表示打开文件名字的字符串。由 fgetc 函数在原文件中读取一个字符赋值给 ch。若文件结束，函数会返回 EOF(－1)，所以当 ch!＝EOF 时将其写入新的文件。程序运行后在屏幕上不会显示信息，只会在 D 盘下生成 new. txt 文件，里面包含了 ex1. txt 的所有内容。

(3) C 语言中的 feof 函数

原　型：int　feof(FILE　＊fp)

功　能：用于判断文件是否结束。

参　数：需要判断的文件指针。

返回值：若文件已经结束，返回 1，否则返回 0。

上述程序循环处可以改为

```
while(! feof(fpin))                              //若文件没有结束，执行循环
{    ch = fgetc(fpin)
     fputc(ch,fpout);
}
```

对于读 fpin 文件和写 fpout 文件也可以用下面这条语句来实现：

```
fputc(fgetc(fpin),fpout);
```

这样就不需要定义存储变量 ch。

2. 字符串的读(fgets)/写(fputs)函数

(1) fgets 函数

原　型：char　＊ fgets(char　＊string, int　n, FILE　＊fp)

功　能：从 fp 所指向的文件中读取一个字符串。

参　数：string 表示读取的字符串存放的数组首地址；n 表示一次读取的字符数，但只能从文件当中读取 n－1 个字符，因为最后需要加上 '\0'；fp 表示需要执行读操作的文件指针，若在读取过程中遇到换行符或文件结束，则读入结束。

返回值：若读文件成功，则返回 string 指针，即保存字符串的数组首地址；若出错，则返回 NULL。

(2) fputs 函数

原　型：int　fputs(char　＊string, FILE　＊fp)

功　能：向 fp 所指向的文件中写一个字符串。

参 数：string 表示准备写入文件的字符串存放的数组首地址，fp 表示需要执行写操作的文件指针。

返回值：若读文件成功，则返回 string 指针，即保存字符串的数组首地址；若出错，则返回 NULL。

【例 10-3】 从键盘读入英文句子，写入文件，直到输入“*”结束，再把该文件的内容显示在屏幕上。

```
#include<stdio.h>
#include<stdlib.h>
#include<string.h>
void main()
{   FILE *fpout, *fpin;
    char s[81],last;
    int length;
    if ((fpout = fopen("English.txt","w")) == NULL)
    {   printf("文件不能打开! \n");
        exit(0);
}
    gets(s);
    length = strlen(s);
    last = s[length - 1];                    //取得读入字符串的最后一个字符
    while(last! = '*')
    {   strcat(s,"\n");                      //每行字符串加上回车换行符
        fputs(s,fpout);
        gets(s);
        last = s[strlen(s) - 1];
    }
    if(length>1)
    {   s[strlen(s) - 1] = '\0';             //将最后一个结束符'*'去掉
        fputs(s,fpout);
    }
    fclose(fpout);
    if ((fpin = fopen("English.txt","r")) == NULL)
    {   printf("文件不能打开! \n");
        exit(0);
    }
    while(! feof(fpin))
    {   fgets(s,sizeof(s),fpin);
        printf("%s",s);
    }
    fclose(fpin);
```

```
}
```

运行结果：

```
Learning is the eye of the mind.
Knowledge comes from experience alone.
*
```

文本文件中的内容和屏幕的显示结果为

```
Learning is the eye of the mind.
Knowledge comes from experience alone.
```

另一种输入方式为

```
Learning is the eye of the mind.
Knowledge comes from experience alone. *
```

输出结果与上例一致。

分析：该程序通过 gets 函数读入键盘输入的字符串，为了可以识别结束符“*”是单独一行还是与句子连接在一起的情况，由“length=strlen(s);”获得字符串中字符的个数，再由“last=s[length-1];”获得读入字符串的最后一个字符。若 last 不为“*”，则表明该行没有以“*”结尾，将字符串加上回车后写入文件；若 last 为“*”，且该行还有其他字符的时候，将“*”之前的符号写入文件。

3. 数据块的读(fread)/写(fwrite)函数

C 语言提供了针对数据块的读/写函数，用于一次读/写一组数据，如数组元素或结构体变量的值。

(1) fread 函数

原　型：int　fread(void *buf, int size, int count, FILE *fp)

参　数：buf　读取数据存放的首地址；

　　　　size　表示读取的字节数；

　　　　count　表示读取多少个 size 字节的数据块；

　　　　fp　表示需要执行读操作的文件指针。

功　能：从 fp 所指向的文件中读取 count 个 size 字节的数据块，放到 buf 所指的内存地址中。

返回值：若读文件成功，则返回 count 的值，即读取数据项的个数；若出错，则返回 EOF(-1)。

(2) fwrite 函数

原　型：int　fwrite(void *buf, int size, int count, FILE *fp)

参　数：buf　准备写入的数据的首地址；

size　表示写入的字节数；

count　表示写入多少个 size 字节的数据块；

fp　表示需要执行写操作的文件指针。

功　能：将 buf 所指的地址中的 count 个 size 字节的数据块写入 fp 所指向的文件。

返回值：若写文件成功，则返回 count 的值，即写入数据项的个数；若出错，则返回 EOF(−1)。

提示：fread 和 fwrite 函数一般用于二进制文件的输入和输出，可以读/写任何类型的信息。

【例 10-4】 通过函数实现学生信息的读/写文件操作。

```
#include<stdio.h>
#define N 4
struct student
{      int num;
       char name[10];
       float score;
}stu[N] = {{101,"LiMing",98.5},{102,"ZhangLi",65},{103,"WangYing",54},{104,"Yang-
Guang",76.5}};                                          /*定义结构体数组并赋初值*/
void save( )
{      FILE *fp;
       int i;
       if((fp = fopen("stu.txt","wb")) == NULL)  //二进制写方式打开
       {     printf("文件不能打开！\n"); return;
       }
       for(i = 0;i<N;i ++ )
           if(fwrite(&stu[i],sizeof(struct student),1,fp)! = 1)
               printf(文件写入操作错误！\n");
       fclose(fp);
}
void load( )
{      FILE *fp;
       int i;
       if((fp = fopen("stu.txt","rb")) == NULL)  /*二进制读方式打开*/
       {     printf("文件不能打开！\n");   return;
       }
       for(i = 0;i<N;i ++ )
       {     if(fread(&stu[i],sizeof(struct student),1,fp)! = 1)
       {         if(feof(fp))
           {      fclose(fp); return;
```

```
        }
        printf("文件读操作错误! \n");
        }
        printf(" %d, %s: %.2f\n",stu[i].num,stu[i].name,stu[i].score);
    }
    fclose (fp);
}
void main( )
{   save( );
    load( );
}
```

运行结果：

在 stu.txt 中以二进制形式存储了 4 个学生信息，用记事本打开显示的是乱码。

在屏幕上显示的结果为

```
101,LiMing: 98.5
102,ZhangLi: 65
103,WangYing: 54
104,YangGuang: 76.5
```

分析：该程序通过 fwrite 函数将结构体数组中的元素作为一个完整的数据块写入二进制文件中。每次只写一个元素，并用循环控制写入所有数组元素中存储的信息。在 fread 读取文件时，有可能出现两种错误情况。一种是文件结束，表示文件中存储的学生人数有可能小于数组的长度，这时就需要关闭文件返回；另一种是读文件产生了错误，输出提示信息。

4. 格式化的读(fscanf)/写(fprintf)函数

(1) fscanf 函数

原　型：int　fscanf(FILE *fp, char *format, &arg1, …, &argn)

功　能：从 fp 所指向的文件中读取一定格式的数据。

参　数：fp　表示需要执行读操作的文件指针；

　　　　format　表示格式控制字符串；

　　　　arg1,…,argn　存储读取数据的变量。

返回值：若读文件成功，则返回读取数据的个数；否则若遇到文件结束符，则返回一个文件结束标志 EOF(-1)，若出错，则返回 0。

(2) fprintf 函数

原　型：int　fprintf(FILE *fp, char *format, arg1, …, argn)

功　能：向 fp 所指向的文件中写入一定格式的数据。

参　数：fp　表示需要执行写操作的文件指针；

format　表示格式控制字符串；

arg1,…,argn　需要写入的变量。

返回值：若写文件成功，则返回写入数据的个数；若出错，则返回负数。

说明：

① 格式控制字符串与 printf 和 scanf 中的写法相似，只不过 fscanf 和 fprintf 的读/写对象是文件。

② 格式化读/写采用 ASCII 码方式。在读/写文件时需要在 ASCII 码和二进制之间转换，花费时间较多，所以在读/写文件较为频繁的程序中，最好使用 fread 和 fwrite 函数。

例如：

```
fprintf(fp, "%d, %s, %.2f", stu[0].num,stu[0].name, stu[0].score);
```

该语句的作用是将第一个学生的学号、姓名和成绩按照整型、字符串、保留两位小数的浮点型的格式写入 fp 所指向的文件中。

```
fscanf(fp, "%d, %f", &num,&score);
```

该语句的作用是在 fp 所指向的文件中读一个整数赋值给 num，读一个小数赋值给 score。

假如磁盘文件上的内容为

```
103,89.5
```

则将数据 103 送给变量 num，89.5 送给变量 score。

10.1.5　随机文件的读/写

文件中有一个指向当前读/写位置的位置指针。随机文件即表示该位置指针可以根据需要移动到文件中的指定位置，即可读/写文件中任意位置上的字符。

C 语言提供了一组用于随机文件读/写的定位函数。

1. rewind 函数

原　型：void rewind(FILE *fp)

功　能：fp 所指向的文件的内部位置指针返回到文件的开头。

若读取某文件时，文件指针已指向文件末尾，使用 rewind 函数后可使文件指针回到文件的开头，即可重新读取文件。

2. fseek 函数

原　型：int　fseek(FILE *fp,long offset,int base)

功　能：将位置指针移动到指定的位置。

参　数：fp　表示需要操作的文件指针；

base　位置指针移动的起始点，取值为0、1、2，含义如表10-2所列；

offset　表示位置指针相对于起始点的位移量，若值为正数，表示向文件结尾的方向移动，反之若值为负数，则向文件开头的方向移动。

返回值：若移动成功时返回0；若移动失败时返回EOF（−1）。

表10-2　起始点的取值及其含义

起始点	名　字	代表值
文件开始	SEEK_SET	0
文件当前位置	SEEK_CUR	1
文件末尾	SEEK_END	2

例如：

```
fseek(fp,80L,0);              //表示将文件指针从文件头向文件尾方向移动80个字节
fseek(fp,-20L,SEEK_CUR);      //表示将文件指针从当前位置向文件头方向移动20个字节
fseek(fp,-100L,2);            //表示将文件指针从文件尾向文件头方向移动100个字节
```

说明：fseek()函数一般用于二进制文件，因为文本文件要进行字符转换，有时计算的位置会出现混乱或错误。

3. ftell函数

原　型：long　ftell(FILE *fp)

功　能：得到fp所指向的文件中当前位置指针相对于文件头的位移量。

返回值：获取成功时返回当前读/写的位置；失败时返回EOF（−1）。

【例10-5】　在文件中存储 *N* 个学生的信息，要求将第偶数个学生的数据读出并显示。

```
#include<stdlib.h>
#include<stdio.h>
struct student
{     int num;
      char name[10];
      float score;
}stu[10];
void main( )
{     int i;
      long n,m;
      FILE  *fp;
      if((fp=fopen("stu.txt","rb"))==NULL)
      {     printf("文件不能打开！\n");  exit(0);     }
      fseek(fp,0L,2);                  //将位置指针置于文件尾
```

```
    n = ftell(fp);                    //求文件存储的总字节数
    m = n/sizeof(struct student);     //计算文件中存储的学生信息的个数
    for(i = 1;i<m;i + = 2)
    {    fseek(fp,i * sizeof(struct student),0);
         fread(&stu[i], sizeof(struct student),1,fp);
         printf(" % d, % s: % .2f\n",stu[i].num,stu[i].name,stu[i].score);
    }
    fclose(fp);
}
```

运行结果：

若例 10－4 运行后已在 stu.txt 文件中存储了学生信息。本程序在屏幕上显示结果为

```
102,ZhangLi: 65
104,YangGuang: 76.5
```

分析：该程序首先通过将位置指针移到文件的结尾来获取文件存储的字节数，然后根据结构体的长度来求得文件一共存储了多少个结构体大小的信息，即存储了多少个学生的信息；通过循环和 fseek 函数来将文件指针定位，例如当 i＝1 时，文件位置指针移到第 2 个结构体信息的开始位置，再次循环后 i＝3，即位置指针移到第 4 个结构体信息的开始位置，依次类推，fread 函数读取第偶数个学生的信息后将其输出。

10.1.6　文件操作的错误检测

C 语言提供了一些函数来检测在调用文件操作函数时出现的错误。

1. ferror 函数

原　型：int　ferror(FILE　* fp)

功　能：判断文件流上是否有错误。

返回值：若未出现错误，返回 0；若发生错误，则返回非零值。

说明：该函数可以检查出文件读/写函数的操作是否正确(如调用 fputc、fgetc、fread、fwrite 函数时)。对于对同一个文件，在每次调用读/写函数时，都会产生一个新的 ferror 函数值，因此应在调用一次读/写函数后马上检查 ferror 函数的值，否则信息就会丢失。在执行 fopen 函数时，ferror 函数的初始值自动置为 0。

2. clearerr 函数

原　型：void　clearerr(FILE　* fp)

功　能：将 fp 所指向的文件中的文件错误标志和文件结束标志置为 0。即清除错误信息。

说明：假设在调用读/写文件的函数时出错，在调用完 clearerr 函数后，ferror 函数的返回值为 0，清除了出错标志。若出现了错误标志，则会保留到该文件调用 clearerr 函数或 rewind 函数，这样就会清除错误标志，或者再次的读/写文件操作，会更新错误标志。

10.2 C++中的文件

C++语言把文件看成一个有序的字节流，对文件的操作步骤如下：

① 建立文件流对象。

② 打开文件，使程序中的文件流对象和磁盘文件建立联系。

③ 将数据写入文件流对象，或从文件流对象中读出数据。

④ 文件操作完毕时，要关闭文件流对象，即解除文件流对象与磁盘文件的联系。

C++中的三个类支持文件的输入/输出操作如下：

- ifstream 类操作文件输入；
- ofstream 类操作文件输出；
- fstream 类操作文件输入/输出。

10.2.1 文件的打开和关闭

1. 打开文件

打开文件的方式有两种：

- 创建流类对象的同时打开文件；
- 首先创建流类对象之后，再单独打开文件。

打开文件的两种方式如图 10－4 和图 10－5 所示。

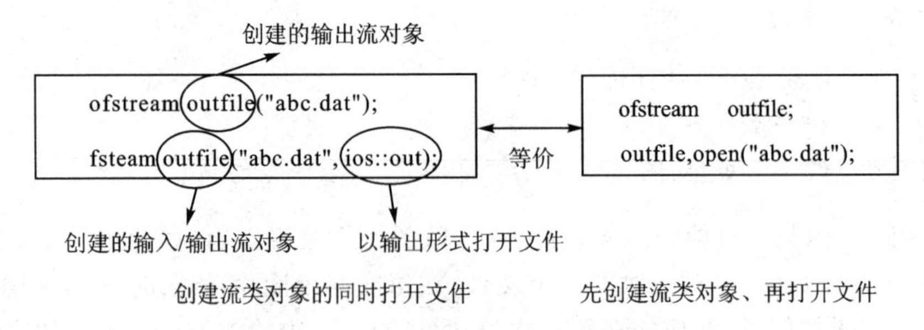
创建的输出流对象
ofstream outfile("abc.dat");
fsteam outfile("abc.dat",ios::out);
等价
ofstream outfile;
outfile,open("abc.dat");
创建的输入/输出流对象
以输出形式打开文件
创建流类对象的同时打开文件
先创建流类对象、再打开文件

图 10－4 创建输出流对象与打开文件

图 10－4 中语句的功能是建立一个输出流类对象 outfile，并通过该对象对磁盘文件 abc. dat 进行写操作。

图 10－5 中语句的功能是建立一个输入流类对象 infile，并通过该对象对磁盘文件 abc. dat 进行读操作。

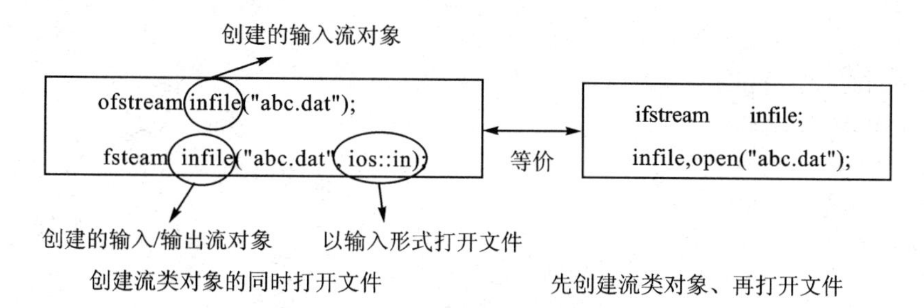
创建的输入流对象
ofstream infile("abc.dat");
fsteam infile("abc.dat", ios::in);
等价
ifstream infile;
infile,open("abc.dat");
创建的输入/输出流对象
以输入形式打开文件
创建流类对象的同时打开文件
先创建流类对象、再打开文件

图 10－5　创建输入流对象与打开文件

表 10－3 列出了 C＋＋的几种文件打开方式。

表 10－3　文件打开方式

文件打开方式	功　能
ios::app	以追加方式打开文件，将所有输出写入文件末尾
ios::in	以读的方式打开文件以便输入
ios::out	以写的方式打开文件以便输出
ios::trunk	如果文件存在，删除文件原有内容，否则创建新文件
ios::binary	以二进制方式打开文件，缺省时为文本文件

如果文件不能正常打开，则通过流类对象返回一个 NULL 指针。一般在使用 open 函数之后，经常配合使用如下判别语句：

```
if(! outfile)
{    cout<<"不能打开 abc.dat"<<endl;
     abort();                            //调用该函数退出程序
}
```

2. 关闭文件

对于程序不再引用的文件应立即显示关闭。关闭文件通过调用成员函数 close 来实现：

```
outfile.close();                         //关闭了与流类对象关联的文件
```

10.2.2　文本文件的读/写

由于同类型的数据不等长，文本文件一般只能进行顺序读/写。

对已正确打开的文本文件，可以通过对与其相关联的流类对象的如下操作进行读/写：

- 使用提取、插入操作；
- 使用成员函数 get(含 getline)和 put。

【例 10－6】　将 1～100 的自然数写入文本文件，然后再从文件中读出进行屏幕输出。

```
#include "stdlib.h"
#include "iostream.h"
#include "fstream.h"
#include "iomanip.h"
void main()
{
    ofstream outfile;
    outfile.open("data.txt");                    //以写的方式打开文件 data.txt
    if(! outfile)
    {     cout<<"data.txt 不能被打开!"<<endl;
          abort();                                //打开失败,结束程序
    }
    int n = 1;
    while(n<= 100)
    {
        outfile<<n<<endl;
        n++;
    }
    outfile.close();
    fstream infile("data.txt",ios::in);          //以读的方式打开文件 abc.txt
    while(infile>>n)
    {
        cout<<setw(4)<<n;
        if(n % 10 == 0) cout<<endl;               //每行输出 10 个数
    }
    infile.close();
}
```

分析：程序中的 abort()函数实现中断程序的功能，该函数的原型说明包含在头文件 stdlib.h 中。

【例 10-7】 将一组字符串写入 E:\www 文件夹下的 data.dat 文本文件中，然后再从文件中读出进行屏幕输出。

```
#include"iostream.h"
#include "fstream.h"
#include "stdlib.h"
void main()
{
    char s[100];
    ofstream outfile;
    outfile.open("e:\www\data.dat");
```

```
    if(! outfile)
    {
        cout<<" data.dat不能被打开!"<<endl;
        abort();
    }
    outf<<"中华民族伟大复兴 \n";        //通过插入操作将若干字符串写到文件中
    outf<<"中国梦 我们的梦 \n";
    outf<<"梦圆中国 一生一世 \n";
    outf<<"加油 努力 爱中华 \n";
    outf.close();
    ifstream infile("e:\www\data.dat");
    while(! infile.eof())
    {
        inf.getline(s,sizeof(s));
        cout<<s<<endl;
    }
    infile.close();
}
```

分析：该程序首先建立一个包含若干行字符的文本文件 data.dat，然后再利用 getline 成员函数将文件中的内容逐行读到内存数组中，并在屏幕输出。其中 eof() 函数是判断文件结尾的函数，当文件指针到达文件末尾时，函数的返回值为 1，否则返回值为 0。

10.2.3　二进制文件的读/写

C++对二进制文件的读/写以字节为单位。由于二进制文件具有一定的逻辑结构，因此二进制文件既适用于顺序读/写，也适用于随机读/写。

二进制文件的顺序读/写操作如下：

- 使用 get()和 put 函数一次读/写一个字节；
- 使用 read()和 write()函数进行多字节的成组读/写。

若操作二进制文件，创建流对象或打开文件时需显式声明文件类型为二进制模式如下：

```
ios::binary
```

例如：

```
ofstream outfile;
outfile.open("datafile.dat",ios::binary);
```

或

```
ofstream outfile("datafile.dat",ios::binary);
```

上面的两个例子皆表示以二进制模式打开文件“datafile.dat”，并将其与输出流对象 outfile 相关联。

【例 10-8】 将 26 个大写英文字母写入二进制文件，然后再从文件中读出进行屏幕输出。

```
#include "stdlib.h"
#include "iostream.h"
#include "fstream.h"
#include "iomanip.h"
void main()
{
    ofstream outfile;
    outfile.open("e:\www\data.txt",ios::out|ios::binary);    //以写的方式打开文件
    if(! outfile)
    {    cout<<"data.txt 不能被打开!"<<endl;
         abort();                                           //打开失败，结束程序
    }
    char ch= 'A';
    while(ch<= 'Z')
    {
         outfile.put(ch);
         ch++;
    }
    outfile.close();
    fstream infile("e:\www\data.txt",ios::in|ios::binary);  //以读的方式打开文件 abc.txt
    while(infile.get(ch))
    {  cout<<setw(2)<<ch;  }
    infile.close();
}
```

分析：程序中的 abort()函数实现中断程序的功能，该函数的原型说明包含在头文件 stdlib.h 中。

【例 10-9】 复制任意格式文件。

```
#include<iostream.h>
#include<fstream.h>
#include<stdlib.h>
void main()
{    FILE *fpin, *fpout;
     char infname[20],outfname[20];
     char ch;
     cout<<"请输入源文件名称:\n";
```

```
    cin>>infile;
    ifstream infile(infname,ios::in|ios::binary);
    if (! infile)
    {
        cout<<"不能打开源文件! \n";
        abort();
    }
    cout<<"请输入目标文件名称:\n";
    cin>>outfname;
    ofstream outfile(outfname,ios::in|ios::binary);
    if (! outfile)
    {   cout<<"不能打开目标文件! \n";
        abort();
    }
    while(infile.get(ch)
        outfile.put(ch);
    cout<<"\n 文件复制成功! \n";
    infile.close();
    outfile.close();
}
```

运行程序：

```
请输入源文件名称:
e:\www\old.dat
请输入目标文件名称:
d:\www\new.dat
文件复制成功!
```

【例 10－10】 read()函数和 write()函数应用。

```
#include "stdafx.h"
#include "stdio.h"
#include "iostream.h"
#include "fstream.h"
#include "string.h"
void main()
{
    fstream File("test_file.txt",ios::out | ios::in | ios::binary);
    char arr[13];
    strcpy(arr,"Hello World!");
    File.write(arr,5);                          //将前 5 个字符"Hello"写入文件
    File.seekg(ios::beg);
    static char read_array[10];                 //读出些数据
```

```
    File.read(read_array,3);                    //读出前3个字符
        cout<<"运行结果："<<read_array<<endl;
    File.close();
    getchar();
}
```

运行结果：

```
Hel
```

分析：学生结合程序注释独立分析文件的读/写操作。

本章小结

本章比较详细地介绍了文件的概念、文件的打开和关闭方式、顺序文件的读/写函数和随机文件的读/写定位函数。

根据数据的组成形式，文件分为文本文件和二进制文件。顺序文件是指按照数据流的先后顺序对文件进行操作。随机文件表示文件位置指针可以根据需要移动到文件中的指定位置，即可读/写文件中任意位置上的字符。

文件流类体系由输入文件类 ifstream、输出文件类 ofstream、输入/输出文件类 fstream 等组成。文件流类中定义了用于打开、读/写、关闭文件的成员函数，使用这些成员函数可实现文件的各类操作。

习　题

1. 简答题

(1) 根据数据的组成形式，文件可分为几类？各有什么特点？

(2) 什么是文件的打开与关闭？若最后不进行关闭文件的操作，有可能出现什么问题？

(3) 分析不同的文件打开方式对文件操作有什么影响？

(4) 分析顺序文件读/写操作分别适用于什么情况？

2. 编写程序

(1) 文件"character.txt"中存储了一段字符，要求统计其中大写字母、小写字母、数字、空格和其他字符的个数。

(2) 有两个文本文件"a.txt"和"b.txt"，分别存储了由小到大排列的 10 个不同整数，要求将这两个文件合并，排序方式不变，将结果写入新文件"c.txt"中。

(3) 文件"number.txt"中存储了一组整数，要求统计并输出文件中正整数、零和负整数的个数。

(4) 输入若干行字符，每行长度不等，将其存储到文件中，再从文件中读出。要

求将连续的空格改为一个空格,按行显示在屏幕上。

(5) 文件“english.txt”中存储了一篇英文文章,要求统计该文章中的所有单词的出现次数,并把统计结果保存到新的文件中。

(6) 某文件中的每一行保存的是一个电子邮件的地址,要求判断电子邮件地址的正确性,统计不正确的电子邮件数量并输出。

(7) C语言源程序文件“exam.c”中存储了一段带有“/*……*/”注释形式的C语言源代码,要求删除注释后存入新的文件中。

(8) 声明结构体类型存放收支信息,包含记录编号、月份和收支金额成员,从键盘输入收支信息,并将其存储到二进制文件中。

(9) 在第(8)题的基础上,输入新的记录追加到文件的尾部。

(10) 将第(8)题中的收支信息从文件中读取出来,统计某年某月的收支总额并输出。

(11) 将第(8)题中的收支信息从文件中读取出来,输出收支金额在500～1 000之间的记录。

(12) 将第(8)题中的收支信息从文件中读取出来,按收支金额大小进行排序处理,将排序后的数据写入新文件中。

(13) 将第(8)题中收支信息的第1、3、5、7、9条数据从文件中读取出来,输出到屏幕上。

(14) 删除第(8)题中文件里存储编号相同的记录。

(15) 将第(8)题中文件里存储的收支信息添加上收支项目一栏,再写回到原文件中。

(16) 对于第(8)题中存储收支信息的二进制文件,只修改第2条记录,再读取所有的记录并输出到屏幕上。

附录A 实　验

实验1　C/C++语言编程环境

一、实验目的

1. 了解 C/C++程序的基本框架，编写简单的 C/C++程序。

2. 熟悉 C/C++语言的编程环境 VC++ 6.0。

3. 掌握运行 C/C++程序的基本步骤（编辑、编译、连接和运行）和调试 C/C++程序的方法。

4. 掌握 C/C++程序的输入/输出方法。

5. 掌握编译预处理命令的使用。

二、实验内容

1. 启动 VC++ 6.0，熟悉 C/C++程序集成开发环境。

2. 下面程序通过 printf 函数在屏幕上输出“中国人，骄傲！自豪!”，在 VC++ 6.0 环境下输入、调试和运行该程序。

```
#include "stdio.h"
void main()
{     printf("中国人，骄傲！ 自豪！\n");     }
```

要求：用 C++语言编写程序，输出：对祖国（母亲）最想说的一句话。

3. 编写 C/C++程序，计算一个圆柱体的体积。要求圆半径和高通过定义变量初始化直接赋值。

4. 编写 C/C++程序，输入直角三角形的两条直角边长，计算斜边的长度（调用库函数 sqrt）。

5. 编写 C/C++程序，计算 10 名学生某门课程的平均成绩（四舍五入保留两位小数）。

要求：

（1）学生成绩通过变量简单赋值。

（2）学生成绩由键盘输入。

实验2 选择分支结构程序设计

一、实验目的

1. 熟练掌握关系运算和逻辑运算在程序设计中的应用。

2. 熟练掌握 if－else 语句和 switch 语句实现多分支选择结构的方法。

3. 熟练掌握 break 语句在 switch 多分支选择结构中的应用。

4. 掌握程序调试的方法。

二、实验内容

下述题目均用C语言和C＋＋语言编写完成。

1. 编写程序，按照下面 x 的取值范围计算 y 值。

$$y=\begin{cases} x & x<100 \\ 0.95x & 100\leqslant x<200 \\ 0.9x & 200\leqslant x<300 \\ 0.8x & 300\leqslant x<500 \\ 0.7x & 500\leqslant x \end{cases}$$

要求：

(1) 用 if－else 多分支选择结构实现。

(2) 用 switch 多分支选择结构实现。

2. 编写程序，判断某一年是否是闰年：能被4整除，但不能被100整除；能被4整除，又能被400整除。满足二者之一就是闰年。

3. 键盘输入3个数(代表3条线段的长度)，判断是否能构成三角形，如果构成三角形，进一步判断是否为等边三角形或直角三角形。

4. 编写程序，模拟计算器的加、减、乘、除功能。要求键盘输入两个操作数和操作符。

5. 编写程序，计算两个非零整数的商和余数。要求大数除以小数并求余数。

三、选做内容

1. 输入直角坐标系中点 P 的坐标 (x,y)，若 P 点在图A－1中的阴影区域内，则输出阴影部分面积，否则输出数据0。

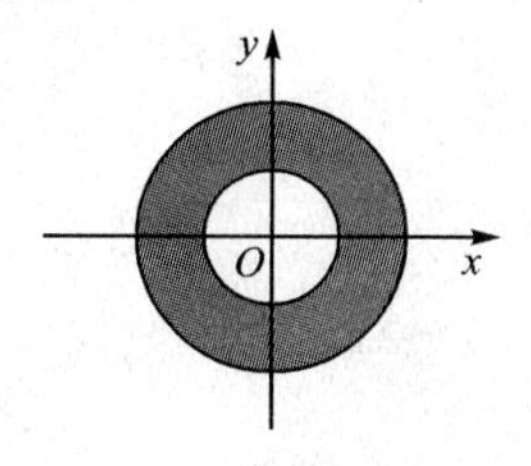

图A－1 选做题1图

2. 编写程序。输入上网的时间，计算上网的费用，计算的方法如下：

$$
费用=\begin{cases}30\text{元} & <10\text{小时}\\ \text{每小时}2.5\text{元} & 10\sim50\text{小时}\\ \text{每小时}2\text{元} & \geqslant 50\text{小时}\end{cases}
$$

同时，为了鼓励多上网，每月收费最多不超过130元。

(提示：先按上述公式计算费用，然后判断费用是否超出130元，超出就按130元计算费用。)

实验3 循环结构程序设计

一、实验目的

1. 熟练掌握3种循环控制结构在程序设计中的应用。

2. 熟练掌握 break 语句和 continue 语句在循环结构中的使用。

二、实验内容

下述题目均用C语言和C++语言编写完成。

1. 编写程序，判断2000—2050年间哪些年是闰年。

2. 编写程序，计算3!+5!+7!。

3. 键盘输入一组学生3门课程的成绩，要求：

(1) 计算和输出每名学生的平均成绩、最高分和最低分。

(2) 计算所有学生的总平均成绩。

(3) 每次完成1名学生成绩的计算、输出，就判断是否继续其他学生成绩的输入。

三、选做内容

1. 编写一个模拟袖珍计算器的完整程序。要求输入两个操作数和一个操作符，根据操作符决定所做的运算。

(提示：如果计算“除法”，先判断分母是否为“零”。)

2. 编写程序，将一个十进制整数按倒序形式输出，即若输入156，则输出651。

(提示：实现的方法是将一个十进制数不断除以10取余，并马上输出该余数。)

3. 计算 $S=1+1/2+1/4+1/7+1/11+1/16+1/22+1/29+\cdots$ 当第 i 项的值小于0.000 1时结束。

(提示：找出规律，第 i 项的分母是前一项的分母加上表示有分母项开始的计数 $(i-1)$。)

实验 4　数　组

一、实验目的

1. 掌握一维数组、二维数组和字符数组的特点。

2. 熟练掌握数组的定义、初始化、数组元素的引用和输入/输出等基本操作。

3. 熟练掌握通过字符数组处理字符串的方法。

二、实验内容

1. 编写程序，随机产生 100 名学生"C 语言程序设计"课程考试成绩(0～100)，要求：

(1) 统计各分数段的人数。

(2) 输出最高分和最低分。

(3) 计算平均分和及格率。

(4) 将成绩从高到低进行排序。

2. 荷兰国旗问题：有三种颜色(红、白、蓝)的石子混合排成一条长龙，设计一算法将其分色(红、白、蓝)排列。要求：

(1) 调试下列程序，分析算法实现，输出运行结果。

```
#include"stdio.h"
void main()
{    char a[] = "XYZZXXYXZYYZXY",c,i,j = 0,k,t;
     for(k = 1;k< = 3;k ++ )
     {    if(k == 1) c = 'Y';
          else if(k == 2) c = 'X';
          else c = 'Z';
          for(i = 0;a[i]! = '\0';i ++ )
               if(a[i] == c)
               {    t = a[j];a[j] = a[i];a[i] = t;j ++ ;    }
     }
     puts(a);
}
```

(2) 编写程序，借助第 2 个数组解决荷兰国旗问题。

(3) 还有其他更好的算法解决荷兰国旗问题吗?

三、选做内容

1. 随机产生 10 个 30～100(包括 30,100)的正整数，求平均值，并显示整个数组的值和结果。

(提示：随机函数 rand()，#include"stdlib. h"。)

2. 计算1、1、2、3、5、8、……数列的前20项之和。

(提示：m[i]=m[i-1]+m[i-2]。)

3. 定义二维数组A[6][6]，将其对角线元素全变为0，并以矩阵形式输出数组。

(提示：分析两条对角线元素下标的关系。)

4. 输入一个小于10的正整数 n，显示具有 n 行的杨辉三角形。

(提示：m[i][j]=m[i-1][j-1]+m[i-1][j]，i=2，3，…，n-1，j=1，2，…，j-1。)

实验 5 指 针

一、实验目的

1. 理解指针、地址和数组间的关系。

2. 熟练掌握通过指针对变量、数组(元素)的操作。

3. 熟练掌握通过指针处理字符串的方法。

二、实验内容

1. 调试、运行例 6-5 程序,分析各个循环输出。

2. 分析例 6-7 代码实现的功能,完善其输出。

3. 调试下列程序,分析算法实现,输出运行结果。

```
#include"stdio.h"
void main()
{     char a[10] = "acegikmoq" , *p ;
      p = a + 3;
      p ++ ;
      printf("%c%c\n", *(p + 2), *p + 2);
}
```

4. 键盘输入 5 个字符串,输出其中最大的字符串。

三、选做内容

1. 输入一串字符,分别利用字符数组、指针变量、CSting 类三种方式,将字符串中的大写字母转换成小写字母,并分别显示。

2. 用指针完成两个一维数组对应元素相加,并输出第三个数组。

实验6 函 数

一、实验目的

1. 熟练掌握函数的定义、调用和说明的方法。

2. 熟练应用传值调用、传址调用和引用调用编写函数。

3. 熟练掌握函数的递归调用。

4. 掌握变量的作用域和存储类别。

5. 掌握重载函数、内联函数、带有默认参数的函数及模板函数的定义和使用。

二、实验内容

1. 分析例7-10函数之间的参数传递，是否实现了实参值的调换？

2. 编写函数，将学生成绩从高到低排序，并统计优秀与不及格人数。要求：

(1) 学生数与学生成绩从键盘输入。

(2) 优秀人数由函数值返回；不及格人数通过参数返回。函数形式为

```
int fun(int s[],int n,int *f)
```

3. 编写程序，模拟计算器的加、减、乘、除功能。要求：设计一个功能菜单，调用不同的函数实现加、减、乘、除功能。

三、选做内容

1. 编写函数，完成一维数组A[6]和B[6]对应元素相加，然后在主函数输出C[6]。要求：用数组名和指针作参数。

(提示：指针可以带下标。)

2. 函数的功能是将学生成绩从高分到低分排序，并统计优秀与不及格的人数。函数形式为

```
void fun (int s[],int n,int &x,int &y);
```

(提示：用x和y存储优秀和不及格人数。)

3. 编写函数，求级数$S=x-\frac{x}{3}!+\frac{x}{5}!-\frac{x}{7}!+\cdots$。当第$n$项的精度小于eps时结束。eps的默认值为1e－6。函数形式为

```
double fun (double x,double eps = le - 6);
```

4. 使用函数重载的方法定义两个重名函数，分别求出整型数的两点间距离和浮点型数两点间的距离，调试成功后，再将其改为用函数模板实现。函数形式为

```
double dist (int x1,int y1,int x2,int y2); double dist (double x1,double y1,double x2,double y2);
```

实验 7　结构体

一、实验目的

1. 掌握结构体类型的声明和变量的定义。

2. 掌握结构体类型变量和数组的应用。

3. 掌握单向链表的建立、遍历、插入和删除操作。

二、实验内容

1. 假设学生成绩表包括学号和英语、C++程序设计、数学 3 门课程的成绩，输出 10 名学生中数学成绩最高的该学生所有信息。

2. 设计一个功能菜单，实现调用 creat（建立链表）、print（输出链表）、insert（在链表中插入结点）和 delete（删除链表中某一结点）功能。

实验8 面向对象的程序设计

一、实验目的

1. 掌握类和派生类的定义和构造方法。

2. 掌握对象的声明和使用方法。

3. 了解不同访问权限的成员的访问方式。

4. 掌握面向对象程序设计编程的基本方法。

5. 熟悉不同继承方式下派生类对基类成员的访问控制。

6. 掌握运算符重载的使用。

7. 掌握通过虚函数实现多态性的方法。

二、实验内容

1. 设计一个点类 point,具有数据成员 x、y(点坐标),以及设置、输出数据成员及求两点之间距离的功能。

2. 继承点类 point,派生构造圆类 circle,具有相应数据成员,以及设置、输出数据成员及求一个圆面积,两个圆面积之和的功能。

3. 继承圆类 circle,派生构造圆柱类,具有相应数据成员,以及设置、输出数据成员及求圆柱体积的功能。

4. 设计楼房类,包含楼的长、宽、层数及每平方米单价等数据成员,并具有求楼房的面积及总价的功能(要求用 set 成员函数和构造函数两种形式为对象的数据成员赋值)。

5. 设计一个新的圆类 Circle,类内包含两个虚函数 area()和 length(),利用抽象类的方法求一个圆内接正方形和圆外切正方形的面积和周长。

三、选做内容

1. 设计一个矩形类(Rect),具有长、宽、属性,类还具有求解并显示矩形的周长和面积的功能以及求两个矩形面积和的功能。

(提示:实现该功能时,用对象作参数。)

2. 设计复数类 Complex,具有复数设置、输出,两个复数的加法和乘法功能,其中,加法和乘法通过重载“+”和“*”运算符来实现。

3. 设计一个宠物类 Pet,具有颜色、体重、年龄等属性,以及一个虚函数 speak( ),其功能为宠物的叫声,以该类为基类,派生 Cat 类和 Dog 类,它们各自包含自身的构造函数及 speak 函数的不同实现。编程对一个具体的 Cat 和 Dog 进行测试。

实验9 文件(C/C++输入/输出流)

一、实验目的

1. 理解文件的概念,了解数据在文件中的存储方式。

2. 掌握 I/O 流类库中常用的输入/输出的方法。

3. 掌握磁盘文件的读/写方法。

二、实验内容

1. 将键盘输入的一组正整数(-1 结束输入)排序后写入磁盘文件 qq. dat,然后再从文件读出输出。

2. 将 26 个小写英文字母写入 data. txt 文件,然后再从文件读出 26 个字母输出。

3. 将 1~100 之间能被 5 整除的数写入到磁盘文件 qq. dat,然后再从文件读出输出。

三、选做内容

1. 从键盘输入一行字符,将其中的小写字母和大写字母互相转换后,写入到磁盘文件 change. txt 中。

2. 将斐波那契数列的前 20 项写入到一个文件 fb. dat 中,然后从该文件中将数列的前 10 项读出,并将这 10 项的和输出在屏幕上。

3. 由键盘输入 10 位同学的学号和成绩,存入文件"student. dat"中。

4. 从上题建立的"student. dat"文件读取学生的学号和成绩,求出最高分、最低分和总分,并将最高分、最低分的学生的学号及成绩存入 cj. dat 中。

附录B　自测题

自测题1

一、填空题(本题20分,每小题1分)

1. C程序中,“a%=a+b;”的等价语句是______________。
2. C程序是函数构成的,一个C程序的执行都是从______________开始。
3. 有“float x=12.35;”执行“printf("%6.1f",x);”的结果是______________。
4. 若“int x=98;”则“printf("%c\n",x);”的输出结果为______________。
5. 在C语言中,若有结构体类型说明“struct stu{int xh;char xm[10];float cj;} s;”则对分量cj赋值80的语句为______________。
6. 在Visual C++中,如果工程名为TEST,则相应的TEST.dsp是________文件。
7. 设“b=5,c=8,”执行“if(0)b=++c;”,则变量b的值为________。
8. 程序一般有语法错误和逻辑错误,如果a+b写成a-b,是________错误。
9. 在C中,若有语句“ int a[20],*f=a;”,假设数组a的首地址为2000,当执行f+=8后,f指向元素的地址为____________。
10. 跳出循环结构的语句是__________。
11. 定义“int a=6,b=3,c=3,d=4,m=1,n=2;”,执行“(m=a>b)&&(n=c>d)”后n的值为________。
12. 函数调用时,将实参变量的值传递给虚参变量,虚参变量发生变化,同时影响实参变量,是按________传递。
13. 结构化程序的三种基本结构是____________________________。
14. 函数递归调用的含义是____________________________。
15. 位运算只能对整型或__________型进行。
16. 数组属于__________类型。
17. 若有语句“int　a=1,&b=a;”,当执行“b=2;a=3;”后,变量b的值为________。
18. 若“float m=3.6,n=2;”,则(int)(m*n)的值为______________。
19. 若有定义“int a[6]={1};”, 则数组元素a[3]的值是____________。
20. 若有字符数组初始化char a[ ]="china",则数组a的长度为6,a[5]元素对应存储单元存放________。

二、判断题(本题 10 分,每小题 1 分)

1. (　　)程序中的所有语句都被执行一次,而且只能执行一次。
2. (　　)指针作为实参时,虚参可以是数组名,也可以是指针。
3. (　　)语句“for(i=100; i>=0;i=i−2)”执行后,i 变量的值是−2。
4. (　　)在 C 中,表达式:a=1,b=a+2,c=b+3 的值为 6。
5. (　　)int a[2][3]={{1,2},{3,4},{5,6}}能够对数组初始化。
6. (　　)在 C 中,“b=++a;”等价于执行“++a;b=a;”。
7. (　　)“int a, * p;p=&a; * p=6;”其中两个 * p 的含义是相同的。
8. (　　)Visual C++简单程序的编写、运行过程可以分为三个阶段:创建一个空工程,创建一个 C++源文件,进行连接、编译和运行。
9. (　　)在 C 中,表达式 3/2 的值是 1.5。
10. (　　)在 C 中,x%4!=0 和 x%4 等价。

三、阅读程序(本题 24 分,每小题 4 分)

1. 程序如下:

```
#include"stdio.h"
void main()
{ char * f = "Microsoft_Visual C++6.0", * p;
  p = f; f = f + 10;
  printf("%c\n", * p);
  printf("%s\n",f);
}
```

运行结果:

2. 程序如下:

```
#include"iostream.h"
#include"iomanip.h"
void main()
{ int a[6] = {29,25,20,15,10},i,j = 0,k;
  cin>>k;
  while(a[j]>=k&&j<5) j++;
  for(i = 5;i>=j+1;i--)      a[i] = a[i-1];
  a[j] = k;
  for(i = 0;i<6;i++)
  cout<<setw(3)<<a[i];
}
```

输入:18

输出:

3. 程序如下：

```
#include"stdio.h"
void main()
{ char a[10] = "acegikmoq" , *p;
  p = a + 3  ; p++ ;
  printf(" %c%c\n", *(p + 2), *p + 2);
}
```

运行结果：

4. 程序如下：

```
#include"stdio.h"
int myfun(int x)
{ static int  y = 1;
  y = y * x;
  return  y;
  }
  void main (  )
  { int i,a;
    for( i = 1; i< = 4; i++ )
    { a = myfun( i );
      printf(" %3d",a);
    }
}
```

运行结果：

5. 程序如下：

```
#include"stdio.h"
void main()
{
  char a[] = "XYZZXXYXZYYZXY",c,i,j = 0,k,t;
  for(k = 1;k< = 3;k++ )
  {     if(k == 1)      c = 'Y';
        else if(k == 2)      c = 'X';
        else      c = 'Z';
        for(i = 0;a[i]! =  '\0';i++ )
          if(a[i] == c) {t = a[j];a[j] = a[i];a[i] = t;j++ ;}
  }
  puts(a);
}
```

运行结果：

6. 程序如下：

```
#include"iostream.h"
void main()
{
  int n = 2;m = 1;
  switch(m)
  {
    case 1: switch(m)
              {
                case 1: ++n; break;
                case 2: ++n;
              }
    case 2: n++ ;
  }
  cout<<"n = "<<n<<endl;
}
```

运行结果：

四、完善程序(本题 32 分,每个空 2 分)

1. 将两个字符串连接放到 c 数组中,然后输出连接后的字符串。

```
#include"stdio.h"
void main()
{  int a[ ] = "Oracle" ,b[ ] = " Database" ,c[100], i , j ;
   for(i = 0;a[i]! = '\0';i ++ ) c[i] = a[i] ;
   for(j = 0;b[j]! = '\0';____________) c[i] = b[j];
   c[i] = '\0';
   printf("____________\n",c);
}
```

2. 将 8 个数由小到大进行排序并输出排序后的结果。

```
#include"stdio.h"
void main()
{ int i,j,temp,a[] = {8,15,2,7,13,1,23,6};
  for(i = 1;i< = 7;i ++ )
  {
    for(j = 0;________;j ++ )
      if(________________)
      temp = a[j];a[j] = ________;a[j + 1] = temp;
  }
  for(i = 0;i<8;i ++ ) printf(" %2d",a[i]);
}
```

3. 用辗转相除法求两个自然数的最大公约数和最小公倍数。

```
#include"iostream.h"
void main()
{ int x,y,z,t,n;
  cin>>x>>y;    n = x * y;
  if(x<y){t = x;x = y;y = t;}
  while((__________)! = 0)
  { x = y;__________;    }
  cout<<"最大公约数："<<y<<endl;
  cout<<"最小公倍数："<<__________<<endl;
}
```

4. 用递归函数计算斐波那契数列 0,1,1,2,3,5,8,…的前 n 项。

```
#include"stdio.h"
int fun(int n)
{ if(n == 1 || n == 2) return 1;
     return __________________;
}
void main()
{
   int n,i;
   scanf(" % d",&n);
   for(i = 1;i< = n;i ++ )
   printf(" % d\n",__________);
}
```

5. 在链表中插入新的结点。

```
void  myinsert ( LST   * head, int  m )
{  LST   * p = NULL, * q = NULL, * s = NULL;
   s = ________________________;
   s -> num = m;
   q = head;  p = head -> next;
   while( p ! = NULL)
       if (____________________)  {  q = q -> next;  p = p -> next;  }
       else  break;
    s -> next = p;   q -> next = s;
}
#include  <stdio.h>
#include  <stdlib.h>
typedef     struct    lst
 {______________________________} LST;
```

```
void main(  )
{ ……
 myinsert ( head, m );                          //在链表中插入新结点
 ……
}
```

6. 将键盘输入的一组正整数(-1结束输入)写入磁盘文件 qq.dat,然后再从文件读出输出。

```
#include "stdio.h"
#include "stdlib.h"
void main()
{  FILE *fp;int n;
   fp = fopen("e:\\q\qq.dat","w");
   if(____________)
   {  printf("qq.dat can't open! \n"); exit(0); }
   scanf(" %d",&n);
   while(x! = -1)
   {________________________;  scanf(" %d",&n);}
   fclose(fp);
   fp = fopen("e:\\q\qq.dat","r");
   while(________________)
   {
     fscanf(fp," %d",&n);
     printf(" %4d",n);
   }
   fclose(fp);
}
```

五、编写程序(本题14分)

编写C++程序,随机产生10个40～90(包括40和90)之间的正整数:

1. 在主函数中计算平均值。
2. 编写函数 int max(int n[10]),查找最大值。

自测题 2

一、填空题(本题 20 分,每小题 1 分)

1. C 程序是由函数构成的,一个 C 程序必须只有一个__________。
2. 有“float x=12345.567;”执行“printf(”%6.2f”,x);”的结果是________。
3. 语句“printf("%c",'D'+'d'-'A');”的输出结果是__________。
4. 能正确判断变量 m 中的数值是 7 的倍数的表达式为__________。
5. 在 C 中,若有结构体类型说明:“struct stu{int xh;char xm[8];float cj;} s;”则变量 s 的长度为__________。
6. 能正确表示 a>10 或 a< 0 的逻辑表达式是__________。
7. 设“a=6,b=2,c=3,”执行“if(a)b=c++;”则变量 b 的值为______。
8. 在 C 程序中,语句没有以“;”结束,则此错误可以通过________程序发现。
9. 若有语句:“int a,*f=&a;”,假设变量 a 的首地址为 1000,当执行“f+=5”后,f 指向存储单元的地址为__________。
10. break 语句的作用是:__________________。
11. 定义“int a=2,b=3,c=3,d=4,m=1,n=2;”执行“(m=a>b)&&(n=c>d)”后 n 的值为__________。
12. 函数调用时传递数据的方式有两种:按值传递和按________传递。
13. 结构化程序的三种基本结构是顺序结构、________结构和循环结构。
14. 函数直接或间接调用自己,称为函数的__________。
15. 在 C 程序中,%是只能用于________运算的运算符。
16. 结构体属于________类型。
17. 在 C 语言中,"m"是__________常量。
18. 若“float m=4.8,n=2;”,则“(int)m*n”的值为__________。
19. 若有定义“int a[8]; ”,则数组元素 a[4]的值__________。
20. 若有字符数组初始化 char a[ ]="boy",数组长度为________。

二、判断题(本题 10 分,每小题 1 分)

1. (　　)C 程序中,符号常量与变量引用相同。
2. (　　)数组名作为实参传递给形参时,数组名被处理为该数组的首地址。
3. (　　)语句“for(i=10; i>=0;i=i-2)”执行后,i 变量的值是 0。
4. (　　)在 C 中,“if(a>b) c=a;else c=b;”与“c=a>b? a:b;”等价。
5. (　　)int a[2][3]={1,2,3,4,5,6}能够对数组初始化。
6. (　　)在 C 中,“b=a++;”等价于执行“b=a;a++”。
7. (　　)“int a,*p;p=&a;”则*p、*&p 与 a 等价。

8.（　　）Visual C++简单程序的编写、运行过程可以分为三个阶段：创建一个C++源文件，创建一个空工程，进行编译、连接和运行。

9.（　　）若“int a=3,b;”，则执行“b=a/2;”变量 b 的值是 1。

10.（　　）使用 sqrt()函数，必须要包含头文件 math. h.

三、阅读程序（本题 24 分，每小题 4 分）

1. 程序如下：

```
#include"stdio.h"
void main()
{ char * f = "Microsoft_Word";
  f = f + 10;
  printf(" %c\n", * f);
  printf(" %s\n",f);
}
```

运行结果：

2. 程序如下：

```
#include"stdio.h"
void main()
{ int a[6] = {19,15,13,11,9},i,j = 0,k;
  scanf(" %d",&k);
  while(a[j]>= k&&j<5) j ++ ;
  for(i = 5;i>= j + 1;i -- ) a[i] = a[i - 1];
  a[j] = k;
  for(i = 0;i<6;i ++ )
  printf(" %4d",a[i]);
}
```

实现功能：

3. 程序如下：

```
#include"stdio.h"
void main()
{ int m = 0,y = 6;
  if(x = y) printf("ok!");
  else printf("no!");
}
```

运行结果：

4. 程序如下：

```
#include"stdio.h"
int myfun(int x)
```

```
{ static int  y = 1;
  y = y * x;
  return  y;
}
void main (   )
{ int i,a,s = 0;
  for(i = 1; i<= 4; i ++ )
  { a = myfun( i );s = s + a;}
  printf(" %d\n",s);
}
```

实现功能：

5. 程序如下：

```
#include"stdio.h"
int  a = 100,  b = 10;
void main (   )
{ int  a = 1, c = 0 ;
  c = a + b;
  printf(" %d,",c);
  { int  a = 2, b = 2;
    c = a + b;
    printf(" %d,",c);
  }
  printf(" %d",a + b);
}
```

运行结果：

6. 程序如下：

```
#include"stdio.h"
void main()
{ int n = 6;m = 2;
  switch(m)
  {  case 2: switch(m)
             {     case 2: n ++ ; break;
                   case 3: n ++ ; break;
             } break;
     case 4: n ++ ;
  }
  printf("n = %d\n",n);
}
```

运行结果：

四、完善程序(本题 30 分,每小题 6 分)

1. 将一个字符串连接到另一个字符串的后面,然后输出连接后的字符串。

```
#include"stdio.h"
void main()
{ int m[80] = "Visual ",n[ ] = "c ++ ",i ,j;
  for(i = 0;m[i]! =  '\0';i ++ ) ;          //注释功能________________________
  for(j = 0;___________;j ++ ,i ++ )
      ______________;
  m[i] = '\0';
  printf(" % s\n",m);
}
```

2. 数组 a 与数组 b 对应元素相加放入数组 c 中,输出数组 c。

```
#include"stdio.h"
void fun(int * f ,int  * p,int  * q)
{
  for(int i = 0;i<6;i ++ )
  ________________________;
}
void main()
{
  int a[] = {1,2,3,4,5,6}, b[] = {1,2,3,4,5,6},c[6];
  int  * p1 = a, * p2 = b, * p3 = c;
  ________________________;
  for(p3 = c;___________;p3 ++ )printf(" % d\n", * p3);
}
```

3. 用递归函数计算 x^y。

```
#include"stdio.h"
________________________
void main()
{
  int x,int y;
  scanf(" % d, % d",x,y);
  printf(" % d\n",___________);
}
int fun(int x,int y)
{
  if(y== 0)return 1;
  return(___________);
}
```

4. 删除链表中的一个结点。

```
int  mydelete ( LST  * head, int  m )
{
  LST     * p = NULL, * q = NULL;
  q = head;      p = head ->next;
  while ( p != NULL )
    if (____________________)
       { q = q -> next;p = p->next; }
    else  break;
  if ( p == NULL )      return  0;
    ____________________
  free (p);    return  1;
}

#include  <stdio.h>
#include  <stdlib.h>
typedef     struct    lst
    {____________________________} LST;
void main(  )
{
  LST   * head = NULL;
  int  m;
  head = mycreat(  );                          //建立链表
  scanf("%d", &m );                            //新结点数据
  k = mydelete  ( head, m );                   //删除链表中结点
  if ( k == 1 )
  { printf("删除点后："); myprint ( head ); }
  else  printf ("不存在\n" );
}
```

5. 将 26 个小写英文字母写入 data.txt 文件，然后再从文件读出 26 个字母输出。

```
#include"stdlib.h"
main()
{
  ________________;
  fp = fopen("data.txt","w");
  if( fp == NULL)
  {  printf("data.txt can't open! \n"); exit(0); }
  Char ch = 'a';
  while(ch<='z')
```

```
    {  ______________________;  ch++ ;  }
    fclose(fp);
    fp = fopen("data.txt","r");
    while(________________)
    { fscanf(fp,"%c",&ch);
      Printf("%c\n",ch);
    }
    fclose(fp);
}
```

五、编写程序(本题 16 分)

编写 C++程序,随机产生 n 个 30～100(包括 30 和 100)的正整数:

1. 计算平均值。
2. 统计高于平均值的正整数的个数。
3. 输出高于平均值的正整数。

自测题3

一、填空题

1. C++由两部分组成：一是过程性语言部分(与C语言无本质区别)，二是__________部分(面向对象程序设计的主体)。
2. C++引入标准设备 cin 和 cout，把数据的输入/输出处理为从____________________的流动。
3. 创建工程时，在“工程”选项卡中选择“________________________(32位控制台应用程序)”…。
4. 数组、结构型和类属于__________________。
5. 在C/C++应用程序中，一个大程序可能分成多个模块，由多个程序员编写。有些公用的内容可以单独组成一个文件，使用时就用文件包含命令包含文件，节省了____________________。
6. “int *p=new int[10];”的作用：______________________________。
7. 在Visual C++中，通过MFC AppWizard(exe)向导可以创建三类Windows应用程序：MDI应用程序、SDI应用程序和基于对话框的应用程序。其中SDI代表______________应用程序。

二、判断题

1. (　　)重载函数之间参数的类型或个数必须有所不同。
2. (　　)在公有继承中，基类的公有成员和保护成员均可以被派生类的成员函数访问。
3. (　　)在Visual C++中，创建一个对话框程序时有一步骤是为控件连接变量。对变量而言，若变量的值改变了，则应使用语句“UpdateData(TRUE)”;刷新编辑框的内容。
4. (　　)面向对象程序设计的多态性特征表现之一的动态联编体现在：普通成员函数的调用是在程序运行阶段确定的，虚函数的调用是在编译阶段决定的。
5. (　　)函数参数缺省，函数说明：“void fun(int i, int j=0, int k, int m=0);”。
6. (　　)友元函数提供了一种非成员函数访问类的私有成员的方法。
7. (　　)template<class T>　void fun (int a,int b) {T x,y ;…}。
8. (　　)在Visual C++中，new运算符的含义是向系统申请动态存储空间。
9. (　　)面向对象程序设计的多态性特征具体表现为支持函数重载、支持虚函数和动态联编。
10. (　　)友元函数是成员函数。

11. (　　)构造函数与类名相同且不能指定函数类型。

12. (　　)函数说明“void fun(int i, int j, int k, int m=3,int n=4);”函数调用语句为“fun(1,2,3);”。

13. (　　)template<class T> void　fun1(int a,T b) …… }

14. (　　)运算符重载可以为友元函数。

三、阅读程序

1. 程序如下：

```
#include"iostream.h"
class A
{private:     int a,b;
public:
    A()     {a = b = 0; }
    A(int m)     {a = b = m;     }
    A(int m,int n)     {a = m;b = n; }
    void print() {cout<<"a = "<<a<<",b = "<<b<<endl;}
};
void main()
{     A a1,a2(10),a3(10,20);
      a1.print();
      a2.print();
      a3.print();
}
```

运行结果：

2. 程序如下：

```
#include"iostream.h"
class point
{private:     int x; static int y;
public:
    point(int px = 10) {x = px;y ++ ;}
    static int getpx(point a)     {return a.x;}
    static int getpy(point b)     {return b.y;}
    void setx(int c) {x = c;}
};
int point::y = 0;
void main()
{     point p[4];
      for(int i = 0;i<4;i ++ )  p[i].setx(i);
      for(i = 0;i<4;i ++ )
      {     cout<<point::getpx(p[i])<<'\t';
```

```
            cout<<point::getpy(p[i])<<endl;
        }
}
```

运行结果：

3. 程序如下：

```
#include"iostream.h"
class A
{private:     int a,b;
    public:
    A(int i,int j){a=i;b=j;}
    void move(int x,int y)     {a+=x;b+=y;}
    void show()     {cout<<a<<","<<b<<endl;}
};
class B:public A
{private:     int x,y;
    public:
    B(int i,int j,int k,int l):A(i,j)     {x=k;y=l;}
    void show()     {cout<<x<<","<<y<<endl;}
    void fun()     {move(2,4);}
    void f1()     {A::show();}
};
void main()
{     A a1(10,10);
      a1.show();
      B b1(5,5,6,6);
      b1.fun();
      b1.show();
      b1.f1();
}
```

运行结果：

4. 程序如下：

```
#include"iostream.h"
class sam
{private:     int x;
public:
    sam(){x=0;}
    void print()     {cout<<"x="<<x<<endl;}
    void operator ++ ()     {x+=10;}
    void operator -- ()     {x-=3;}
```

```
};
void main()
{     sam s;
      s.print();
      ++ s;
      s.print();
      s -- ;
      s.print();
}
```

运行结果：

5. 程序如下：

```
#include"iostream.h"
class A
{ public:
    virtual void act1(){ cout<<"A::act1()  called "<<endl; }
    void act2() { act1(); }
    void act3() { cout<<"A::act3() called"<<endl;}
} ;
class B:public A
{ public:  void act1() { cout<<"B::act1() called "<<endl; };
           void act3() { cout<<"B::act3() called"<<endl; }
};
void f(A * m) { m-> act3(); }
void main()
{  B b;   b.act2() ;    f(&b);}
```

运行结果：

6. 程序如下：

```
#include<iostream.h>
#include<iomanip.h>
class Tc
{private: static int k;
public:  Tc( )  { k+ =2;}
         void display()      { cout<<setw(4)<<k;  }
};
int Tc::k=1;
void main()
{ Tc A,B,C;
  A.display();
  C.display();
```

```
}
```

运行结果：

7. 程序如下：

```
#include"iostream.h"
#include<conio.h>
class count
{int num;
 public:
   count();  ~count();  void process();
};
count::count()
{num = 0;}
count::~count()
{cout<<"字符个数："<<num<<endl;}
void count::process()
{while(cin.get()!= '\n')
num ++ ;  cout<<endl;}
void main()
{count c;
 cout<<"输入一个句子：";
 c.process();
}
```

运行结果：

三、完善程序

1. 程序如下：

```
#include<iostream.h>
class A
{public: void f1();
      A( ) {i1 = 10;j1 = 11;}
protected: int j1;
private:  int i1;  };
class B:public A
{public: void f2( );
      B( )  {i2 = 20;j2 = 21;}
protected:  int j2;
private:    int i2;
};
void main()
{A a; B b;}
```

问题：

(1) f2()能否访问 f1(),i1,j1? ________________

(2) b 能否访问 f1(),i1,j1? ________________

2. 定义一个通用的函数，对 n 个数按递增排序。

```
#include "iostream.h"
template<class TEM>
void sort(____________,int n)
{int i,j,k;  TEM w;
 for(i=0;i<n-1;i++)
   { k=i;
     for(j=i+1;j<n;j++)
       if(x[k]>x[j])__________;
     if(i!=k)  {w=x[i];x[i]=x[k];x[k]=w;}
   }
}
void main()
{int i,a[6]={6,9,2,4,1,0};double b[4]={5.5,8.0,3.3,0};
sort(a,10);sort(b,5);
for(i=0;i<10;i++)
cout<<a[i]<<endl;
for(i=0;i<5;i++)
cout<<b[i]<<endl;
}
```

注：本自测题参考答案略。

自测题1参考答案

一、填空题

1. a=a%(a+b)
2. main()或主函数
3. 12.4
4. b
5. s.cj=80
6. 项目
7. 5
8. 逻辑
9. 2016
10. break
11. 0
12. 地址
13. 顺序结构、选择结构、循环结构
14. 函数直接或间接调用自己
15. 字符
16. 构造
17. 3
18. 7
19. 0
20. '\0'

二、判断题

1～5 ×√√√× 6～10 √××××

三、阅读程序

1. M
   Visual C++6.0
2. 29 25 20 18 15 10
3. mk
4. 1 2 6 24
5. YYYYYXXXXXZZZZ
6. n=4

四、完善程序

1. i++,j++
   %s
2. j<8-i
   a[j]>a[j+1]
   a[j+1]
3. z=x%y
   y=z
   n/y
4. fun(n-1)+fun(n-2);
   fun(i)
5. (LST *) malloc(sizeof(LST))
   p->num<=m
   int num; struct lst *next;
6. fp==NULL
   fprintf(fp, "%4d",x);
   feof(fp)==0

五、编程题

随机产生 10 个 40～90(包括 40 和 90)之间正整数：

1. 在主函数中计算平均值。
2. 编写函数 int max(int *n),查找最大值。

```
#include"stdio.h"
#include"stdlib.h"
int max(int *n)
{  int kmax = n[0];
   for(i = 0;i<10;i ++ )
     if(n[i]>kmax) kmax = n[i];
   return kmax;
}
void main()
{  int a[10],i,s = 0,kmax;
   double aver;
   for(i = 0;i<10;i ++ )
   { a[i] = rand() % 50 + 40;
     s = s + a[i];
   }
   aver = s/20.0;
   kmax = max(a);
   printf(" % d, % f\n",kmax,aver);
}
```

自测题 2 参考答案

一、填空题

1. 主函数或 main()
2. 12345.57
3. g
4. m%7==0
5. 14
6. a>10 || a<0
7. 3
8. 编译
9. 1010
10. 跳出循环结构
11. 2
12. 地址
13. 选择
14. 递归调用
15. 整型数据
16. 构造
17. 字符串
18. 8
19. 不确定
20. 4

二、判断题

1~5 ×√×√√ 6~10 √××√√

三、阅读程序

1. W
   Word
2. 将键盘输入的数插入到有序数列中,使该数组元素仍然有序
3. OK!
4. 计算 1! +2! +3! +4!
5. 11,4,11
6. n=7

四、完善程序

1. 确定 C++字符串插入的位置

n[j]!=　'\0'

m[i]=n[j]

2. q[i]=f[i]+p[i]

fun(a,b,c) 或 fun(p1,p2,p3)

p3<c+6

3. int fun(int x,int y);

fun(x,y)

x * fun(x,y-1)

4. m!=p->num

q->next=p->next;

int　num;　struct　lst　* next;

5. FILE * fp=NULL;

fprintf(fp, "%c",ch);

feof(fp)==0

五、编程题

随机产生 *n* 个 30 到 100(包括 30、100)的正整数。

```
#include"stdio.h"
#include"stdlib.h"
void main()
{
    int a[100],i,s = 0,n = 0;
    double aver;
    scanf("%d",&n);
    for(i = 0;i<n;i ++ )
    {a[i] = rand() % 70 + 30
     s = s + a[i];
    }
    aver = s/n;
    for(i = 0;i<n;i ++ )
        if(a[i]>aver)
        {n ++ ;
        printf("%d",a[i]);}
    printf("%d\n",n);
}
```

附录 C　关键字索引

附录 C-1　关键字索引

索引类型	索引项	功能或含义
关键字按英文字母排序	break	提前结束本层循环
	case	与 switch 搭配使用
	char	定义字符型变量
	continue	提前结束本次循环
	default	与 switch 搭配使用
	double	实现循环结构
	do	定义双精度型变量
	else	与 if 搭配使用
	extern	对外部变量说明
	float	定义单精度型变量
	for	实现循环结构
	goto	无条件转换
	if	实现双分支结构
	int	定义整型变量
	long	定义长整型变量
	register	申请寄存器变量
	return	返回调用
	sizeof	求所占字节数运算符
	static	声明静态变量
	struct	声明结构体
	switch	实现多分支结构
	typedef	用户定义类型名
	union	声明共用体
	unsigned	定义无符号变量
	void	无返回值
	while	实现循环结构

附录 D　常用字符与 ASCII 码对照表

表 D-1　控制字符

控制字符	字　符	ASCII 码值			控制字符	字　符	ASCII 码值		
		十进制	八进制	十六进制			十进制	八进制	十六进制
NUL	(null)	0	0	0	DLE	▶	16	20	10
SOH	☺	1	1	1	DC1	◀	17	21	11
STX	●	2	2	2	DC2		18	22	12
ETX	♥	3	3	3	DC3	!!	19	23	13
EOT	◆	4	4	4	DC4	■	20	24	14
END	♣	5	5	5	NAK	§	21	25	15
ACK	♠	6	6	6	SYN	▬	22	26	16
BEL	(beep)	7	7	7	ETB		23	27	17
BS	backspa	8	10	8	CAN	↑	24	30	18
HT	(tab)	9	11	9	EM	↓	25	31	19
LF	(line feed)	10	12	a	SUB	→	26	32	1a
VT	(home)	11	13	b	ESC	←	27	33	1b
FF	(form feed)	12	14	c	FS	∟	28	34	1c
CR	(carriage return)	13	15	d	GS	◆	29	35	1d
SO	♬	14	16	e	RS	▲	30	36	1e
SI	☼	15	17	f	US	▼	31	37	1f

表D-2 非控制字符

字符	ASCII码值			字符	ASCII码值			字符	ASCII码值			字符	ASCII码值		
	十进制	八进制	十六进制		十进制	八进制	十六进制		十进制	八进制	十六进制		十进制	八进制	十六进制
(space)	32	40	20	8	56	70	38	P	80	120	50	h	104	150	68
!	33	41	21	9	57	71	39	Q	81	121	51	i	105	151	69
“	34	42	22	:	58	72	3a	R	82	122	52	j	106	152	6a
#	35	43	23	;	59	73	3b	S	83	123	53	k	107	153	6b
$	36	44	24	＜	60	74	3c	T	84	124	54	l	108	154	6c
%	37	45	25	＝	61	75	3d	U	85	125	55	m	109	155	6d
&	38	46	26	＞	62	76	3e	V	86	126	56	n	110	156	6e
‘	39	47	27	?	63	77	3f	W	87	127	57	o	111	157	6f
(	40	50	28	@	64	100	40	X	88	130	58	p	112	160	70
)	41	51	29	A	65	101	41	Y	89	131	59	q	113	161	71
*	42	52	2a	B	66	102	42	Z	90	132	5a	r	114	162	72
+	43	53	2b	C	67	103	43	[	91	133	5b	s	115	163	73
,	44	54	2c	D	68	104	44	\	92	134	5c	t	116	164	74
—	45	55	2d	E	69	105	45	]	93	135	5d	u	117	165	75
。	46	56	2e	F	70	106	46	ˆ	94	136	5e	v	118	166	76
/	47	57	2f	G	71	107	47	—	95	137	5f	w	119	167	77
0	48	60	30	H	72	110	48		96	140	60	x	120	170	78
1	49	61	31	I	73	111	49	a	97	141	61	y	121	171	79
2	50	62	32	G	74	112	4a	b	98	142	62	z	122	172	7a
3	51	63	33	K	75	113	4b	c	99	143	63	{	123	173	7b
4	52	64	34	L	76	114	4c	d	100	144	64		124	174	7c
5	53	65	35	M	77	115	4d	e	101	145	65	}	125	175	7d
6	54	66	36	N	78	116	4e	f	102	146	66	～	126	176	7e
7	55	67	37	O	79	117	4f	g	103	147	67		127	177	7f

附录E　运算符索引

表E－1　运算符索引

索引类型	索引项		功能或含义
运算符按优先级高到低排序	自左至右	( )	圆括号运算符
		[ ]	下标运算符
		.	结构体成员运算符
		->	指向结构体成员运算符
	自右至左	!	逻辑非运算符
		~	按位取反运算符
		++、--	自增1、自减1运算符
		*	间接运算符
		&	求地址运算符
		(类型名)	强制类型转换运算符
		sizeof	求所占字节数运算符
	自左至右	*、/、%	×、÷、求余运算符
		+、-	+、-运算符
		<<、>>	左移、右移运算符
		<、<=、>、>=	<、<=、>、>=运算符
		==、!=	=、≠运算符
		&	按位与运算符
		^	按位异或运算符
		|	按位或运算符
		&&	逻辑与运算符
		‖	逻辑或运算符
	自右至左	? :	条件运算符
		=、+=、-=、*=、/=、%=	赋值运算符
	自左至右	,	逗号运算符

说明：对于相同级别的运算符按它们的结合方向进行。

附录F　常用C库函数

表F-1　数学函数(头文件名math.h)

函数名	函数原型	功　能	说　明
abs	int abs(int x);	求$\|x\|$	$x\in[-32\ 768,32\ 767]$
acos	double acos(double x);	求 $\arccos x$	$x\in[-1,1]$
asin	double asin(double x);	求 $\arcsin x$	$x\in[-1,1]$
atan	double atan(double x);	求 $\arctan x$	
cos	double cos(double x);	求 $\arccos x$	x 的单位为 rad
exp	double exp(double x);	e^x	
fabs	double fabs(double x);	求$\|x\|$	
log	double log(double x);	求 $\ln x$	x 为正数
log10	double log10(double x);	求 $\lg x$	x 为正数
pow	double pow(double x,double y);	求 x^y	
sin	double sin(double x);	求 $\sin x$	x 的单位为 rad
sqrt	double sqrt(double x);	求$\sqrt{x}$	x 为非负数
tan	double tan(double x);	求 $\tan x$	x 的单位为 rad

表F-2　字符函数(头文件名ctype.h)

函数名	函数原型	功　能	返回值
isalnum	int isalnum(int c);	判断c是否为字母或数字	是,返回1;否则,返回0
isalpha	int isalpha(int c);	判断c是否为字母	是,返回1;否则,返回0
iscntrl	int iscntrl(int c);	判断c是否为控制字符	是,返回1;否则,返回0
isdigit	int isdigit(int c);	判断c是否为数字	是,返回1;否则,返回0
islower	int islower(int c);	判断c是否为小写字母	是,返回1;否则,返回0
isspace	int isspace(int c);	判断c是否为空格、制表符或换行符	是,返回1;否则,返回0
isupper	int isupper(int c);	判断c是否为大写字母	是,返回1;否则,返回0
isxdigit	int isxdigit(int c);	判断c是否为十六进制数	是,返回1;否则,返回0
tolower	int tolower(int c);	将c中的字母转换成小写字母	是,返回1;否则,返回0
toupper	int toupper(int c);	将c中的字母转换成大写字母	是,返回1;否则,返回0

表 F-3　字符串函数(头文件名 string.h)

函数名	函数原型	功　能	返回值
strcat	char * strcat(char * s1,char * s2);	s2 所指字符串接到 s1 后面	s1 所指字符串首地址
strchr	char * strchr(char * s,int c);	在 s 所指字符串中,找出第一次出现字符 c 的位置	找到,返回该位置地址;否则,返回 NULL
strcmp	char * strcmp(char * s1,char * s2);	对 s1 和 s2 所指字符串进行比较	s1<s2,返回负值; s1=s2,返回 0; s1=s2,返回正值
strcpy	char * strcpy(char * s1,char * s2);	将 s2 所指字符串复制到 s1 指向的内存空间	s1 所指内存空间地址
strlen	unsigned strlen(char * s);	求 s 所指字符串的长度	返回有效字符个数
strstr	char * strstr(char * s1,char * s2);	在 s1 所指字符串中,找出 s2 所指字符串第一次出现的位置	找到,返回该位置的地址;否则,返回 NULL

表 F-4　输入/输出函数(头文件名 stdio.h)

函数名	函数原型	功　能	返回值
clearerr	void clearerr(FILE * fp);	使 fp 所指文件的错误标志和文件结束标志置 0	无
close	int close(int fp);	关闭文件	关闭成功返回 0;不成功,返回-1
creat	int creat (char * filename, int mode);	以 mode 所指定的方式建立文件	成功则返回正数,否则返回-1
eof	int eof(int fd)	检查文件是否结束	遇文件结束,返回 1;否则返回 0
fclose	int fclose(FILE * fp);	关闭 fp 所指的文件,释放文件缓冲区	有错则返回非 0;否则返回 0
feof	int feof(FILE * fp);	检查文件是否结束	遇文件结束符返回非零值;否则返回 0
fgetc	int fgetc(FILE * fp);	从 fp 所指定的文件中取得下一个字符	返回所得到的字符,若读入出错,返回 EOF
fgets	char * fgets(char * buf,int n,FILE * fp);	从 fp 所指定的文件中读取一个长度为(n-1)的字符串,存入起始地址为 buf 的空间	返回地址 buf,若遇文件结束或出错,返回 NULL

续表 F-4

函数名	函数原型	功　能	返回值
fopen	FILE * fopen(char * filename, char * mode);	以 mode 指定的方式打开名为 filename 的文件	成功,返回一个文件指针(文件信息区的起始地址);否则返回 0
fprintf	int frintf(FILE * fp,char * format,args,…);	把 args 的值以 format 指定的格式输出到 fp 所指定的文件中	实际输出的字符数
fputc	int fputc(char ch,FILE * fp);	将字符 ch 输出到 fp 指向的文件中	成功,则返回该字符;否则返回非 0
fputs	int fputs(char * str,FILE * fp);	将 str 指向的字符串输出到 fp 所指定的文件	成功返回 0,若出错返回非 0
fread	int fread(char * pt,unsigned size, unsigned n,FILE * fp);	从 fp 所指定的文件中读取长度为 size 的 n 个数据项,存到 pt 所指向的内存区	返回所读的数据项个数,如遇文件结束或出错返回 0
fscanf	int fscanf(FILE * fp, char format,args,…);	从 fp 指定的文件中按 format 给定的格式将输入数据送到 args 所指向的内存单元(args 是指针)	已输入的数据个数,遇文件结束或出错返回 0
fseek	int fseek(FILE * fp,long offer , int base);	移动 fp 所指文件的位置指针	成功,返回当前位置;否则,返回－1
ftell	long ftell(FILE * fp);	求出 fp 所指文件当前的所指位置	读/写位置
fwrite	int fwrite (char * ptr, unsigned size,unsigned n, FILE * fp);	把 ptr 所指向的 n * size 个字节输出到 fp 所指向的文件中	写到 fp 文件中的数据项的个数
getc	int getc(FILE * fp);	从 fp 所指向的文件中读入一个字符	返回所读的字符,若文件结束或出错,返回 EOF
getchar	int getchar(void);	从标准输入设备读取下一个字符	所读字符,若文件结束或出错,则返回－1
getw	int getw (FILE * fp);	从 fp 所指向的文件读取下一个字(整数)	输入的整数,如文件结束或出错,返回－1
open	int open (char * filename, int mode);	以 mode 指出的方式打开已存在的名为 filename 的文件	返回文件号(正数),如打开失败,返回－1

续表 F-4

函数名	函数原型	功 能	返回值
printf	int printf (char * format, args, …);	按format指向的格式字符串所规定的格式,将输出表列args的值输出到标准输出设备	输出字符的个数,若出错,返回负数
putc	int putc (int ch, FILE * fp);	把一个字符ch输出到fp所指的文件中	输出的字符ch,若出错,返回EOF
putchar	int putchar (char ch);	把字符ch输出到标准输出设备	输出的字符ch,若出错,返回EOF
puts	int puts(char * str);	把str所指向的字符串输出到标准输出设备,将'\0'转换为回车换行	返回换行符,若失败,返回EOF
putw	int putw (int w, FILE * fp);	将一个整数w(即一个字)写到fp指向的文件中	返回输出的整数,若出错返回EOF
read	int read(int fd, char * buf, unsigned count);	从文件号fd所指向的文件中读count个字节到由buf所指向的缓冲区中	返回真正读入的字节个数,如遇文件结束返回0,出错返回-1
rename	int rename (char * oldname, char * newname);	把由oldname所指向的文件名,改为由newname所指向的文件名	成功返回0,出错返回-1
rewind	void rewind(FILE * fp);	将fp所指向的文件中的位置指针置于文件开头位置,并清除文件结束标志和错误标志	无
scanf	int scanf (char * format, args, …);	从标准输入设备按format指向的格式字符串所规定的格式,输入数据给args所指向的单元	读入并赋给args的数据个数,遇文件结束返回EOF,出错返回0
write	int write(int fd, char * buf, unsigned count);	从buf指向的缓冲区输出count个字符到fd所标志的文件中	返回实际输出的字节数,如出错返回-1

表 F-5　动态分配函数和随机函数(头文件名 stdlib. h)

函数名	函数原型	功　能	返回值
malloc	void *malloc(unsigned s);	分配一个 s 字节的存储空间	返回分配内存空间的地址,如不成功返回 0
calloc	void * calloc(unsigned n,unsigned s);	分配 n 个数据项的内存空间,每数据项占 s 字节	返回分配内存空间的地址,如不成功返回 0
realloc	void * realloc(void * p,unsigned s);	将 p 所指内存区的大小改为 s 个字节	新分配内存空间的地址,如不成功返回 0
free	void free(void p);	释放 p 所指的内存区	无
rand	int rand (void);	产生 0～32 767 的随机整数	返回所产生的整数
srand	void srand(unsigned seed);	建立由 rand 产生的序列值的起始点	无
exit	void exit(int statua);	使程序立即正常终止	无

附录G　常见错误、警告信息表

表G-1　常见错误、警告信息表

常见语句	类　型	何时产生
Code has no effect	警告	代码无效
Divion by Zero	错误	被零除
Duplicate case	错误	case后不唯一
Illegal	错误	非法操作
Lvalue required	错误	“=”左边不是变量
Misplaced	错误	位置错
missing	错误	丢了()、{}、;[]或switch等拼错
never used	警告	定义后未使用
Non-portable	警告或错误	不可进行的操作
Null pointer assignment	运行错	给空指针赋了值
Out of memory	错误	内存不足
Possible use of	警告	赋值前使用
Program too big to fit in memory	警告	临时退出后返回时
Redeclaration of	错误	重复定义
scacf：floating point formats…	运行错	二维数组或结构体成员为float类型时
syntax error	错误	语法错
Too many initializers	错误	初始化错
Type missmatch	错误	类型不匹配
Unable to creat output file	错误	不能创建输出文件
Undefined symbol	错误	未经定义

参考文献

[1] 谭浩强.C 程序设计.4 版.北京:清华大学出版社,2010.

[2] 刘振安.C 语言程序设计.北京:机械工业出版社,2007.

[3] 吴乃陵,等.C++程序设计.2 版.北京:高等教育出版社,2006.

[4] 叶焕倬.C++程序设计.北京:清华大学出版社,2009.

[5] 戚桂杰,等.程序设计基础与数据结构.北京:清华大学出版社,2008.

[6] 王永国.Visual C++程序设计.北京:中国水利水电出版社,2008.

[7] 龚沛曾.C/C++程序设计教程(Visual C++环境).北京:高等教育出版社,2007.

[8] 李涛.C++:面向对象程序设计.北京:高等教育出版社,2008.

[9] 刘玉英.C 语言程序设计——案例驱动教程.北京:清华大学出版社,2011.

[10] 崔武子,等.C 程序设计教程.2 版.北京:清华大学出版社,2007.

[11] 郑莉,等.C++语言程序设计.3 版.北京:清华大学出版社,2003.

[12] 王大伦.C/C++程序设计实用教程.北京:清华大学出版社,2006.